U0901599

经典收藏

羊皮卷全书

李元秀◎编著

台海出版社

图书在版编目（CIP）数据

羊皮卷全书 / 李元秀 编著. —北京：台海出版社，2014.11

ISBN 978－7－5168－0505－3

Ⅰ. ①羊… Ⅱ. ①李… Ⅲ. ①成功心理—通俗读物

Ⅳ. ①B848.4－49

中国版本图书馆 CIP 数据核字（2014）第 251645 号

羊皮卷全书

编　　著：李元秀

责任编辑：王　萍　　　　装帧设计：梁　宇

版式设计：孙志武　　　　责任校对：田　灿

出版发行：台海出版社

地　　址：北京市朝阳区劲松南路 1 号，邮政编码：100021

电　　话：010－64041652（发行）（邮购）

传　　真：010－84045799（总编室）

网　　址：www.taimeng.org.cn/thcbs/default.htm

E－mail：thcbs@126.com

经　　销：全国各地新华书店

印　　刷：北京市昌平新兴胶印厂

本书如有破损、缺页、装订错误，请与本社联系调换

开　　本：690×1000　1/16

字　　数：250 千字　　　　印　　张：20

版　　次：2014 年 11 月第 1 版　　　　印　　次：2017 年 9 月第 3 次印刷

书　　号：ISBN 978－7－5168－0505－3

定　　价：38.00 元

版权所有　翻印必究

序 言

在我们的面前，就矗立着成功的大门，这扇门的旁边有着一堆又一堆的钥匙，是名为失败的钥匙，其中隐藏着可以开启大门的正确的钥匙。成功的大门只有一扇，而失败的钥匙却有很多，当然正确的钥匙也很多，只有我们能从那堆失败中找出正确的，才能自如地走进成功的大门。我们是在钥匙堆中寻找正确钥匙的人。没有别的办法，只能一一去试验，也许有的人运气好一些，较早地找到了正确的钥匙；也许有的人运气差一些，暂时还没有找到。但是只要坚持去找，最终还是能够找到的。可是看到这么多没用的钥匙，有的人退缩了，他说："这么多的钥匙，我怎么可能找得到呢?"于是他真的找不到了，由于他不去找了，就放弃了得到那把能开启成功大门的金钥匙的机会。有的人虽然也觉得这么多的钥匙不好找，但是他对自己说："没关系，我只要试验过就知道是不是正确的，然后逐渐缩小范围就可以了。"于是他坚持下去，最后他找到了钥匙进入了成功的大门。

我们的失败就像那钥匙一样，也有两种：

一种是一时的失败，只要你正视它，把它当做生命中的一个过客，那么你还没有真正失败。爱迪生试制白炽灯泡，失败了1200次。一个商人讽刺他是个毫无成就的人。爱迪生哈哈大笑："我已经有很大的成就，证明了1200种材料不适合做灯丝。"每次失败之后他都能去寻找更多的东西，直到他找到了他要的东西，如果他在做这些实验的过程中认为自己失败了，不再试验了，那人类用上灯泡的时间起码要推后五十年。

另一种失败是你把自己打败，如果连你都认为自己失败了，那你就真的完了。

命运一直藏匿在我们的思想里。许多人走不出人生各个不同阶段或大或小的阴影，并非因为他们的个人条件就天生比别人差多远，而是因为他们没有勇气要将阴影的纸笼咬破，也没有耐心慢慢地找准一个方向，一步步地向前，直到眼前出现新的洞天。

没有一个人是命中注定应该失败的。凡是他全身的一切原质、一切组织，无不有着成功的能力，只要他自己善加利用，就可以征服一切。

也没有一个人是命中注定应该穷苦的。我们可以举出无数例子来证明。无论从一个人的生理结构还是心理、环境来看，任何人都是可以快乐生存的，任何人都有权享受幸福。

睁开眼来仔细看看，世上不知有多少机会正从你眼前溜过，一个身强体健的人会弄得穷苦不堪，这真是一种不幸。它不单单有损于人的身体，并且也阻碍着人类文明的进步，大自然所创造的人类，没有一个是生来就应该遭遇失败和穷困的。

当然，《羊皮卷全书》中所包含的智慧远远不止励志这么简单，对于读者来说，它是助你成就辉煌事业的秘笈。本书将引导你走向更大的幸福与成功：它改变你的人生观，让你很轻松地找到事业的方向，并且在前进的过程中，纠正随时可能出现的偏差；它改变你的思维方式，使你更加积极地面对人生的每一次挑战；它重塑你的性格，使你的形象更具人格魅力；它指导你的行为方式，促进你的事业更好地发展……

它的独特之处在于以每个人的真实体验，去克服生活和命运的嘲弄，把苦难和失败的创伤变为平静与深厚的精神动力，撕开惨烈的人生悲剧而走向意志坚定、充满爱心和智慧的成功人生。相信读者在与作品的同悲共喜中，自能积蓄底蕴，并且找到前进的方向，走向成功之路！

目 录

羊皮卷之一　保持良好心态

在生活中，人的心态会因各种各样的情况而发生变化，所以，自我调整心态就成为人生磨炼挑战的重要课目。心态调整好了，人处在逆境中也会笑脸应对一切。

境由心生

戴维斯是单身汉的时候，和几个朋友住在一间只有七八平方米的小屋里。尽管生活非常不便，但是，他一天到晚总是乐呵呵的。

有人问他："那么多人挤在一起，连转个身都困难，有什么可乐的？"

戴维斯说："朋友们在一块儿，随时都可以交换思想，交流感情，这难道不是很值得高兴的事儿吗？"

过了一段时间，朋友们一个个相继成家了，先后搬了出去。屋子里只剩下了戴维斯一个人，但是每天他仍然很快活。

那人又问："你一个人孤孤单单的，有什么好高兴的？"

"我有很多书啊！一本书就是一个老师！这么多老师在一起，时时刻刻都可以向它们请教，这怎能不令人高兴呢？"

几年后，戴维斯也成了家，搬进了一座大楼里。这座大楼有七层，他的家在最底层。底层在这座楼里环境是最差的，上面老是往下面泼污水，丢死老鼠、破鞋子、臭袜子和杂七杂八的脏东西，那人见他还是一副自得其乐的样子，好奇地问：“你住这样的房间，也感到高兴吗？”

“是呀！你不知道住楼下有多少妙处啊！比如，进门就是家，不用爬很高的楼梯；搬东西方便，不必花很大的劲儿；朋友来访容易，用不着一层楼一层楼地去叩门询问……特别让我满意的是，可以在空地上养一丛一丛的花，种一畦一畦的菜。这些乐趣呀，数之不尽啊！”戴维斯情不自禁地说。

过了一年，戴维斯把一层的房间让给了一位朋友，这位朋友家有一个偏瘫的老人，上下楼很不方便。他搬到了楼房的最高层——第七层，可是每天他仍是快快乐乐的。

那人揶揄地问：“先生，住七层楼是不是也有许多好处呀！”

戴维斯说：“是啊，好处可真不少呢！仅举几例吧：每天上下几次，这是很好的锻炼机会，有利于身体健康；光线好，看书写文章不伤眼睛；没有人在头顶干扰，白天黑夜都非常安静。”

后来，那人遇到戴维斯的学生比尔，问道：“你的老师总是那么快快乐乐，可我却感到，他每次所处的环境并不那么好呀！”

比尔说：“决定一个人心情的，不是在于环境，而在于心境。”

【感悟箴言】

一个人如果心态积极，乐观地面对人生，乐观地接受挑战和应付麻烦事，那他就成功了一半。在困境中，如果你能够不像一般人一样怨天尤人，抱怨不止，而是本着一颗乐观平实的心去对待生活，那么，还有什么能够难倒你呢？

挫折、压力是难免的，向前看才有出路。做完一天的事，就让它过去。你已尽了你的力，虽然会有一些错误和荒诞的事，但是要尽快地把这些忘掉。明天又是新的一天，好好地、安详地开始这一天。

锤炼自信心

几年前，约翰逊经营的是小本日杂百货买卖。他过着平凡而又体面的生活，但并不理想。他家的房子既窄小又陈旧，也没有钱买他们想要的东西。约翰逊的妻子并没有抱怨，很显然，她只是安天命，实际上生活得并不幸福。但约翰逊的内心深处变得越来越不满。当他意识到爱妻和他的两个孩子并没有过上好日子的时候，心里就感到深深的刺痛和内疚。

后来，约翰逊有了一个占地两英亩的漂亮新家，对他们来说空间已经够大，而且家里的设计让人感觉很舒适。他和妻子再也不用担心能否送他们的孩子上一所好的大学了，他的妻子在花钱买衣服的时候也不再有种犯罪的感觉了。有一年，他们全家都去欧洲度假，并在欧洲度过了一个难忘的圣诞。约翰逊过上了真正舒适的生活。

约翰逊说："这一切的发生并不是偶然的，是因为我利用了信念的力量。几年以前，我听说在休斯顿有一个经营日杂百货的工作。那时，我们还住在亚特兰大。我决定试试，希望能多挣一点钱。我到达休斯顿的时间是星期天的早晨，但公司与我面谈还得等到星期一。"

晚饭后，他坐在旅馆里静思默想，突然觉得自己是多么可憎。"这到底是为什么？上帝怎么这样对我！"他问自己，"为什么我总是逃脱不了失败的命运呢？"

约翰逊不知道那天是什么力量促使他做了这样一件事：他取了一张旅馆的信笺，写下几个他非常熟悉的、在近几年内远远超过他的人的名字。他们取得了更多的权力和工作职责。其中一个原是邻近的农场主，现已搬到更好的地区去了；另一位约翰逊曾经为他工作过的人；最后一位则是他的妹夫。约翰逊问自己：什么是这三位朋友拥有的优势呢？他把自己的智力与他们做了一个比较，约翰逊觉得他们并不比自己更聪明；而他们所受的教育，他们的正直、个人习性等，也并不拥有任何优势。终于，约翰逊想到了另一个成功的因素，即主动性。约翰逊不得不承认，他的朋友们在这点胜他一筹，而他总是被逼无奈时才采取某些行动。

当时已快深夜两点钟了，但约翰逊的脑子却还十分清醒。他第一次发现了自己的弱点。他深深地挖掘自己，发现缺少主动性是因为在内心深处，他并不看重自己，对自己没有信心，更别谈什么远大的抱负。

约翰逊回忆着过去的一切，就这样坐着度过了一夜。从他记事起，约翰逊便缺乏自信心，他发现过去的自己总是在自寻烦恼，自己总对自己说不行、不行、不行！他总在表现自己的短处。几乎他所做的一切都表现出了这种自我贬值。

终于，约翰逊明白了：如果自己都不信任自己的话，那么将没有人信任你！

于是，约翰逊做出了决定："我一直都是把自己当成一个二等公民，从今往后，我再也不这样想了，我要成为一个优秀的公民、一个优秀的丈夫、一个优秀的父亲。"

第二天上午，约翰逊仍保持着那种十足的自信心。他暗暗想把这次与公司的面谈作为对自己自信心的第一次考验。在这次面谈以前，约翰逊希望自己有勇气提出比原来工资高一到两倍的要求。但是，经过这次自我反省后，约翰逊认识到了他的自我价值，因而把这个目标提到了三倍。结果，约翰逊达到了目的，他获得了成功。

【感悟箴言】

约翰逊凭借强烈的自信心获得了成功。其实，自信心恰恰是人人都有但少有人能"从一而终"的。自信是事业成功的有利心理条件，它可以使一个人认为自己有能力冒险，接受各种挑战和工作任务，提出要求并尊重承诺。自信是一个人最大的资本，是潜能发挥的催化剂。

靠窗的卧床

在医院的一间小病房里，躺着两个重病卧床的人。希蒙的床靠着窗。卡德恩的床靠着墙。每天下午，医生会帮助靠窗的希蒙坐起来一个小时，以帮助引流他胸腔的积液。卡德恩则整天都要躺着。

在一个个漫长的日子里，这两个举目无亲的人只能靠彼此聊天打发时间。而每天下午，靠窗的希蒙还会把窗外的一切详详细细地描述给靠墙的卡德恩听。

窗边的希蒙说，在窗外有一个美丽的湖，湖边栖息着天鹅和野鸭，孩子们在湖畔的公园里开心地玩耍，有时还有一对动人的情侣手挽着手在草地上散步。开始的时候，靠墙的卡德恩整天都在盼望下午那一个小时，在单调的白色世界中，他一边听，一边幻想着那青翠的绿色，天边的彩虹，还有相爱的人泛舟在湖面上。

在一个温暖的下午，靠窗的希蒙告诉靠墙的卡德恩，窗外正有一群盛装的游行队伍经过。靠墙的卡德恩闭着眼睛，听着病友那吃力却无比生动的描述，脑海里想象着那热闹的场面。“我也想看看。”这个念头越来越清晰，“为什么我不能到窗边看看外面的景色?”莫名地，这个突如其来的想法逐渐变成了渴望，日益强烈，卡德恩开始嫉妒窗边的希蒙。“这不公平。”卡德恩不停地想，忿忿不平交织着欲望，折磨得他彻夜难眠。

一天夜里，靠窗的病人希蒙突然咳嗽起来，他胸腔里的积液压迫他的肺叶，令他窒息，他挣扎着摸索床头的呼叫按钮，却没有成功。卡德恩在昏暗中默默地看着他，然后索性闭上眼睛，一动也没动，没有叫护士，也没有按他自己床头的呼叫按钮，他只是默默地听着旁边床上挣扎的声音，没有几分钟，咳嗽和窒息的声音停了，呼吸声也停了。第二天一早，护士发现了靠窗的病人的尸体。不久，那张床就空了，换上了干净的床单。

应卡德恩的要求，护士把他换到了靠窗的那张床上。忍着脊背上的剧痛，卡德恩吃力地慢慢坐起来一点。终于，他可以看到窗外的景色了，然而，那里只有一面灰色的墙……

【感悟箴言】

快乐的心态比快乐的事更令人快乐。俗话说：人生不如意事常有八九。那么，常怀着一颗快乐的心，即使是一片灰暗，在你眼里，也是五彩斑斓。相反，即使在五光十色的生活里，心中的黯淡，也会使一切蒙上一层灰。

铃儿响叮当

19 世纪，当美国人约翰·皮尔彭特从著名学府耶鲁大学毕业时，遵照祖父的愿望，选择教师作为自己的职业。他的生活看上去充满希望。

然而，命运似乎有意捉弄他。皮尔彭特对学生总是爱心有余而严厉不足，很为当时保守的教育界所不容，结果很快就结束了教师生涯。

但他并不在意，依然信心十足。不久他当上了律师，准备为维护法律的公正而努力。但他没想到，正是他的这一美好愿望，最终毁掉了他的律师事业。作为一个律师，他似乎一点也不理解当时流行美国的“谁有钱就为谁服务”的原则，他会因为当事人是坏人而推掉找上门来的生意，结果把优厚的酬金让给了别人。相反，如果是好人受到不公正的待遇，他又不计报酬地为之奔忙。

这样一个人，律师界感到难以容忍，皮尔彭特先生只好又离去，成为一名纺织品推销商。然而，他好像没有从过去的挫折中吸取教训，看不到竞争的残酷，在谈判中总让对手大获其利，而自己只落得个吃亏的份儿。他于是只好再改行，最终当了牧师，试图为人们的灵魂向善而努力。然而，他又因为支持禁酒和反对奴隶制而得罪了教区信徒，被迫辞职。

1886 年，皮尔彭特先生去世了。第二年流行起一首歌："冲破大风雪，我们坐在雪橇上，快乐奔驰过田野，我们欢笑又歌唱，马儿铃声响叮当，令人心情多欢畅……"

这首《铃儿响叮当》歌曲的作者，就是皮尔彭特先生。在一个圣诞节的前夜，作为礼物，他为邻居的孩子们写了这首歌。歌中没有耶稣，没有圣诞老人，有的只是风雪弥漫的冬夜，穿越寒风的雪橇上清脆的铃铛声，还有一路欢笑歌唱、不畏风雪的年轻朋友们的美好的心灵。

皮尔彭特先生或许没有想到，他一生中偶一为之的作品，竟产生了如此巨大的影响，竟那么撼动人心，被越来越多的人传唱。在今天，它已成为西方圣诞节里不可缺少的一部分。

【感悟箴言】

生活在某一时刻里，出于种种因素，人们固然可能抛弃怀抱美好思想的人，但生活本身不会抛弃美好的思想。世上没有什么事敢担保该怎样做，才一定不会失败。但也正因为我们知道事情存在成功的可能性，又不敢确定它一定成功，才能引起我们试试看的兴趣来。

让心先起飞

布勃卡是举世闻名的奥运会撑竿跳冠军。他曾 35 次创造撑竿跳的世界纪录。

作为一名撑竿跳选手，布勃卡曾经也有过一段日子非常苦恼，尽管自己不断地尝试冲击新的高度，但每次都是失败而返。那些日子里，他甚至怀疑自己的潜力。

有一天，他来到训练场，面对高高的标杆，布勃卡禁不住摇头叹息，对教练说："我实在是跳不过去。"

教练平静地问："你心里是怎么想的？"

布勃卡如实地回答："我只要一踏上起跳线，看到那根高悬的标杆时，心里就害怕。"

教练指导他说："布勃卡，你不妨闭上眼睛，先把你的心从标杆上'撑'过去！"

教练的指导，让布勃卡如梦初醒，顿时恍然大悟。他重新撑起竿又试跳了一次，这一次，布勃卡顺利地一跃而过。

于是，一项新的世界纪录诞生了，布勃卡再一次战胜了自我。

【感悟箴言】

著名心理学大师卡耐基经常提醒自己的一句箴言就是："我想赢，我一定能赢"结果我又赢了。在困难和挑战面前，一定要战胜自我。赢得成功的最好办法，就是让自己的心先过去。"

战胜别人，不能算真正的超越；战胜从前的自己，才是真正的战胜。人有两个生命，一是父母给的生命形体；二是自己赋予自己生命的实质。赋予自己生命的实质，只能依靠创造力。

感受过程的美

你活着就必须工作。工作除了能得到活下去的报酬外，还能带给我们生活的意义，让我们充实，使我们觉得有几分价值和温馨的感觉。

没有工作的人总是空虚的，即使他们有活下去的财富；失业的人必然是不安的，因为他有危及生存，面临三餐不继的不安，同时会造成一种莫名的恐慌。此外，有工作而不肯敬业的人，也会觉得生活失去意义，打不起精神，最后会破坏精神生活，导致生活的苦恼。一个人的尊严，并不在于他能赚多少钱，或获得了什么社会地位，而在于能不能发挥他的专长，兢兢业业地安心工作，过有意义的生活。人们各做各的事，各有不同的生活方式。生活虽然不同，可是每个人都能发挥自己的天分与专长，并使自己陶醉在这种喜悦之中，与社会大众共享，在奉献中，领悟自己的人生价值。这是现代人所最期望的。

每个人都站在不同的立场上，但无论什么立场，绝对没说这个立场不行，或那个工作不好，因为这一切全在于你所持的观点。所有的工作，都有它存在的价值。

有人认为事业有“适合时代”与“不适合时代”的区别，说某种事业是“夕阳事业”，某种事业是“朝阳事业”。从某种角度看，也许是正确的。可是，从事于夕阳事业的人，是不是就注定失败了呢？不一定，只要你肯为事业奉献一颗执著的心，并没有失败与成功的区别。

敬业使一个人工作愉快，有活力。它使人乐于工作，尽心把工作做好，从而获得成功和喜悦。敬业的人一定乐业，乐业的人必然成功。在乏味的被动的情况下，你不可能提高工作品质，也不可能在工作上发挥创意，敬业的人有一种认真的态度和坚持的习惯。古人坚持“一日不作，一日不食”，勤勤恳恳地把工作做好，把工作当作与生命意义密切相关的问题来看待。也正因如此，敬业的人，一生都绽放着活力和光彩。

工作是历练自己心智、激发精神、提高生活适应力和发挥自己才智最好的方法。生活离不开工作，但工作并不是呆板的机械运动，也不是冰冷的责任分工。工作，充满了人情、热情、欢情。一个没有人情、缺乏温情、极少热情、不知欢情的人，他可能工作，但他没有朋友，性格孤僻，难以享受工作中那美妙动人的旋律。一位心理学家说，对一个喜欢自己工作并认为它很有价值的人来说，工作便成为生活中的一个十分愉快的部分。

热爱工作的人，工作是生活的第一需要。它使人振作、有活力、有朝气，但这必须具备敬业的态度才办得到。敬业的人，经常忘记辛苦，忘记成败，忘记得失，他全神贯注地工作，一心一意把工作做好。套用《中庸》的一句话说：“至诚则灵。”在如此投入的状态下，工作不但有效，而且很容易发挥创意，把事业带到一个超然的境界，使人感受到一种精神的享受，感受到一种情操的升华，感受到一种人格的锤炼。热情是事业成功的老师。你要想大展鸿图，应该像热爱恋人那样热爱工作。同时，一经确定目标，就应锲而不舍，且学习去热爱那些不喜欢的工作。热爱工作，是事业成功的基本条件。上网聊天的人通宵达旦、乐此不疲，关键就是兴趣所在。工作也是这样，如果不感兴趣，就不会产生热情，精神与肉体都容易疲倦。这样的话，不仅不会做出成绩，对身心也都是一种损害，这应该说是一种人生的不幸。反之，对工作具有兴趣和爱心，就不仅会积极热忱地工作，同时会从工作中享受到很大的乐趣。真正的幸福就是能自动培养工作兴趣而愉快地工作。

当然，除了老板，无论是高级职员还是员工，被企业聘用，虽说是出于自己的自愿，但并不一定能得到自己喜欢的工作。即使老板，因为最初的阴差阳错，或者发展中的时移世易，他所经营的事业也未必就与自己的兴趣吻合。处此情形，该怎样呢？理想的做法，首先是要“在石头上坐三年”，俗话说就是“既来之，则安之”。也许过了一年，对工作的兴趣就培养起来了。那种不满意现有工作就立即换掉的，客观上不一定有那么多职位等你，或者有也不安排给你。实际上，换了工作对你来说，也没有什么好处。况且，社会又有所谓“干一行爱一行”的说法，主观上又未能对你现在喜欢的工作一直热爱下去。一直坐下来等，或者混一天算一天，也不是办法。此时，更要积极地去学习那些不热爱，甚至厌恶的工作。改变对工作态度的方法，是要重新认识所从事工作的意义。如果一个卖冰淇淋机的人老是想“因为有许多人买冰淇淋吃，我才卖这种机器，要是万一有一天没有人吃了怎么办呢?”照这种思路想下去，他肯定不会对这种工作感兴趣，提不起精神来。如果能想到小朋友吃了冰淇淋高兴，工人吃了消暑，他对工作的态度肯定就不一样了。在工作时间里打扑克是令人不能容忍的，制造扑克牌的人对此不感兴趣是在所难免的。但又不易改换工作，那么，改换思路如何？如果想到正常娱乐给人们带来消遣休闲的快乐，不也就会觉得这件工作有意义了吗？

同样一件事情，由于观察、思考的角度不同，就会产生不同的看法。不同的看法，会给当事人的心情带来不同的影响。认识到工作的意义，兴趣和爱好也就随之而来。

【感悟箴言】

工作随着志向走，成就随着工作来。人生定位越高，奋进的动力就越大，获得的成就也就越大。实践表明，只有把工作定位在“享受”的高度，才能不断追求高素质。素质高、能力强，无论多么艰巨复杂的工作都能轻松且高标准地完成，感到是一种享受。因此要通过不断地学习，不断地工作实践，确保不断地具备高素质。只有这样，才能自如地创造性地开展工作，由衷感到“工作的确是一种非常崇高的享受”。

心理调节方法

心理压力有两种：一种对你有益，另一种则对你有害。当你对某件事情感兴趣的时候，那就是有益的压力。此时，你会心跳加速，血压稍微升高，体内释放出肾上腺素，而且呼吸变得急促。有害的压力也会产生同样的生理反应，只是这些反应对你的身体并没有好处。研究表明，因为财务不稳定、上司不够体恤、工作能力不足等其他类似因素所产生的有害压力，会导致愤怒、挫折、精疲力竭、沮丧、头痛、高度紧张、失眠、注意力无法集中、消化不良、厌食、喜怒无常、性功能失常、高血压、中风、心脏病，或是因为免疫系统的失调而导致无法抵抗感冒和一般病毒，甚至会虐待配偶和小孩。因此，必须控制这种压力，具体可采用以下方法：

1. 培养正确的态度

把压力视为生命中的转机或挑战。如果你能接受这些挑战，你会更加了解自己，也能培养面对这些压力情境的有益技巧，以免伤人伤己。另一方面，你更能掌握自己的人生方向，更有信心面对未来，迎接挑战。

2. 辨别轻重缓急

不要操之过急，也不要同时处理许多事情。为你生命中重要的事件排列顺序，可以避免突发事件而导致的危机。掌握轻重缓急，让你能正确对待潜在压力的利弊得失。通常，较不重要的事件压力比较少。

要花多少时间和精力来消除压力情境，必须要先看这个情境对你长期和短期目标的关联性有多大。如果你的目标远大，就会容易遭受类似喜怒无常的老板、办公室政治、资源不足等短期目标所带来的压力。因为轻重缓急由你控制，所以，你也能控制大多数工作所产生的压力。若能进一步结合前面学到的时间管理技巧，来决定轻重缓急的顺序，更能让你掌握决策技巧，不致偏离目标，对日常工作便能得心应手。

3. 保持弹性

了解你的目标和工作的轻重缓急有助于缓解压力。但是，如果过于择善固执，反而会助长压力的产生。天有不测风云，当你碰到突如其来的压力，要将其视为成长的机遇，而非破坏的来源，并勇敢地接受它。

不要认为自己的想法或感觉一定是正确的。避免旧调重弹、翻老账、迁怒别人，也不要埋怨老天爷对你如何不公平。

所以，你要善用天赋的权力与能力。尽量保持客观、心胸开放。不要期望别人的行为会前后一致，而要在危机中寻找转机，以达到你的目标。

4. 别把自己的价值观强加在他人身上

当你期待别人在特定情境要和你有同样表现时，你就已经对那个人塑造了一个错误形象。这就是所谓的“偶像化”，因为你看不到也不愿意接受这个人的本来面目，只愿接受你所塑造出来的形象。如果那个人的表现无法达到你所预期的目标，你就会非常失望，挫折和愤怒也会随之而来。

对别人的期望要实际。要容忍别人有不同的价值观和经验，同样，也不要活在别人的不实期待中。不妨把你的需要和这些人讨论，看他们是否愿意接受你的需要。如果他们不愿意，那么你就注定要失败了。

5. **及时沟通**

只注意压力的征兆，却忽略导致压力的原因，而且在尚未排除压力产生的内在原因之前，压力虽然可以暂时缓解，但却只是治标不治本，并可能会导致更糟的结果。与其注意压力的征兆，不如把这个征兆当作线索，去试图找出产生压力的原因并加以矫正。

让那些造成你压力来源的人知道你的感受："我一个人留在办公室时，就感觉好像要被工作压垮了，而且无法集中精神做我分内的事。"因此，不妨就如何解决压力的话题开始谈起："你迟到的时候，我必须帮你做事，哪一天如果我要早点离开，你可不可以也帮我处理一下？"以试图减轻工作负担过重所产生的压力。

6. **保持客观**

随时留意你的长期目标，理出先后顺序，能让你掌握全局，并且避免受到不必要的干扰。一旦意料之外的事情发生，你的情绪也不会受到波及。

7. **接纳现状**

不要把时间浪费在无法改变的事物上，尽量在你使得上劲的地方下功夫，努力寻找改善现状的契机。接受你无法开展影响力的事实，并不表示你得放弃希望，它意味着你可将精力转移到别的地方，而有不同的转变。

下面是几点协助你克服这些难挨处境的办法：

①提醒自己这种令人不快的情境，都会事过境迁。

②了解并接受压力的事实，但不要被任何负面的情绪打倒。

③专心于有益达到你短期或长期目标的工作上。

④对别人的敌意及粗鲁态度不要太敏感，那是他们的问题不是你的。

⑤靠自己的力量来渡过难关，天助自助者。

⑥吃一顿丰盛晚餐，看一场电影，休个假，买个小礼物，来奖励自己，能让你精神为之一振。

8. **深呼吸**

面临压力时，最好让你自己暂时脱离焦虑的情境。所以，呼吸一点新鲜空气，舒服地坐在桌子前，闭上眼睛，数到四。每一个数字花一秒钟：一、二、三、四。数到四时，用鼻子吸气，让肺部充满空气，直到有点不舒服为止；暂时屏气凝神，再从一数到四。数到四时，从嘴巴吐气。只要重复几次这个动作，就能消除压力。

这个方法如果能和视觉影像配合，效果会更好。一边深呼吸时，一边想象问题解决、压力消除之后的快乐情景。然后问问自己，要怎么做，才能达到那样的结果。而这个答案就是你的行动计划。

把深呼吸和视觉影像配合的好处是，使你在轻松的状态下，集中注意力。这种轻松的注意力集中状态，就是你的成功之保证。

如果你没有时间深呼吸和想象成功远景，就把全身的肌肉绷紧 20 秒，然后放松。这个方法虽无法实际解决任何问题，不过会让你达到放松的效果。

9. 采取行动

找出问题症结，针对事件设定策略来克服难题。不要让你自己沦为压力或他人故意行为的受害者。如果你老在回应别人，你永远无法掌握自己的人生，而且，如果你总是随便发火，只会让自己更容易受到伤害。

想想那些让你愉快、能激励你、对你长期目标有益、能让你有成就感的事。然后采取必要行动，以获得你应得的美好结果。

10. 不要采取行动

你没有必要对每一种感受都有所行动，但不妨接纳某些感受。也许你无法妥善应对所有他人对你的批评、指责，但先不要加以评判，暂时不要有任何回应。如果你要有所动作，先把对错摆一旁，而想想谁提出的方式比较有效。

11. 适可而止

每完成一件事，就把它从你的行动计划表上划掉，休息一下再做新的工作。每天要把桌上和目前工作不相干的东西拿掉并检查自己的工作成果，然后把工作留在办公室。如果一定得把工作带回家，要设定一段执行的时间，若超过时间，就不要再做，除非进度真的落后很多。记住，没有什么工作值得赔上你的生活。

12. **找人聊聊**

在你工作已经堆积如山时，冒犯你的人也许早把工作做好了，或许正在饱餐一顿、睡大觉或打高尔夫球去了。所以，为什么要跟自己过不去呢？详细规划冲突时的应对守则时态度一定要坚定。同时，找一个信得过的人谈谈，把心中的挫折、愤怒和痛苦都发泄出来，做自己喜欢、有把握的事，并且下定决心，永远不再跟那群冒犯你的家伙较劲。

13. **预防措施**

健康的生活方式有助于减轻压力，而高脂肪的垃圾食物会增加胃的负担，让你更疲累。酒虽然能暂时缓解压力，但无法治本，有时反而会造成更大的问题。咖啡因则只会让你更焦虑。建议你多吃新鲜蔬果、全麦和高纤维食物来保持健康。

持之以恒的运动，例如每周三次，一次一小时，不仅能降低体内因压力而产生的肾上腺素，消除压力产生的生理反应；同时也能强化身体对抗压力的能力，增加体内能振奋心情的吗啡。大多数人都发现持之以恒的运动让他们精力更旺盛。

但是，不要运动过度。过度的运动会产生过量的可体松物质。可体松是人体的肾上腺皮质所产生的化学物质，所以，不妨在运动后，洗个热水澡。

晚上好好睡一觉。如果压力使你整晚睡不着觉，白天可以小睡片刻。有人可能不习惯，不过，你可训练自己。五分钟的小憩，绝对可以让你精力旺盛一个小时。

14. **善待自己**

责备自己、为别人承担不必要的责任、杞人忧天都会破坏你的免疫系统。面临压力时，抽空出去走走，看场电影，和朋友吃个饭或者自己独处一下，这些都是你需要的，而且是你应做的。

15. 每周有一个晚上 9 点上床

在每星期中找一天（比如星期五），晚上 9 点就上床睡觉。这么做，不仅会让你一个礼拜以来所累积的疲倦得到舒服的释放，也会给你一个轻松周末的开端。

如果你已经削减了一些热闹的娱乐活动，无论如何，你礼拜五晚上一定要待在家里，如此才能有一个美好的夜晚。礼拜天，也是很适合提早睡觉的日子，因为，礼拜天的事情通常是比较少的，而且，提早睡觉也可以让你充分休息，好应付下一个礼拜的开始。

不管你选择哪一个晚上提早睡觉，你投资在睡眠上的，将会得到很大的回报。例如，你这么做必定会比晚睡时来得精神充足、神清气爽，而且，在能量充足之后，你的工作和休闲的效率及品质，也必然提高许多。

当你开始实行简化生活运动时，你会发现一种惊人的现象：许多旧有的价值观，像是新教徒的工作伦理，如懒惰是恶魔的专利、今日事今日毕、早起的鸟儿有虫吃等，已经渐渐地对你没有影响了。因此，你也开始了解：你可以大胆地放松自己，甚至什么事都不做，就算提早上床睡觉，也不再是件罪恶的事了。

【感悟箴言】

在日常生活中，当你面临心理压力时，是以疯狂的工作或玩乐麻痹自己，或者沉浸在悲伤中不能自拔，还是平静地处理好问题然后置之脑后？

不要让压力占据你的头脑。保持乐观是控制心理压力的关键，我们应将挫折视为鞭策我们前进的动力，不要养成消极的思考习惯，遇事要多往好处想。洞察你的心声。我们应多聆听自己的心声，给自己留一点时间，平心静气地想一想，努力在消极情绪中加入一些积极的思考。

没有健康就失去了一切

拥有健康并不能拥有一切，但失去健康却会失去一切。健康不是别人的施舍，健康是对生命的执著追求。

很少有人能够彻底明白体力与事业的关系是怎样重要，怎样密切。人们的每一种能力，每一种精神机能的充分发挥，与人们的整个生命效率的增加，都有赖于体力的旺盛。体力的旺盛与否，可以决定一个人的勇气与自信心。而勇气与自信，是成就大事业的必需的条件。体力衰弱的多是胆小、寡断、无勇气的。要想在人生的战斗中得到胜利，其中一个条件，就是每天都能以一副体强力健的状态、精力饱满的身体去对付一切。然而有些人却以一个有气无力、半死半活之躯从事于工作，其不能得到胜利，又何待言！

对于那整个生命所系的大事业，你必须付出你的全部力量才能成功。只发挥出你的一小部分的能力从事工作，工作一定是干不好的。你应该以一个坚强、壮健、完全的“人”去从事工作，工作对于你，是趣味而非痛苦，你对于工作，是主动而非被动。假如你以一个精疲力竭的身体去从事工作，你的工作效率自然要大减。在这种情形之下，你所做的一切，将都带着“弱”的记号，而在弱的中间，成功是难以得到的。

许多人，就失败在这点上——从事工作，进行事业时，不能发挥出其全部的力量——一个活力低微、精神衰弱、心理动摇、步骤不定、情绪波动的人，自然永远不能成就出什么了不起的事业来。

聪明的将军，不肯在军士疲乏、士气不振时，统率他们去应付大敌。他一定要秣马厉兵，充足给养，然后才肯去参加大战。

在人生的战斗中，能否得到胜利，就在于你能否保重身体，能否保持你的身体于“良好”的状态。一匹有“千里之能”的骏马，假如食不饱、力不足，在竞赛时，恐怕反要败于平常的马。一个具有一分本领的体力旺盛的人，可以胜过一个因生活不知健康而致体力衰弱并具有十分本领的人。假如在你的血液中没有火焰的燃烧，在你的身体中没有精力的储存，则你在人生战斗中一经打击，就会失败的。

一个人有大志，有彻底的自信，而同时又具有足以应付任何境遇、抵挡任何事变的旺盛的体力，则他一定能够从那些阻碍体弱者努力的烦闷、忧虑、疑惧等种种精神束缚中解脱出来。

旺盛的体力可以增强人们各部分机能的力量，而使其效率、成就较之体力衰弱的时候大大增加。强健的体魄可以使人们在事业上处处取得成效、得到帮助。

凡是有志成功、有志上进的人，都应该爱惜、保护体力与精力，而不使其有稍许浪费于不必要的地方，因为体力、精力的浪费，都将可能减少我们成功的可能性。

世间有不少有志于成大事的人，因没有强壮的体力为后盾，而导致壮志未酬身先死。然而世间又另有大批的人，有着强壮的体力却不知珍重，任意浪费在无意义、无益处的地方，而摧毁了珍贵的“成功资本”。

假如美国的罗斯福总统，当初对于身体不曾加以注意与补救，他的一生，恐怕是要成为一个可怜的失败者吧！他曾经说：“我是一个软弱多病的孩子。但我后来要决意恢复我的健康，我立志要变为强健无病，并竭尽全力来做到这点。”

健康的维护，有赖于身体中各部分的均衡运转，而成功的取得，又有赖于身体与精神两方面的均衡发展。所以我们必须尽一切努力，以求得到身体上的平衡，而身体上的平衡得到以后，则精神上的平衡也就容易得到了。人们得疾病的部分原因，是由于身体各部分的发展不均衡。例如，对于某一部分的细胞不需要过度的刺激与活动，而有些部分的细胞，则嫌刺激、活动太少。均衡的发展才是正道。

身心不断地活动，是祛病健身的最好方法。要维持健康，必要的活动绝对是前提。

保持良好心态

人体中的各部分机体如不经常活动，决不可能保持健康。所以工作中一切行动和过程都是生命中调节机制的结果。“空闲”最是误事。人们的犯罪作恶行为，大都是在空闲时才发生的。一个在正当的事务上忙碌的人，他是安全的。他能避免许多在空闲的时候可能使他误入歧途的种种诱惑。

一位著名的英国医师曾说，人要得享长寿，必须要做到除了睡眠时间以外使脑部不断活动。每个人必须于职业、工作之外找一种正当嗜好。职业给他以生活资本，嗜好则给他以生活乐趣，可以使他在愉快、高兴的心情下，活动其精神。“行动”的意义等于“生命”，而“静止”则等于“死亡”！

【感悟箴言】

假设一个人有100000000万，前面的1代表健康，后面的0代表你的房子、车子、妻子、儿子、金子等，如果没有前面的健康1，后面都等于0。所以健康对每个人都是很重要的，有了健康就有了一切。

能够让你感到心情愉快的，不是财富，而是健康。我们在生活中常常可以从那些我们看来是生活在社会底层的人们的脸上看到他们愉快的笑容，而同时我们也常常会在那些拥有大量财富的在我们看来生活在社会上层甚至是顶层的人们的脸上看到他们愁眉不展。我们都有过这样的体验：对于同一事情，在你健康强壮时与缠绵病榻时你的看法和感受会完全不同，这说明健康已经影响到了你的情绪。

当我们与他人相见时，往往首先问候的是对方的健康状况，相互祝福身体康泰，这说明从根本上说健康就是人类幸福最重要的成分，只有那些愚昧的人才会为了其他的“身外之物”或所谓的幸福而牺牲健康。

乐观就能向上

英国作家萨克雷有句名言：“生活是一面镜子，你对它笑，它就对你笑；

你对它哭，它也对你哭。”如果我们心情豁达、乐观，我们就能够看到生活中光明的一面，即使在漆黑的夜晚，我们也知道星星仍在闪烁。一个心境健康的人，就会思想高洁，行为正派，就能自觉而坚决地摒弃肮脏的想法，不与邪恶者为伍。我们既可能坚持错误、执迷不悟，也可能相反，这都取决于我们自己。这个世界是由我们创造的，因此，它属于我们每一个人，而真正拥有这个世界的人，是那些热爱生活、拥有快乐的人。也就是说，那些真正拥有快乐的人才会真正拥有这个世界。

性格对于一个人的生活有着极为重要的影响。性格乐观的人总能看到生活中好的东西，对于这种人来说，根本就不存在什么令人伤心欲绝的痛苦，因为他们即使在灾难和痛苦之中也能找到心灵的慰藉，正如在最黑暗的天空中心灵总能或多或少地看见一丝亮光一样。尽管天上看不到太阳，重重乌云布满了天空，但他们还是知道太阳仍在乌云上，太阳的光线终究会照到大地上来。

这种使人愉悦的性格不会遭人嫉妒。具有这种性格的人，他们的眼里总是闪烁着愉快的光芒，他们总显得欢快、达观、朝气蓬勃。他们的心中总是充满阳光。当然，他们也会有精神痛苦、心烦意躁的时候，但他们不同于别人的就是他们总是愉快地接受这种痛苦，没有抱怨，没有忧伤，更不会为此而浪费自己宝贵的东西。

具有乐观、豁达性格的人，无论在什么时候，他们都能感到光明、美丽和快乐的生活。他们眼睛里流露出来的光彩使整个世界都溢彩流光。在这种光彩之下，寒冷变成温暖，痛苦会变成舒适。这种性格使智慧更加熠熠生辉，使美丽更加迷人灿烂。那种生性忧郁、悲观的人，永远看不到生活中的七彩阳光，春日的鲜花在他们的眼里也失去了妖艳，黎明的鸟鸣变成了令人烦躁的噪音，无限美好的蓝天、五彩纷呈的大地都像灰色的布幔。在他们眼里，创造仅仅是令人厌倦的、没有生命和没有灵魂的苍茫空白。

尽管性格主要是天生的，但正如其他生活习惯一样，这种性格也可以通过训练和培养来获得或加强。我们每个人都可能充分地享受生活，也可能根本就无法懂得生活的乐趣，这在很大程度上取决于我们从生活中提炼出来的是快乐还是痛苦。我们究竟是经常看到生活中光明的一面还是黑暗的一面，这在很大程度上决定着我们对生活的态度。任何人的生活都是两面的，问题在于我们自己怎样去审视生活。我们完全可以运用自己的意志力量来做出正确的选择，养成乐观、快乐的性格。乐观、豁达的性格有助于我们看到生活中光明的一面，即使在最黑暗的时候也能看到光明。

聪明的人往往能够在烦恼的环境中寻找到快乐。因烦恼本身是一种对已成事实的盲目的、无用的怨恨和抱憾，除了给自己心灵一种自我折磨外，没有任何的积极意义。为了不让烦恼缠身，最有效的方法是正视现实，摒弃那些引起你烦恼不安的幻想。世界上不存在你完全满意的工作、配偶和娱乐场地，不要为寻找尽善尽美的道路而挣扎。实际上，并不是所有在生活中遭受磨难的人，精神上都会烦恼不堪。相信很多人对生活的磨难和不幸的遭遇，往往是付之一笑，看得很淡；倒是那些平时生活安逸平静、轻松舒适的人，稍微遇到不如意的事情，便会大惊小怪起来，引起深深的烦恼。这说明，情绪上的烦恼与生活中的不幸并没有必然的联系。生活中常碰到的一些不如意的事情，这仅仅是可能引起烦恼的外部原因之一，烦恼情绪的真正病源，应当从烦恼者的内心去寻找。大部分终日烦恼的人，实际上并不是遭到了多大的个人不幸，而是在自己的内心素质和对生活的认识上，存在着某种缺陷。因此，当受到烦恼情绪袭扰的时候，就应当问一问自己为什么会烦恼，从内在素质方面找一找烦恼的原因，学会从心理上去适应你周围的环境。

不管你生活中有哪些不幸和挫折，你都应以欢悦的态度微笑着对待生活。下面介绍几条原则。只要你反复地认真试行，就可能减轻或者消除你的烦恼。

1. 要朝好的方向想

有时，人们变得焦躁不安是由于碰到自己所无法控制的局面。此时，你应承认现实，然后设法创造条件，使之向着有利的方向转化。此外，还可以把思路转向别的什么事上，诸如回忆一段令人愉快的往事。

2. 不要把眼睛盯在“伤口”上

如果某些烦恼的事已经发生，你就应正视它，并努力寻找解决的办法。如果这件事已经过去，那就抛弃它，不要把它留在记忆里，尤其是别人对你的不友好态度，千万不要念念不忘，更不要说：“我总是被人曲解和欺负。”当然，有些不顺心的事，应适当地向亲人或朋友吐露，这样可以减轻烦恼造成的压力，心情会好受一些。

3. 放弃不切合实际的希望

做事情总要按实际情况循序渐进，不要总想一口吃个胖子。有人为金钱、权力、荣誉而奋斗，可是，这类东西你获得的越多，你的欲望也就会越大。这是一种无止境的追求。一个人发财、出名似乎是一下子的事情，而实际上并非如此。你应在怀着远大抱负和理想的同时，随时树立短期目标，一步步地实现你的理想。

4. 要意识到自己是幸福的

有些想不开的人，在烦恼袭来时，总觉得自己是天底下最不幸的人，谁都比自己强。其实，事情并不完全是这样，也许你在某方面是不幸的，在其他方面依然是很幸运的。如上帝把某人塑造成矮子，但却给他一个十分聪颖的大脑。请记住一句风趣的话：“我在遇到没有双足的人之前，一直为自己没有鞋而感到不幸。”生活就是这样捉弄人，但又充满着幽默之味，想到这些，你也许会感到轻松和愉快。

【感悟箴言】

乐观向上的人生态度，不是靠一味和风细雨、豪言说教就可能形成的，它更有赖于逆境的砥砺，有赖于苦难、悲伤、忧郁的体验。

你的目标在前方

急迫地追求短期效应而不顾长远影响；急迫地追求眼前的蝇头小利，而不顾全局的根本利益，这都称之为急功近利。

古语讲，欲速则不达。急功近利是成就大事业的绊脚石。急功近利者，一定是戴着功利名位近视眼镜的目光短浅者。一叶障目，不见泰山，只闻到了芝麻的香，而忘却了西瓜的甜。只看到目前的境况，只看到暂时的贫富盈亏。头痛医头，脚痛医脚，是急功近利者一贯的行为方式。为了治好头可以不顾脚，为了治好脚又可以不顾头了。为了摆脱眼前的状况，可以不顾未来的利益，为了求得一时的痛快，而以长远的痛苦为砝码，其实这往往是得不偿失的。

你如果患上了急功近利的毛病，就一定心胸狭窄，胸无大志，总是盲从世俗。脑袋长在人家的脖子上。别人说军人时髦，你便穿上军装。别人说文凭重要，你便马上去混文凭。别人下海捞钱去了，你如同热锅上的蚂蚁，马上削尖脑袋下海去。

你根本不管人何以为人。什么人格啦，德行啦，人生境界啦，品行操守，灵魂啦，优美啦，在你看来一钱不值。你以为人生在世惟吃好穿好玩好乐好便就是好，就是实在，就是价值。于是，为了达到吃穿玩乐之好，你可以不择手段，不顾廉耻，出卖灵魂。

然而这世间的事情也真怪，越是急功近利者越不容易得到功利，没有一个不顾廉耻、出卖灵魂的人能够得到真正的快乐。无论什么样的急功近利者，总是瞪着一对贪得无厌的眼睛，死死地盯着名利二字。然而名利之对于人好似一个西方哲学家打过的一个比喻一样，如同吊在车把面前的一块肉对于拉着车的车夫一样。车夫总想抓住那块肉，却总是抓不到。无论你把车拉得多么快，那块肉始终在你的车把前面，始终抓不到你手中。你成天绞尽脑汁，时刻想着投机取巧，而且忙忙碌碌，到头来仍然一无所有。你仍然功未成，名未就，利未得。

大凡急功近利者，虽与好高骛远者殊途，却同归。同归于二：一同于一事无成，二同于无幸福可言，只是空忙一场。急功近利者不可能成就什么事业，因为你本来就没有什么长远追求，没有成就事业的志向，你的全部精力、全部时间和全部生命都无形地消失在你的短期行为之中，消失在你虚浮浅薄的劳作之中。

我们东方文明讲究决不损义以求利，舍义以贪功。我们总是追求人之为人的根本，决不舍本求末。但是，我们从来不是不食人间烟火者。我们知道，人类的一切劳作归根到底都是追求利益的行为。我们的最终理想无非在于追求利益。但是，我们的所谓“利益”并非单方面的，并非只健身而不顾养心，或者只乐心而不顾养身，而是对于人生总体价值的追求。我们追求长远的根本性的利益，并非暂时的、表面的。当然我们知道眼前的一切作为，对于将来意味着什么，但是一定要让眼前利益服从长远利益，这与急功近利者有着质的区别。

我们追求精神的不朽，我们十分看重于感觉。在我们的感觉中，生命是美好的，人生是美好的。让我们脚踏实地地追求美好的人生，而物理时间只作为我们的一个参考系数。生命之舟虽然维系于此，但它并不能直接反映人生的价值。我们的生年虽然难满一百，有的甚至只短暂瞬间，却放出了灿烂的光华。

抛弃急功近利，着眼未来，而又脚踏实地，那么，我们就永远年轻！

【感悟箴言】

急功近利的心态，恍如迷雾阴霾，随着人生价值观的改变和时代脚步的加快，日渐蔓延开来。

急功近利的心态，正侵蚀着一个个心灵，若不能重视引导扼制，我们对前途的期待，都不会是明朗的美好的未来。

浮躁不能要

凡是成大事者，都力戒“浮躁”两字。都要通过自己踏踏实实的行动换来成功的人生结局。同样，任何一位试图成大事的人都要扼制住浮躁的心态，专心做事。这样才能达到自己的人生目标。

焦虑和烦躁不安的人，多半不能适应现实的世界，而跟周围的环境脱离了应有的关系，退缩到自己的梦想世界，以此来解脱自己心中的忧虑。所以成大事者首先应克服的就是自己的浮躁情绪。事情往往就是这样，你越着急，你就越不会成功。因为着急会使你失去清醒的头脑，结果在你奋斗过程中，浮躁占据着你的思维，使你不能全面地制订方针、策略以稳步前进。

只有正确地认识自己，才不会盲目地让自己奔向一个超出自己能力范围的目标，而是踏踏实实地去做自己能够做到的事情。当目标确定，你就不能性急，而要一步一个脚印地前进。如果能把浮躁的心态稍稍收敛，使它变成一种渴望，一种对成功的渴望，那么，这种浮躁就是有用的，而你也必定能带着它走向成功。

当你控制了浮躁，你才能经受住成功路上的辛苦：才会有耐心与毅力一步一个脚印地向前迈进；才不会因为各种各样的诱惑而迷失方向：才会制定一个接一个的小目标，然后一个接一个地实现它们，最后走向大目标。

有一个成功的人，是我们人人皆知的——李嘉诚。他就是稳健、不浮躁的典范。李嘉诚 11 岁那年来到香港。到了 14 岁，由于父亲去世，他辍学打工。再后来，他舅父让他去自己的钟表公司上班，但是他没有答应，因为他要自己找工作。从他年纪轻轻就不肯接受帮助而要自己闯这点上，就表现出他自强独立和自信的性格。这种性格，培养出他以后稳健前进的工作作风、不浮躁的工作态度。

他首先是想去银行寻找机会，因为他觉得银行一定有钱，因为银行是和钱打交道的，不可能倒闭。但是银行的梦想没有成功，他却当了一名茶馆里的堂倌。就在当堂倌的时候，他就胸怀大志，从小事做起，一步步地向目标迈进。这些小事是这样的：他给自己安排课程，以自觉养成察言观色、见机行事的习惯。这些课程包括：时时处处揣测茶客的籍贯、年龄、职业、财富、性格，然后找机会验证；揣摩顾客的消费心理，既真诚待人又投其所好，让顾客既高兴又付钱。后来他又以收书方式读了很多书，并把看过的书再卖掉。就是这样，李嘉诚既掌握了知识，又没有浪费钱。

一段时间后，他觉得在茶馆里没有前途，就进了舅父的钟表公司当学徒，他偷师学艺很快学到了钟表的装配及修理的有关技术。其后，他建议开钟表公司的舅父迅速占领中低档钟表市场。结果大获成功，因为香港对低档表的需求确实很大。

1946 年，他 17 岁。辞别舅父，开始自己的创业道路。结果他屡遭失败，几次都陷入困境。但这个时候，他仍然不浮躁，而是踏踏实实地一步一步往前走。1950 年夏，李嘉诚创立了长江塑料厂。他之所以要创立这个厂，也是他稳健思考和观察的结果。他通过分析，预计全世界将会掀起一场塑料革命，而当时的香港，塑料是一片空白。

这是一个机遇。可以说，他有审时度势的判断力。而这审时度势的判断力,亦来自于他的稳健。作为一个不浮躁、稳健的人，李嘉诚是很会判断机遇抓住机遇的。在工厂经营到第七个年头的时候，李嘉诚开始放眼全球。

他大量寻求塑料世界的动态信息。一天，他翻阅英文版《塑料杂志》，读到了一则简短的消息，意大利一家公司已开发出利用塑料原料制成塑料花，并即将投入生产，向欧美市场发动进攻。他立即想到另一个消息，那个消息说欧美人生活节奏加快，许多家庭主妇正逐渐成为职业妇女，家务社会化的需求越来越强烈。他于是推想，欧美的家庭，都喜爱在室内外装饰花卉，但是快节奏使人们无暇种植娇贵的植物花卉。塑料插花可以弥补这一不足。他由此判断，塑料花的市场将是很大的。因此，必须抢先占领这个市场不然就会失去这个机遇。

于是，李嘉诚以最快速度办妥赴意大利的旅游签证，前去考察塑料花的生产技术和销售前景。

由于他的这种稳健的工作作风，一条辉煌的道路，由此展开。

正当李嘉诚全力拓展欧美市场的时候，一个重大的机会出现了。一位欧洲大批发商在看到了李嘉诚公司的产品样品后，前去与李嘉诚联系。这位批发商是因为李嘉诚公司的产品价格低于欧洲产品的价格而来找他的。但他通过一些渠道得知长江公司是资金私有制。为保险起见，他表示原意同李嘉诚合作，但条件是他必须有实力雄厚的公司或个人进行担保。李嘉诚知道这位批发商的销售网遍及欧洲，如果能与他取得联系，是十分有利的。可惜，他竭尽全力都没有找到担保人。但只要有一线希望，就全力争取，这是他成功的一个法宝。他与设计师一道连夜赶出九款样品，批发商只准备订一种，李嘉诚则每种设计了三款。第二日他来到批发商的商店。批发商望着他因通宵未眠而红的眼睛，欣赏地笑了，答应了谈生意，在李嘉诚没有担保的情况下，签了第一份购销合同。按协议批发商提前交付货款，从而解决了长江公司扩大再生产的资金不足问题。

长江公司很快占领大量的欧美市场。仅 1958 年一年，长江公司的营业额就达一千多万港元，纯利一百多万港元。塑料花使长江实业迅速崛起，李嘉诚也成为世界“塑料花大王”。对于不浮躁、稳健的人来说，他们往往有这样的素质，就是做一件事情，不坚持到最后一分钟是不甘心失败的。

对于渴望成功的人，应该记住：你着急可以，切不可以浮躁。成功之路，艰辛漫长而又曲折，只有稳步前进才能坚持到终点，赢得成功；如果一开始就浮躁，那么，你最多只能走到一半的路程，然后就会累倒在地。

在这里，浮躁与稳健对于一个人成功的影响，一目了然。只有不浮躁，才能经受住成功路上的辛苦，只有不浮躁，才会有耐心与毅力前进。

【感悟箴言】

当你心情浮躁时，那就保持沉默吧。沉默会让人学会善待自己，宽容他人。它会抑制浮躁的心态，让愤怒的心情化为乌有；它能让人的思想进一步得到静修，让不平静的心情再一次得到过滤、净化；它能让紧张的气氛得到缓和，让彼此有反省的空间和退让的余地；它能让人们不用多费口舌去做无意义的争辩，让一些难解的问题在沉默中得到答案；它让人们呼吸流畅，面目安祥，让更多的时间来滋养灵魂，治愈心中的创伤，让心情变好，比良药更能解除心理上的疲惫和痛楚。

正视功利观

传说乾隆皇帝游江南时，在金山寺江天阁观赏风景，只见长江中千樯万橹，往来如织，不觉有感而发："世界上不知多少人在那里忙忙碌碌?"旁边随侍的老方丈便说："以老僧看来，只有两个人。"乾隆就奇怪地问他："怎么只有两个?"老方丈答："一个是名，一个是利。"

"一个是名，一个是利"见道之言，说得好！老方丈真不愧是看破红尘了。若把全世界所有人的社会行为作总的分析，确实逃不出这两条路，"名"是精神领域的代表，"利"是物质领域的代表，天下哪里还有名利以外的东西?

"千古以来，未有不好名者。"这是古君子的话，学问道德、名誉地位，以及随之俱来的被人尊崇的荣耀，谁不希望拥有呢?然而，自古以来，亦未有不好利者，因为"利"，可换取一切物质，在人类社会里，独善其身确难自保，事事需要分工合作，而物物交换的时代也早成陈迹，惟有以货币为基准的贸易才能解决衣食住行等民生大问题，因而人必需去赚钱，也就是去求利，即使不是为了求利的神圣行业，他也需要分内的所得，譬如军人的天职是保国卫民，公务员的责任是为民服务，教员的志向是培育英才，目标都非常崇高伟大，然而不发薪饷行吗?不行！因为他们要生活，要生活就得要钱，而钱就是所谓的利。至于农人、工人、商人，利不仅是他们生活的保障，更是他们成就的证明，所以求利是一件无可非议的事。并且为了提高每个人的生活水准，建立一个更富强的社会和国家，如何循着正常的途径，谋求更大的利益，乃是值得我们用脑筋去研究的一件大事。

另一方面，我们也毋庸否认，在中国人的道德观念里，尤其在中国知识分子的道德观念里，一直是讳言“利”这一个字的。孟子见梁惠王，梁惠王说：“老先生，您千里迢迢跑到敝国来，可能有什么计划使敝国获利吧?”孟子就一本正经地回答说：“大王何必讲‘利’。如果现在大王说怎样使自己的国家获利，你的官吏就要说怎样使自己的家族获利，你的老百姓更要说怎样使其自己获利，上上下下都争起利来，国家就危险了。”这是一个很标准的例子，孟子认为利是不能谈的，见利就会忘义，天下就乱了。古人又说：“正其义不谋其利，明其道不计其功。”意思是我按照义理去做一件事，但不谋取它的利益，我只问我应不应该这样做，但不管做了以后有什么样的成绩，这也是把功利排除在道德价值之外的。可是我们想想，做一件事，如果不能增加国家、社会、人民（当然包括自己）的利益，即使冠上最动听的名字，有何意义？如果事情完成之后没有一点成绩和功效，做了等于白做，又有何意义？难怪有心人要把这两句话改成“正其义以谋其利，明其道而计其功”，不单要循规蹈矩去做，而且要做得有利益；不单要按理想去做，而且要做得有绩效。这样，语意就完整多了。

我们不要以为这只是一个观念问题，实际上这观念牵涉到许多重大的事情，说得严重一点，中国的文化如此悠久，各种农工商业的技术知识的获取，都比现在一些所谓工业先进国家要早若干年，但我们始终停滞在农业社会的阶段，直到近百年来才开始想迎头赶上，这未尝不是不谋其利不求其功的观念在作祟。士农工商，商为四民之末，其原因就是认为“商”是只重“利”的阶级吧！

今天，时代的潮流不同了，我们的观念也渐渐在转变，老实说应该非变不可，我们不仅认为每个人都有追求正当利益的权利，进一步认为从事工商业者，也是贡献其智慧力量于国家、社会的功臣。从前，名和利差不多是分开的，在“利”有所得的人，常常在“名”上有所失，现在则不然，一个事业成功的大企业家同时也是众望所归的人物，只要他的私德不太差。美国政府的某些高官显爵，多的是商而优则仕的大公司的总经理或董事长，我国的国情虽还未达到如此地步，但参政的工商业巨子已占了相当大的比例。行行出状元，事业的经营者如果埋头若干，闯出一片天地，他获得“名利双收”这句善颂善祷的话，已经不是奇迹了。

【感悟箴言】

要抛开功名利禄，我们需要有一颗平常心。无造作，无是非，无取舍，无断常，无凡无圣，也就是心无杂念的自然而然才是真正的平常心。

我们只有心如止水，将功名利禄看穿，才胜负成败看穿，就能在任何场合下，放松自然，保持最佳的心理状态，充分发挥自己的水平，施展自己的才华，从而实现完满的“自我”。

俭朴中的富有

享受俭朴的生活方式，会使一个人内心感到充实。我们常说知足常乐，有恬淡修养的人，他在物质的需求上永远会满足；而物欲愈多，想要享受和占有的也越多，他的内心也会感到越空虚。一个内心有空虚感的人，就是一个贫穷的人。所以富有或贫穷，并不是看他拥有多少财富，而在于是否有节俭的习惯。一个节俭的人，他是富有的；一个浪费的人，他永远不富有，而且会慢慢走向贫穷，内心常有贫穷匮乏的感觉。

俭朴的人，生活单纯，懂得集中心力，他们不奢侈浪费，深知无欲则刚的道理。俭朴使一个人能集合心力和财力，去创造更多有益于社会大众的事业。无论是企业家或慈善家，他们都深谙此道。作为一个普通的人，俭朴更是知足常乐之道。所以勤俭是我们中国人一向重视的生活智慧。

我们用了数十年的时间，在田里、工厂、海边、山中努力工作，造就了今天的经济奇迹。过去的生活水准是低落的，现在提高了；过去的建设是简陋的，现在不论在软件、硬件都相当精良或先进。

今天，在新的形势下，我们应该让自己更勤奋。不仅要努力劳动，更要在科技上去发挥：不仅要回到田里去工作，而且要在多元化的社会中，在各自工作岗位上努力；不只是像过去那样，单打独斗的“打拼”，更要群策群力的合作；不只是在科技硬件上建设，更要在“软件”、文化上下功夫；我们不只是寻回过去的朴实之风，更要有博雅的风气。总之，不只是要恢复节俭的习惯，更要赋予节俭新的价值观念。

勤俭是一种人生哲学，也是一种智慧和能力。勤俭是由勤奋与俭朴二者组成，如何培养勤俭的智慧呢?

要培养单纯的生活态度。一个人年纪越大，越会懂得单纯的思想和言行，懂得用简单的方法去处理复杂的事情，于是会显得很自然、很开明。“万事都以单纯为美德”，“天下所有的事情，都以简易为最好的境界”。历史上许多成功的人，都雍容肃穆、沉静温良、朴质无华、简易单纯。例如，思想的简易单纯，欲望的简易单纯，心性的简易单纯，理论的简易单纯，生活的简易单纯等等，这些都是成功的主要方面。

要培养恬淡的心境。恬淡的反义词就是贪婪。一个贪婪的人是好高骛远的、物欲心重的。而恬淡的人，他的平常心中有一种自在感，肯脚踏实地一步一步去工作，而不是每天在那里挑剔。

守住一颗平常心，何其容易!

人生最大的苦恼，不在自己拥有的太少，而在自己向往的太多。向往本不是坏事，但向往的太多，而自己能力又不能达到，则会构成长久的失望与不满。在对环境、对自己都长久感到失望与不满的情形之下，就产生了自卑、疑惧和对环境的戒备及内心的紧张。

对那些太急于求利或急于求功的人们来说，他们有必要学会一份“心灵上的舒展”。这种心灵上的舒展就是让自己能把一切看淡些、轻松些，不要期望得太高，不要过分地求全。固然，在正常的情形之下，我们都应该要求自己上进，要求自己做事要成功，但是在这一切要求之上，还必须有另一种要求来使它平衡，这要求就是使自己“量力而行”、“轻松平淡”。一个人凡事能看光明面，他不需要外在的肯定，就能自我成长，他不需很多物质的东西来满足，就能活得自在。一个俭朴的人，他对物质、自然资源的消耗，将降到最低点，他从不向外索取什么，并且还无私地奉献，因此，他堪称是一部最省油、性能最好的车子。

俭朴的人生，也是最有活力的人生。

【感悟箴言】

爱因斯坦说过：“俭朴是善良和对生命的追求。”

崇高的人生，是与俭朴、善良相伴相随的。

培根也曾说：“美德犹如宝石，需要朴素的东西镶嵌。”节俭正是这朴素的东西，镶嵌着熠熠生辉的美德，使它更加光彩熠熠，愈加显出珍贵和高尚。这镶嵌的节俭，又何常不是一颗珍贵的宝石呢？

思想游离态

美国《读者文摘》上曾刊登过这样一篇有关忧虑的文章，作者在文中对忧虑心理进行了绝妙的讽刺：

如此众多的令人忧虑的事情！有旧的，也有新的；有重大的，也有微小的，而富有想象力的忧虑者总有办法将路上的行人同远古时代联系起来。假如太阳燃尽了，一年四季可能完全成为黑夜吗？如果低温冷冻中的人再苏醒过来，他们还能活多久？如果一个人没有了小脚指头，他能否在足球赛中进球呢？

有这样一则故事：

“睡吧，别再胡思乱想了。”一个商人的妻子不停地劝慰着她那在床上翻来覆去、折腾了足有几百次的丈夫。“嗨，老婆啊，”丈夫说，“你是没遇上我现在的罪啊！几个月前，我借了一笔钱，明天就到还钱的日子了。可你知道，咱家哪儿有钱啦！你也知道，借给我钱的那些邻居们比蝎子还毒，我要是还不上钱，他们能饶得了我吗？为了这个，我能睡得着吗？”他又在床上继续翻来覆去。妻子试图劝他，让他宽心：“睡吧。等到明天，总会有办法的，我们说不定能弄到钱还债的。”“不行了，一点儿办法都没有了。”丈夫喊叫着。最后，妻子忍耐不住了，她爬上房顶，对着邻居家高声喊道：“你们知道，我丈夫欠你们的债明天就要到期了。现在我告诉你们一些不知道的事：我丈夫明天没有钱还债了。”她跑回卧室，对丈夫说：“这回睡不着觉的就不是你而是他们了。”

当凌晨三四点的时候，你还在忧虑，全世界的重担似乎都压在你肩膀上：到哪里去找一间合适的房子？找一份好一点的工作？怎样可以使那个啰唆的主管对你有好印象？儿子的健康、女儿的行为、明天的伙食、孩子们的学费……可怜！你的脑子里有许多烦恼、问题和亟待要做的事，在那里滚转翻腾！墙上糊的纸好不好？女儿的男友配得上她吗？粮食会不会又要涨价了？可怜！你脑子里的思绪东飘西荡，你仿佛永远不会再入睡了！

不，你会睡着。只要你采取一个简单的步骤几句简短的话，说上几遍，每一次要深呼吸，同时心里也要真的这样想，对自己说：“不要怕。”

深呼吸，一切由他去！睁开眼睛，再轻松地闭起来，告诉自己：“不要怕。”要仔细想想这些魔力的字句，而且真正相信，不要让你的心仍彷徨在恐惧和烦恼之中。

请记住一点，世上没有任何事情是值得忧虑的，绝对没有！你可以让自己的一生在对未来的忧虑中度过，然而无论你多么忧虑，甚至抑郁而死，你也无法改变现实。还有一点，我们不能将忧虑与计划安排混为一谈，虽然二者都是对未来的一种考虑。如果你是在制定未来的计划，这将更有助于你现实中的活动，使你对未来有自己的具体想法与行动计划。而忧虑只是因今后的事情而产生惰性。忧虑是一种流行的社会通病，几乎每个人都花费大量的时间为未来而担忧。

忧虑既然是如此消极而无益，既然你是在为毫无积极效果的行为浪费自己宝贵的时间，那你就必须走出这一误区。其实，对一般人来讲，他们所忧虑的往往是自己无能为力的事情。无论是战争、经济萧条还是生理疾病，都不可能因为我们一产生忧虑就自行好转或消除，作为一个普通的人，你是难以左右这些事情的。然而，在大多数情况下。你所担忧的事情往往不如你所想象的那么可怕和严重，也许想想办法，或者变换一下环境，某些担忧就变得毫无必要了。

【感悟箴言】

忧虑会消耗精力，扭曲思路，更能挫伤壮志。

忧虑的心情是你心中萌生出来的，它代表了你心中的态度，而不是你遭遇外界的必然体验；忧虑可归咎于你低估了自己的能力，夸大了你面临的困难；你唤起的不是成功的记忆，而是失败的记忆。我们要生活在美好的世界，必须抚平自己内心的疤痕，并用新的思想加以修改和取代。

保持好情绪

你的情绪决定了你的心态，你的心态决定了你的思维方式，而你的心态与思维方式，决定着你是否能成功。

每个时刻，你都生活在某种情绪之中。这种情绪有可能是积极的，也有可能是消极的。千万不要小看了那些消极的情绪，它会对你的人生产生很大的影响。

所以，你应该着力培养自己的积极情绪。那么，在我们每天的生活中，哪些情绪是积极的呢？

1. 爱与温情

任何负面的消极的情绪，一旦遇到了爱，就如冰雪遇到了阳光，很容易就消融了。如果现在有一个人在你面前暴跳如雷，对你发脾气，你只要始终对他施以爱心及温情，最后他一定会改变他先前的情绪。所以有人说过，只要你有足够的爱心，就可以成为全世界最有影响力的人。

2. 感恩

一切情绪中最具威力的情绪是爱心，而爱心会以不同的面貌呈现出来，感恩就是爱心的一种。所以，拥有积极心态的人常常通过他的思想和行动，主动表达出自己的感恩之情，同时也会好好珍惜上天恩赐给他的、人们给予他的、人生所经历的一切。如果我们时时感恩，人生就会过得再好不过了。那么，就好好经营你那些值得经营的人生，让它充满花一样的芬芳。

3. 好奇心

如果你真心希望你的人生能够不断成长，那么就得有像孩子一样的好奇心。孩子是最懂得欣赏“好奇”的，就是那些好奇，才能占据孩子的心灵。如果你不希望自己的人生过得那么乏味无聊，就应该在生活中时时处处都带上好奇心。这样，你会发现人生其实是一个永无止境的学习过程，其中充满了你发现“神奇”的无尽喜悦。

4. 热情

如果我们做每一件事都带着热情，人生就会变得多姿多彩，因为它们能将困难转化为机会。热情具有伟大的力量，能鼓动我们以更快的节奏迈向我们人生的目标。你一定要想着你充满热情，你还可能通过其他途径来培养你的热情。例如你可以用你的表情培养你的热情，讲话要有力，目光尽量远大，以无比的决心去追求你人生的目标。千万不要浑浑噩噩过日子，那样，你的生活不仅异常乏味，而且，你的前面会是一片贫瘠的沙漠。

5. 毅力

你若要想在这个世界上留下值得让人们怀念的事迹，你一定要有毅力。毅力能够决定我们在面对困难、失败、诱惑时的态度，看看我们是倒下了还是屹立不动。如果你想做一番事业，想把任何一件事情做到底，单单依靠一时的“热劲儿”是不够的，你一定要具备毅力方能成事，因为那是你产生动力的源头，它能把你推向任何你想追求的目标。具备毅力的人，他的行动必然前后一致，不达目的誓不罢休。

6. 弹性

“百炼之钢绕指柔。”要保证任何事情能够成功，保持弹性的做事方法是绝对必要的。一旦你的人生选择了弹性，其实也就是让你选择快乐。因为在我们的人生中，都会遇到许多你无法控制的事情，然而只要你的想法和行动能够保持一定的弹性，那么人生就能永保成功，你的生活也就十分愉快。芦苇就是因为弯下了腰，所以才能在狂风肆虐中生存下来。所以，培养你弹性的性格，有助于你的成功。

7. 信心

不轻易动摇的信心是我们每个人所向往的，如果你想一直都对人生充满信心，甚至对于始终未曾接触过的领域也充满信心，那么你一定要从心灵深处建立“有信心”的信念。你得从此刻便开始学习想象并感受那份信心，但这并不意味着你永远只做白日梦，希望你的成功会突然从地上冒出来。你有了信心，就敢于去尝试，敢于去冒险，去做各种各样的事情，不管是大事小事，只要你有信心做好，就一定能做好。

8. 快乐

这种快乐要求不仅在脸上，更要在心里。因为这两种快乐有着很大的区别。内心快乐能使你充满自信，对人生满怀希望，带给周围的人同样的快乐。而脸上的快乐具有能消除害怕、生气、挫折感、难过、失望、沮丧、懊悔及不中用的能力，但你总是只具有脸上的快乐会使你觉得累得慌。要你的脸上表现出快乐，不是说要你不去理会所面对的困难，而是要知道学会如何保持快乐的心情，那样就会有可能改变你生活中的许多事情。

9. 活力

如果你不能好好地照顾你自己的身体，那就很难享受到拥有活力的快乐。所以，你要经常注意你是否精力充沛，因为你的一切情绪都来自于你的身体。运动是使你精力充沛的一种简单而又切实可行的方法，因为你越是

“动”，你的精力才会越旺盛，也才能产生出源源不断的活力，有活力才能让我们应付生活中的各种各样的问题。

10. 奉献

作为社会的一份子，如果我们所做的事情，不仅能丰富我们自己的人生，同时还可以帮助别人，那种心情是再好不过的了。人生的秘决就在于奉献，不管是奉献给路人、家人，还是整个社会的人。我们常常会为那些为了追求人生最高价值的故事所感动，故事中的人物总是无条件地去关心他人，带给他人极大的幸福。一个独善其身并兼济天下的人，必然是因为他明白了人生真正的意义，这种精神不是金钱、名誉、夸奖所能比的。拥有奉献精神的人生观是无价的。如果人人都能奉献一点，那么我们的社会就会无限美好。

【感悟箴言】

积极向上的心态是成功者最基本的要素。记住！你认识到你自己的积极心态的那一天，也就是你遇到最重要的人的那一天，而这个世界上最重要的人就是你！你的这种思想、这种精神、这种心理就是你的法宝，你的力量。

羊皮卷之二　制定成功的目标

在追求某个人生目标的过程中，人们常常会被那些并不重要的细枝末节和毫无意义的杂事分散精力，忘记自己的初衷，甚至走到岔路上。所以要时刻提醒自己“土拨鼠哪去了”。

我们在处理任何事之前，都要检查一下，自己是否知道处理这件事的意义所在，采用什么样的方法最合适，自己有没有能力做。不明白的事做不得。在别人让你做一件事时，一定要弄清对方的真实意图。

规划好你的人生

我们天生需要追求目标，如果我们没有自己所喜爱的目标，没有自己感到有意义的目标，我们很容易兜圈子，感到迷失，觉得生活没有目的。那些认为人生没有价值的人实际上是因为他们自己缺乏有价值的人生目标。

我们的生活就像是登山，如果你抬头望着要攀登的山顶，你会感到有需要奋斗的方向，如果你只会平视着眼前，那么你注定将看不到山顶壮丽的风光。一位有目标的追求者，可以朝着目标奋勇前进，前方有着惊喜在等待。而没有目标的人只会浑浑噩噩度此一生。

不愿意甘心于平庸的人，会为自己定一个值得努力的目标，而要实现自己的目标最好有个计划表。在表中注明在自己人生的不同时刻，你希望达成的愿望；或者遇到一些意外的时刻时，你希望怎样来处置。在你面前经常有个你盼望的东西，为它工作，把它作为希望，前瞻而不后顾。你要培养对将来的盼望，不要培养对往事的怀念，这样会使你保持青春的活力。有一些人在退休后不久就长眠了，他们之所以衰老得这么快，就是因为他们已不再是目标的追求者，而且在心里不再盼望任何事情，这使得他们的身体无法发挥功能。你不追求目标，你不向前展望，那么你就不是在真正地生活。

下边的一则寓言能够很好地诠释目标与计划带给人的神奇作用：

话说有一条毛毛虫，有一天爬呀爬呀爬过山河，终于来到了一棵苹果树下。它并不知道这是一棵苹果树，也不知树上长满了红红的苹果。当它看到同伴们往上爬时，不知所以的就跟着往上爬。没有目的，不知终点，更不知生为何求、死于何所。

它的最后结局呢？也许找到了一只大苹果，幸福地过了一生；也可能在树叶中迷了路，颠沛流离糊涂一生。不过可以确定的是，大部分的虫都是这样活着的。

又有一条毛毛虫也来到了苹果树下。这条毛毛虫相当难得，小小年纪，却自己研制了一副望远镜。在还未开始爬时，就先利用望远镜搜寻一番，找到了一只超大苹果。它很细心地从苹果的位置，由上往下反推至目前所处的位置，记下这条确定的路径。于是，它开始往上爬，当遇到分支时，它一点也不慌张，因为它知道该往哪条路走，不必跟着一大堆虫去挤破头。最后，这条毛毛虫找到了自己的超级大苹果。

毛虫 1 号，什么也不用去思考，虽然“虫生”也许会轻松一些，但是，它的未来是一片模糊，只能被动的接受上帝赐予的“虫生”，丧失对自己生命的主动权。而毛虫 2 号，在还没有开始时就已经把自己的路线规划好了，它能够按照自己的计划得到已经被预期好的一切，它掌握了自己的未来。

没有一位足球教练不在赛前说明细致周密的比赛计划才派球队上场比赛。当然这个计划也不是一成不变的，比赛进行中教练一定会做某些修正。但重要的是，在开始前一定要作好计划。

你是愿意成为毛虫 1 号呢，还是愿意成为那个把握住自己命运的 2 号呢?

“凡事预则立，不预则废”，也就是说做任何事都要有个计划，早作准备才能成竹在胸。人生也是同样的，给自己一个目标与计划，你能够更好地掌握人生。人生目标必须是长久的固定的，这样你才能给自己圈定一个方向，防止向四面八方延伸而丧失力量，就好像物理学上的合力一样，在同一个方向上前进的力得到的合力就大，在其他方向上胡乱前进的力最终得到的合力就小。对于人生目标，很多人都会说我有啊，但仔细分析一下就会发现，很多人对自己的人生目标并不是很确定，而且会经常说，我一定要如何如何，这是常立志。天体物理学家 Amo Penzias 是诺贝尔奖金获得者，也是贝尔实验室的主任。他告诫渴望成功的人士，千万不要说：“我对这个感兴趣。我对那个也感兴趣，我对什么都感兴趣。”他说：“就我本人来说，我的确对许多事情都很感兴趣，但是，与此同时，我必须明白，哪件事我不应当去做。有许多很聪明的人就是因为无法决定放弃哪些，于是只抓住了小事，浪费了时间。”常立志的人，经常给自己换个目标。然后就把自己的精力分散在这些个目标上，这样到最后虽说不一定是一事无成，但却不如那些把自己的精力都投入一件事情上的人来得成功，人毕竟时间与精力有限，不可能把样样事情都做好，所以正确的选择是立长志。许多人在埋头苦干时，从未发掘人生的终极目标，只是为忙碌而忙碌，未曾洞悉自己心灵深处的所欲所求，也不曾审视过自己的人生信条：你到底要什么？什么是你生命中最重要的？你的生活重心是什么？只有确立了符合价值观的人生目标，才能凝聚意志力，全力以赴且持之以恒地付诸实现，才有可能获得内心最大的满足。

把自己的人生目标写下来，写在纸上，并且经常拿出来看。告诉自己最喜欢的人。有调查表明，80% 的人没有明确的人生目标，在剩下的 20% 中又有 80% 的人没有将自己的目标明确写下来。所以成功的人大约只有 4% 。其次，要有行动计划，有了目标，就要写出自己的行动计划来，这个月做什么？本周做什么？今天做什么？按照行动计划表去做事情，你就不会到处乱撞，就不会觉得无事可做，也能把自己希望办好的事情办好了。

【感悟箴言】

为自己量身打造一个人生计划吧，把你希望的未来的人生规划好一幅蓝图，照着这个蓝图一步一步把自己推向人生胜利的高峰。

一个明确的目标，一份清晰的计划，可令我们的努力得到双倍，甚至数倍的回报。

计划你的每一天

你最好为你的每一天和每一周定个计划，否则你就只有按照不时放在你桌上的东西去分配你的时间，也就是说，你完全由别人的行动来决定你办事的优先与轻重次序。这样你将会发觉你犯了一个严重错误——每天只是在应付问题。

为你的每一天定出一个大概的工作计划表，尤其要特别重视你当天应该完成的两三项主要工作。其中一项应该是使你更接近你一生奋斗目标之一的重要行动。在星期四或星期五，照着这个办法为下个星期作同样的计划。

请记住，没有任何东西比事前的计划能促使你把时间更好地集中地用到生产性活动上来。研究结果证实了一个定理：当你做一项工作之时，做计划的时间越多，做这项工作所用的总时间就会越少。不要让一天繁忙的工作把你的计划时间表打乱。

人们经常在人生的道路上迷失方向，因徘徊和迷途消耗了生命。而高效能的人懂得设计自己的未来。他们认真地计划自己要成为什么样的人，想做些什么，要拥有什么，并且清晰明确地写出，以此作为决策指导。因此，“以始为终”是实现自我领导的原则。这将确保自己的行为与目标保持一致，并不受其他人或外界环境的影响。

确立目标后全力以赴，在正确的时间做正确的事，并把事情做对。当然，要求自己按照计划表来实施人生计划的人还需具有超强的毅力、百折不挠的精神和永不怀疑的气概。

长期的目标，就是你的核心目标，是一条主线，要保持它的稳定，而短期的目标则可以多个，需要不断的调整和修正，而不是一成不变的。

稍有炒股经验的人大概都知道巴菲特，他是美国当代最著名的投资家，也是美国唯一靠股票投资成为亿万富翁的人。

巴菲特从小就显露出赚钱的天才。他 11 岁时，曾劝姐姐以每股 38 美元买了 3 股“城市服务公司”的股票，不久股票下跌到 27 美元。姐姐担心自己的全部积蓄将化为乌有，每天责怪巴菲特不该让她上当。后来股票慢慢回升到 40 美元，巴菲特赶快卖掉姐姐的股票，去掉手续费后净赚了 5 美元。但是这家公司的股票紧接着就上涨到每股 200 美元。从这件事上，巴菲特获得了他终身遵守的两条准则：

第一，设立目标必须通过严谨的思考和精密的测算。

第二，目标设立后，绝不轻易放弃和改变，尤其是核心目标。

【感悟箴言】

认准了你的目标，就坚持下去，忠实于它，你就会得到自己想要的。

测定目标

1952 年 7 月 4 日清晨，加利福尼亚海岸笼罩在浓雾中。在海岸以西 21 英里的卡塔林纳岛上，一个 34 岁的女人涉水进入太平洋中，开始向加州海岸游去。要是成功了，她就是第一个游过这个海峡的女性。这名女性叫费罗伦丝·查德威克。在此之前，她是从英法两边海岸游过英吉利海峡的第一个女性。

那天早晨，海水冻得她身体发麻。雾很大，她连护送她的船都几乎看不到。时间一个钟头一个钟头过去，千千万万人在电视上注视着她。有几次，鲨鱼靠近了她，被人开枪吓跑了。她仍然在游。在以往这类渡海游泳中她的最大问题不是疲劳，而是刺骨的水温。

15 个钟头之后，她被冰冷的海水冻得浑身发麻。她知道自己不能再游了，就叫人拉她上船。她的母亲和教练在另一条船上。他们告诉她海岸很近了，叫她不要放弃。但她朝加州海岸望去，除了浓雾什么也看不到。几十分钟之后——从她出发算起 15 个钟头零 55 分钟之后——人们把她拉上了船。又过了几个钟头，她渐渐觉得暖和多了，这时却开始感到失败的打击。她不假思索地对记者说："说实在的，我不是为自己找借口。如果当时我看见海岸，也许我能坚持下来。"人们拉她上船的地点，离加州海岸只有半英里！

后来她说，真正令她半途而废的不是疲劳，也不是寒冷，而是因为她在浓雾中看不到目标。查德威克小姐一生中就只有这一次没有坚持到底。两个月之后，她成功地游过了同一个海峡。她不但是第一位游过卡塔林纳海峡的女性，而且比男子的纪录还快了大约两个钟头。

【感悟箴言】

查德威克虽然是个游泳好手，但也需要看见目标，才能鼓足干劲完成她有能力完成的任务。因此，当我们规划自己的职涯时，千万别低估了制定可测目标的重要性。设立目标必须通过严谨的思考和精密的测算。目标设立后，绝不轻易改变或放弃，尤其是核心目标。

最初的梦想

有个叫布罗迪的英国教师，在整理阁楼上的旧物时，发现了一沓练习册，是皮特金幼儿园 B（2）班 31 位孩子的春季作文，题目叫：未来我是……

他本以为这些东西早就荡然无存了，没想到，它们竟安然地躺在自己家里，并且一躺就是 50 年。

布罗迪随手翻了几本，很快便被孩子们千奇百怪的自我设计给迷住了。比如，有个叫彼得的小家伙说自己是未来的海军大臣，因为有一次他在海里游泳，喝了 3 升海水都没被淹死；还有一个说，自己将来必定是法国总统，因为他能背出 25 个法国城市的名字；最让人称奇的是一个叫戴维的盲童，他认为，将来他肯定是英国的内阁大臣，因为在英国还没有一个盲人进入过内阁。总之，这些孩子都在作文中描绘了自己的未来。

布罗迪读着这些作文，突然有一种冲动：何不把这些本子重新发到同学们手中，让他们看看现在的自己是否实现了 50 年前的梦想。当地一家报纸得知他的这一想法后，为他刊登了一则启事。没几天，书信便向布罗迪飞来。其中有商人、学者及政府官员，更多的是没有身份的人。他们都表示，很想知道自己儿时的梦想，并且很想得到那本作文本。布罗迪按地址一一给他们寄去。

一年后，布罗迪手里仅剩下戴维的作文本没人索要。他想，这个人也许是死了。毕竟 50 年了，50 年间是什么事都会发生的。

就在布罗迪准备把这个本子送给一家私人收藏馆时，他收到了内阁教育大臣布伦克特的一封信。信中说，那个叫戴维的就是我，感谢您还为我们保存着儿时的梦想。不过我已不需要那个本子了，因为从那时起，我的梦想就一直在我的脑子里，我从未放弃过。50 年过去了，可以说我已经实现了那个梦想。今天，我还想通过这封信告诉其他的 30 位同学，只要不让年轻时美丽的梦想随岁月飘逝，使其成为追求的目标，那么成功总有一天会出现在你面前。

【感悟箴言】

将理想记在心中，并且努力地一天天地去实现它，这样才能有梦想成真的一天。高尔基说："生活的意义寓于美和追求生活目标的力量，而且应当使生活的每一时辰都有崇高的目的。"

坚韧的脚步

美国海岸警卫队的一名厨师，空余时间，他代同事们写情书，写了一段时间以后，他觉得自己突然爱上写作。他给自己订立了一个目标：用两到三年的时间写一部长篇小说。

为了实现这个目标，他立刻行动起来。每天晚上，大家都去娱乐了，他却躲在屋子里不停地写啊写。这样整整写了 8 年以后，他终于第一次在杂志上发表了自己的作品，可这只是一个小小的豆腐块而已，稿酬也只不过是 100 美元。他没有灰心，相反他却从中看到了自己的潜能。

从美国海岸警卫队退休以后，他仍然写个不停。虽然稿费没有多少，欠款却越来越多了，有时候，他甚至没有买一个面包的钱。尽管如此，他仍然锲而不舍地写着。朋友们见他实在太贫穷了，就给他介绍了一份到政府部门工作的差事。可他却拒绝了，他说："我要做一个作家，我必须不停地写作。"又经过了几年的努力，他终于写出了预想的那本书。为了这本书，他花费了整整 12 年的时间，忍受了常人难以承受的艰难困苦。因为不停地写，他的手指已经变形，他的视力也下降了许多。

然而，他成功了。小说出版后立刻引起了巨大轰动，仅在美国就发行了 160 万册精装本和 370 万册平装本。这部小说还被改编成电视连续剧，观众超过了一亿三千万，创电视收视率历史最高记录。这位作家获得了普利策奖，收入一下子超过 500 万美元。

他的名字叫哈里，他的成名作叫《根》。哈里说："取得成功的惟一途径就是'立刻行动'，努力工作，并且对自己的目标深信不疑。世上并没有什么神奇的魔法可以将你一举推上成功之巅，你必须有理想和信心，遇到艰难险阻必须设法克服它。”

【感悟箴言】

一个人在追求成功的过程中不可避免地会受到外界因素的影响，在思考与计划、接受锻炼以达到某项远程目标、解决问题等方面，情感信念可以使你发挥心灵力量，因而决定你的所作所为。所以，你要有为了目标锲而不舍的精神，提高自己的自制力。这样才有可能获得成功。

独辟蹊径

哥白尼在克拉科夫大学读书时，利用学校的仪器，他观测研究着美丽而变幻莫测的天空。为了揭示宇宙的奥秘，他几乎读遍了能弄到手的各种书籍、文献资料。一个大胆的设想在他的心中形成：“我认为托勒密把宇宙的根本问题搞错了，宇宙的中心不是地球而是太阳，地球不是静止的而是不停运转的。”

托勒密是著名的天文学家，算得上天文学的老祖宗。他认为“地球是宇宙的中心……”这个观点已经被人们接受。并且被神学家利用，维持了1400多年。哥白尼敢于对一种统治人类1000多年并与圣经教义相吻合的学说提出疑问，这需要何等的自信，何等的勇气！

于是，哥白尼有了清晰的目标。为了证明自己的大胆设想，他和知名天文学家玛利亚一起进行了一次著名的观测。这次观测的结果证明了托勒密的学说与客观现象之间是矛盾的。正当哥白尼结束了长达10年的学习，要离开意大利的时候，天空出现了彗星，瘟疫又在流行。这时，教会趁机蛊惑人心，说这是天主对世人的惩罚，灾难和瘟疫将接踵而来。一时间，城里被闹得乌烟瘴气。教会的人还预言说，土星和木星还会连续四次会合。最后一次会合的时间将是6月10日。人们听了这些可怕的传言之后慌慌张张的，富人们及时享乐，穷人们倾家荡产购买教会的赎罪符，想以此得到神的保护。

为了揭穿教会的骗局，哥白尼加紧观测天空，最后经过演算，他认为土星、木星第四次重合的时间不是6月份，而是提前一个月左右。事实印证了哥白尼的推论！教会的谎言不攻自破。

一次聚会上，哥白尼把他长期隐埋在心中的观点抖了出来：太阳是宇宙的中心所在，地球和别的星球一样绕着太阳运转，它一昼夜绕地轴自转一周，一年绕太阳转一周……这就是我们今天所说的“太阳中心学说”。这个新鲜的见解使会上的学者们耳目一新。同时，他们又深深地为哥白尼担心：教会会放过他这样的异端邪说吗？

年轻的哥白尼对教会的压力毫不畏惧，他相信自己的眼睛，相信自己所看到的一切都是真实的，符合科学精神的。为此，他用积蓄购买了一座箭楼，把它布置成简易的天文台，自制了一些观测仪器。在这座被后人称为“哥白尼塔”的箭楼上，他进行了50多次观测，终于使他所提出的“日心说”更加完善，一切有据可查的观测和数学都充分地证明了他的理论是正确的。他在《运行》一书中，提出“地球是具有圆球形状”的论点，并说明地球不断自转和公转。他的目标实现了。

【感悟箴言】

世界上没有完美的事物，所以再好的新构想也会有缺陷。而一个很伟大的计划，如果确实可行并且继续发展，要远远胜过跟在别人后面走的仿制计划。因为前者具有挑战性，后者却只求平安。如果你一直在想而害怕做的话，根本成就不了任何事。有很多好计划没有实现，就是因为马上开始的时候却担心“我能不能去做这件事”而耽误了。

最佳目标

西华·莱德是英国知名作家兼战地记者，二战期间，他从一架受损的运输机上跳伞逃生，落在缅印边境的一片丛林中。当地人告诉他，这儿距印度最近的市镇也有140英里。对于习惯于以车代步的西华·莱德来说，这几乎是段可望而不可及的路程。为了活命，西华·莱德拖着落地时扭伤的双脚一瘸一拐地走下去。不过战前研究过心理学的西华·莱德知道如何才能让自己轻装上阵，他努力地控制自己不去想那个让人倍感沉重的数字。奇迹发生了，西华·莱德回到了印度。

这段插曲公诸于世后，在他的家乡肯德郡引起不小的轰动，许多年轻人把“走完下一英里”作为自己的座右铭，而这恰恰是西华·莱德在途中的惟一念头。

二战结束后，西华·莱德接了一个每天写一个广告的差事，出于信任，广告商并没跟他签订合同，也没明确一共要写多少个广告。心无旁骛的西华·莱德就这样不停地写下去，结果连续写完了2000个广告。他在事后很有感慨地说：“如果当时签的是一张写2000个广告的合同，我一定会被这个数目吓倒，甚至把它推掉。”

对于正在跋山涉水的人来说，最最重要的不是忧虑目标有多远，而要学会分割目标，然后一步一步走下去，而每走一小步，是不需要多大勇气的。

【感悟箴言】

要成功，必须先设定目标，在合理的前提下，制定一个较长期的目标，然后再派生出若干短期的目标。无论是长期或短期的目标，必须有一个时间限定，在时间进度表中，还需要有周密的计划。长期的目标，就是你的核心目标，是一条主线，要保持它的稳定；而短期的目标则可以改变，需要不断的调整和修正，而不是一成不变的。

认清路线

1984年，在东京国际马拉松邀请赛中，名不见经传的日本选手山田本一出人意料地夺得了世界冠军。当记者问他凭什么取得如此惊人的成绩时，他说了这么一句话：“凭智慧战胜对手。”

当时许多人都认为这个偶然跑到前面的矮个子选手是在故弄玄虚。马拉松赛是体力和耐力的运动，只要身体素质好又有耐性就有望夺冠，爆发力和速度都还在其次，说用智慧取胜确实有点勉强。

两年后，意大利国际马拉松邀请赛在意大利北部城市米兰举行，山田本一代表日本参加比赛。这一次，他又获得了世界冠军。记者再次请他谈谈经验。

山田本一性情木讷，不善言谈，回答的仍是上次那句话：“用智慧战胜对手。”这回记者在报纸上没再挖苦他，但对他所谓的智慧迷惑不解。

10 年后，这个谜终于被解开了，他在他的自传中是这么说的：“每次比赛之前，我都要乘车把比赛的线路仔细地看一遍，并把沿途比较醒目的标志画下来，比如第一个标志是银行；第二个标志是一棵大树；第三个标志是一座红房子……这样一直画到赛程的终点。比赛开始后，我就以百米的速度奋力地向第一个目标冲去，等到达第一个目标后，我又以同样的速度向第二个目标冲去。40 多公里的赛程，就被我分解成这么几个小目标轻松地跑完了。起初，我并不懂这样的道理，我把我的目标定在 40 多公里外终点线上的那面旗帜上，结果我跑到十几公里就疲惫不堪了，我被前面那段遥远的路程给吓倒了。”

【感悟箴言】

我们应该使自己的心神集中在想做的事情上。当内心浮现出明确的目标时，就是自己开始产生信心的时刻。当培养出信心时，就能够召唤出无穷智慧来帮助自己，实现自己的明确目标。只有善于运用细分目标的智慧，加上坚忍不屈的行动和正确的方向，才能获得成功。

向目标奔跑

威尔逊在创业之初，全部家当只有一台分期付款赊来的爆米花机，价值

50美元。第二次世界大战结束后，威尔逊做生意赚了点钱，便决定从事地皮生意。如果说这是威尔逊的成功目标，那么，这一目标的确定，就是基于他对自己的市场需求预测充满信心。

当时，在美国从事地皮生意的人并不多，因为战后人们一般都比较穷，买地皮修房子、建商店、盖厂房的人很少，地皮的价格也很低。当亲朋好友听说威尔逊要做地皮生意时，异口同声地反对。

而威尔逊却坚持己见，他认为反对他的人目光短浅。在他看来虽然连年的战争使美国的经济很不景气，但美国是战胜国，它的经济会很快进入大发展时期。到那时买地皮的人一定会增多，地皮的价格会暴涨。

于是，威尔逊用手头的全部资金再加一部分贷款在市郊买下很大的一片荒地。这片土地由于地势低洼，不适宜耕种，所以很少有人问津。可是威尔逊亲自观察了以后，还是决定买下了这片荒地。他的预测是，美国经济会很快繁荣，城市人口会日益增多，市区将会不断扩大，必然向郊区延伸。在不远的将来，这片土地一定会变成黄金地段。

后来的事实正如威尔逊所料。不出三年，城市人口剧增，市区迅速发展，大马路一直修到威尔逊买的土地的边上。这时，人们才发现，这片土地周围风景宜人，是人们夏日避暑的好地方。于是，这片土地价格倍增，许多商人竞相出高价购买，但威尔逊不为眼前的利益所惑，他还有更长远的打算。后来，威尔逊在自己这片土地上盖起了一座汽车旅馆，命名为“假日旅馆”。由于它的地理位置好，舒适方便，开业后，顾客盈门，生意非常兴隆。从此以后，威尔逊的生意越做越大，他的假日旅馆逐步遍及世界各地。

【感悟箴言】

目光远大、目标明确的人往往非常自信，而自信与人生的成败息息相关。每个人都有自己的优越感目标，它具有独特性，取决于他赋予生活的意义。这种意义不只是口头上说说而已，而是建立在他的生活风格之中。优越感的目标就像生活的意义一样是在不断的探索中确定下来的。事业做得最好无疑是优越感目标之一，其本身体现着人生的自信。

参照的坐标

在宾夕法尼亚的山村里，曾有一位出身卑微的马夫，他后来成为了美国著名的企业家。他那惊人的魄力、独到的思想，为世人所钦佩。他就是查理·斯瓦布先生。当时恐怕任何人也料不到他会有后来的成就！他的一生就像波澜壮阔的大海，我们从他的成功史中，可以看出行动的伟大价值。

他小时候的生活环境非常贫苦，只受过短短几年教育。从 15 岁起，他孤身一人在宾夕法尼亚的一个山村里赶马车谋求生路。两年之后，他才谋得另外一个工作，每周只有 2.5 美元的报酬。在这期间他努力学习技术，力求把每一件事情都做到位，而且不犯一些低级的错误。没多久他就成为卡耐基钢铁公司的一名技术工人。虽然当时他的日薪只有一美元，但做了没多久，就升任技师，接着升任总工程师。过了五年，他便兼任卡耐基钢铁公司的总经理。到了 39 岁，他一跃升为全美钢铁公司的总经理。

他由弱而强的秘决是：他每得到一个位置时，从不把月薪的多少放在心里，他最注意的是自己是否适合这个工作。

当他在钢铁公司还是一名微不足道的工人时，他就暗暗下定决心："我不去计较薪水，我要拼命工作，我要使我的工作价值，远远超乎我的薪水之上，那就是实现我自身的价值。"

他每获得一个位置时，总以同事中最优秀者作为目标。他从未像一般人那样不切实际，想入非非。那些人常常不愿使自己受规则的约束，常常对公司的待遇感到不满，做白日梦等待机会从天而降。他深知一个人只要选择了适合自己的职业，不论现在处于什么样的位置，都必然会成功。

【感悟箴言】

作家马克·吐温说："每一个人的一生中，幸运女神都来敲过门。可是许多人竟然跑到邻居家里没有听见。"在人生的旅途中，期待着意外的好运，犹如守株待兔，是一个没有保障的尝试。

挑战自己

美国广播公司著名主持人黛安娜·索耶，大学四年大部分时间她都花在自我反省和思考上面，而且沉浸在诗歌和白日梦中。毕业后她回到肯塔基州北部城市路易斯维尔。她很迷惘，没有方向，没有计划，也不知道自己要干些什么，将来怎样。她完全不能摆脱这种情绪，所以急不可耐地回到父母身边，好像那里有什么人在召唤她。

父母坐在客厅里，他们问了索耶一个简单但是意义深远的问题："你爱的东西是什么?"然后又说，"你能去做的最富有挑战的工作是什么？你肯定能造福于其他人吗?"

索耶愣了一会，然后给了一个恰如其分的回答："我喜欢读小说，看故事，喜欢写故事和分享故事。"

不久以后，索耶插班进入一家法律学院学习了一个学期，她很清楚地再次告诉自己："我不想提出控诉之类，我只想对那些人说：你不相信在这宗案子里会发生什么的。"

那时候在肯塔基州还没有女人做电视新闻报道——感觉那好像是青铜时代的故事——所以她进入了一家当地的新闻学院，表示可以去任何地方。结果她做了气象预报员，每天与头发定型剂、紧身的羊毛衫、地图等东西打交道。

索耶感觉很拘束，根本不知道自己在做什么。而且最糟糕的是，她又近视，如果没有眼镜，站在地图的右边她就看不到左边的西海岸。她还常常对旧金山的气候胡说八道一通。比如说有时候她会说："今天最高气温 78 度，现在的温度是85度。”

在这个演播室的另外一边，就是新闻演播室。不久以后，索耶终于靠自己那些小故事进入那里。新闻总编肯·罗兰是个满怀好奇、容光焕发、富有同情心和爱心的人。他为人们揭示事实的真相，在那里索耶感觉如鱼得水。

索耶一直待在那里，她曾经从理查德·尼克松的办公室抢到第一手的新闻，她想去看看政治和大好局势另一面的真相和实质，那些搅和在越战里的狂暴的年代中的各种事件，都向她展现出五彩缤纷的光泽——在新闻界没有那么简单的对错，也没有一个故事是符合逻辑地发展下去。

在各种突发的新闻事件发生的同时她总是赶到现场，她能够去任何地方，只要节目需要，事实上很多时候她觉得是那些事件在召唤她，但是必须独自忍受那些寒冷孤独甚至危险的时刻。

这些年来，某些人对索耶说出的忠告总让她回想起父亲当年的话。一位牧师曾经对她说，“如果你要做一个特别的决定，并且希望从中得到快乐，那么，你必须找到你最感兴趣的也是这个世界最需要的事情。”另一个朋友对她说：“放松一点，试着一点点改变世界，哪怕一次只做一点也好。”

索耶爸爸去世后，每次如果有年轻人、新手或者朋友为职业的问题来询问她的意见，她都会想起爸爸的“三个问题。”她说：“如果你能回答前面两个，那么你一定会解决第三个，这就好像地球的人造卫星，有着自己既定的方向并且非常愿意按这个方向走下去。”

【感悟箴言】

世界上很多事就像武术，须想象自己突然受到各种攻击时的应变方式，天长日久，这项训练会大大提高修炼者的反应速度和抗暴能力。

“想象”是最理想的训练场，那里有你所需要的一切设备设施、环境条件；在那里，你不会有任何失误，你总是胜利者。经常想象成功的景象，必然养成积极的思维方式，同时，使自己的目标更清晰，并在心里凝固下来。

记住终点

好多年前，有人正要将一块木板钉在树上当搁板，贾金斯走过去管闲事，说要帮那人一把。

贾金斯说："你应该先把木板头子锯掉再钉上去。"于是，贾金斯找来锯子之后，还没有锯到两三下又撒手了，说要把锯子磨快些。

于是贾金斯又去找锉刀。接着他又发现必须先在锉刀上安一个顺手的手柄。于是，他又去灌木丛中寻找小树，可砍树又得先磨快斧头。

磨快斧头需将磨石固定好，这又免不了要制作支撑磨石的木条。制作木条少不了木匠用的长凳，可这没有一套齐全的工具是不行的。于是，贾金斯到村里去找他所需要的工具，然而这一走，就再也不见他回来了。

贾金斯无论学什么都是半途而废。他曾经废寝忘食地攻读法语，但要真正掌握法语，必须首先对古法语有透彻的了解，而没有对拉丁语的全面掌握和理解，要想学好古法语是绝不可能的。

贾金斯进而发现，掌握拉丁语的惟一途径是学习梵文，因此便一头扑进梵文的学习之中，可这就更加旷日废时了。

贾金斯从未获得过什么学位，他所受过的教育也始终没有用武之地。但他的先辈为他留下了一些本钱。他拿出 10 万美元投资办一家煤气厂，可造煤气所需的煤炭价钱昂贵，这使他大为亏本。于是，他以 9 万美元的售价把煤气厂转让出去，开办起煤矿来。可这又不走运，因为采矿机械的耗资大得吓人。因此，贾金斯把在矿里拥有的股份变卖成 8 万美元，转入了煤矿机器制造业。从那以后，他便像一个内行的滑冰者，在有关的各种工业部门中滑进滑出，没完没了。

贾金斯的情形每况愈下，越来越穷。他卖掉了最后一项营生的最后一份股份后，便用这笔钱买了一份逐年支取的终生年金，可是这样一来，支取的金额将会逐年减少，因此他要是活的时间长了，早晚得挨饿。

【感悟箴言】

一个人目标高远，但也要面对现实的生活。你只有把理想和现实有机结合起来，才有可能成为一个成功之人。人只有那么点精力，将人生目标树立太多，且要做的事情杂乱就会反而没有目标，那么也就一事无成。只有集中精力攻击某一特定目标，全方位思考，计划好，认真去实施，才有可能做好，做大。

起草计划

特维斯有幸在年少时，便学会了自立自强。他父亲在第二次世界大战时身在国外。当他9岁时，在圣地亚哥附近，有一个陆军空炮兵团，驻扎的士兵和他成了好友，以消磨无聊的闲暇时间。他们会送给特维斯一些军中纪念品，像陆军伪装钢盔、背带及军用水壶。特维斯则以糖果、杂志，或邀请他们来家中吃便饭，作为回赠。

特维斯永难忘怀那一天。他的一位士兵朋友说：“星期天上午五点，我带你到船上钓鱼。”特维斯雀跃不已，高兴地回答：“哇哈！我好想上船。我甚至从未靠近过一艘船，我总是在桥上，眼看着一艘艘船开往海中，真令人羡慕！我总是梦想，有一天我能在船上钓鱼。噢，太感谢你了，我要告诉我妈妈，下星期六请你过来吃晚饭。”

周六晚上，特维斯兴奋地和衣上床，为了确保不会迟到，还穿着网球鞋。他在床上无法人眠，幻想着海中的石斑鱼和梭鱼，在天花板上游来游去。清晨三点，他爬出卧房窗口，备好渔具箱。另外还带着备用的鱼钩及鱼线，将钓竿上的轴上好油，带了两份花生酱和果酱三明治。四点整，他就准备出发了。坐在家门外的路边，摸黑等待着他的士兵朋友出现，可对方失约了。

特维斯没有因此对人的真诚产生怀疑或自怜自艾，也没有爬回床上生闷气或懊恼不已，向母亲、兄弟姊妹及朋友诉苦，说那家伙没来，失约了。相反地，他跑到附近戏院空地上的售货摊，花光他帮人除草所赚的钱，买了那艘上星期在那儿看过、补缀过的单人橡胶救生艇。近午时分，他才将橡皮艇吹满气，把它顶在头上，里头放着钓鱼的用具，活像个原始狩猎队。他摇着桨，滑入水中，假装他将启动一艘豪华大油轮，驶向海洋。他钓到一些鱼，享受了自己的三明治，用军用水壶喝了些果汁。这是他一生中最美妙的日子之一。那真是生命中的一大高潮。

特维斯经常回忆那天的光景，沉思在9岁那样稚嫩的年纪，从中他学到了宝贵的一课："首先学到的是，只要鱼儿上钩，世上便没有任何值得烦心的事了。而那天下午，鱼儿的确上钩了！其次，士兵朋友教给我了，光有好的意图并不够。士兵朋友要带我去，也想着要带我去，但他并未赴约。"

然而对特维斯而言，那天去钓鱼，却是他最大的希望，他立即着手设定计划，使愿望成真。那天换别人极有可能被失望的情绪所击溃，也极可能只是回家自我安慰："你想去钓鱼，但那位士兵哥哥没来，这就算了吧！"相反地，特维斯心中有个声音告诉他：仅有欲望不足以得胜，要立刻行动，要自立自强。

【感悟箴言】

生命的主动权永远是在自己的手中，为什么要靠别人呢？为什么要听别人的呢？也许朋友、家人的护佑是自己成功的阶梯，但也可能是陷阱。总有一天，你只能靠自己。如果事情对你很重要，同时你也很想做到，那现在就开始做，将你的全部能量都投入到为成功所作的努力中，这样，结果往往会让你满意的。最重要的是，不要考虑万一如何如何，只要你行动起来就会有收获。

独特的考试

1931年2月1日，叶利钦出生在斯维尔德罗夫斯克州布特卡村一个普通农民家庭。艰苦的生活使叶利钦养成了刚毅的性格。上学后，他以自己的积极进取精神和果敢刚毅的性格在同学中崭露头角。

少年时代，他就幻想着考船舶学院，曾为此研究过造船原理，认真地学习过厚厚的教科书。但后来，建筑这一行业吸引了他，于是进了乌拉尔工学院建筑系。

之前，叶利钦还接受过一次独特的考试。事情是这样的：他回家看望爷爷，当时爷爷已经70多岁，但思维仍很清晰。见面后爷爷对叶利钦说："如果你不用自己的双手给我盖点什么，我就不让你去考建筑学院。你就在院子里给我盖一个小澡堂。你要自己打地基，一个人做木墙和准备做墙用的原木。我就给你交待这些，我不会告诉你如何做并帮助你的。"

他爷爷的脾气很倔，果然连手指头都没动一下。叶利钦独自一个人累得精疲力尽，特别是在竖起一根根做木墙用的圆木时，一个人更是不容易，经常是竖起一根，另一根又倒了下来，只得重新开始。就这样忙了整整一个夏天，澡堂终于建成了。

爷爷严肃地对他说："这下子你可以去学建筑了。"

走上工作岗位后，叶利钦不仅表现出了才干和勤奋，而且显示出其固有的固执和好斗的性格。他的性格对他的仕途并未产生任何不良影响。相反，他相当顺利，平步青云。

1969年，他当上了斯维尔德罗夫斯克州委建设部部长。7年以后，又被破格提拔为该州州委第一书记。叶利钦在这一职位上一干就是10年，直到1985年契尔年科去世，戈尔巴乔夫担任苏共总书记并在苏联发起改革时，才被调往莫斯科工作。这次调动使他不久就踏入了苏联的最高层权力机构。

【感悟箴言】

目标的实现来自于进取和努力，来自于经受得住一个又一个的考验。如果人生没有目标，就好比在黑暗中远征。人生要有目标，一个人追求的目标越崇高越直接，他进步得就越快，对社会也就越有益。有了崇高的目标，然后矢志不渝地努力，定会使追求的过程成为壮举。

给自己拿灯

有一只船在大海中遇上了突如其来的风暴，沉没了，全船人员死伤无数。一名船员侥幸地获得一个小小的救生艇而幸免于难。他的救生艇在风浪中颠簸起伏，如同一片叶子一般被吹来吹去。他迷失了方向，救援的人也没有找到他。

天渐渐地黑下来，饥饿、寒冷和恐惧一起袭上心头。然而，他除了这个救生艇以外，一无所有，灾难使他失掉了所有，甚至自己的眼镜。他的心灰暗到极点，无助地望着天边。忽然，他看到一片片阑珊的灯光，他高兴得几乎叫了起来。他奋力地划着小救生艇，向那片灯光前进，然而，那片灯光似乎很远，天亮了，他也没有到达那里。

他继续艰难地划着救生艇。他想那里既然能看到灯光，就一定是一座城市或者港口，生的希望在他心中燃烧着。白天时，灯光看不清了，只有在夜晚，那片灯光才在远处闪现，像在对他招手。

三天过去了，饥饿、干渴、疲惫更加严重地折磨着他，好多次他都觉得自己快要崩溃了，但一想到远处的那片灯光，他又陡然添了许多力量。

第四天，他仍然在向那片灯光划着。最后，他支持不住昏迷了过去，但他脑海中仍然闪现着那片灯光。

晚上，他终于被一艘经过的船只救了上来。当他醒来时，大家才知道，他已经不吃不喝在海上漂泊了四天四夜。当有人问他，是怎么样坚持下来时，他指着远方的那片灯光说："是那片灯光给我带来的希望。"

大家望去，哪里有什么灯光啊，那只不过是天边闪烁的星星！

【感悟箴言】

一个有明确的人生理想和目标的人，并且坚定地向目标迈进，整个世界都会为他让路。在我们确立起自己的人生理想和奋斗目标后，首先，我们要在心目中形成理想的自我形象；其次，将理想的自我与现实的自我合二为一。换言之，先在心目中形成正确的认识与形象。然后，再来用这些认识与形象来指导自己的行为。这也是心理学上所说的"皮格马利翁效应"。

羊皮卷之三　拥有坚持不懈的意志

这世界只为两种人开辟大路：一种是意志坚定的人，另一种是不畏惧险阻的人。的确，一个意志坚定的人，是不会畏惧艰难的。尽管前面有阻止他前进的障碍物，他仍不会有丝毫的退却，他会想办法排除障碍，然后继续前进。跌倒也好，前路迷茫也好，只要他做好了准备，没有什么能阻止他前进。

信念的收获

一般人都认为，奇迹只有对某些特定的人才会出现，其实不然。事实上每个人都可能创造奇迹，既然如此，那么发生在别人身上的奇迹，当然也可以发生在自己身上了。当然，那也一定要成为那个状态才行。

像这样说来，虽然每个人都可以发生奇迹，可是也并不是每个人在一开始就会发生奇迹。

惟有抱着信念努力时，奇迹才会提早出现。

最初树立信念必须要在心中造成它的模型才行。所谓的模型就是，像“想要当医生”或“想当学者”这样去渴望的意思。同时要不断地把强烈的渴望念出来，由于这样反复地想念，才能按照心里模型所想的东西去实现。

人生当中有很多不良现象都是自己下意识或无意识中所造出来的，这从佛教上来说，叫做“假相”，假相就是和真相相反的意思。例如：目前看起来似乎非常不幸的事情，并非来自真相，而是来自假相。也就是因为自己过去不良的意念，造成现在的不良情况，所以，只要能把不良的意念除去，人生就会有所变化了。

去除了假相，而想从真相中接收到更多真相的力量的话，就必须了解真相的真理才行，这叫做“领悟”。当然，任何人都不可能一下子就能领悟，所以就必须要慢慢地去领悟。同时，不只光领悟而已，还要配合着反复要起念，领悟的效果才会慢慢出现，然后新的前途才会被打开。

一方面维持强烈的信念，另一方面再继续努力下去，我们所说的奇迹就会出现，问题只是在于时间的早晚而已。

【感悟箴言】

信念是一种动力，信念是一种希望，信念是成功的桥梁。正是因为有了信念，才使青春添加了几幅亮丽的景点，才使大地孕育了春意盎然的春天，才使平凡的人生多了几分精彩，才使跳动的心多了几分活跃的氛围。

抓住机遇

要谈谈这“转变命运的相遇”。不到二十岁的人中，遇到过转变命运的体验的人，恐怕不多吧，或许完全没有。当年过三十、四十、五十岁，随着年龄的增长，回想看看，便可以断言，人生中总有几个转折点，这些转折点上，一定会有影响自己命运的人出现，而改变自己的走向，或在歧路上犹豫不决，在无法决定到底应该向左或者向右前进之时，一定会有人出现，冥冥之中指引你的航向。

实际上，与此人相遇之后，而使人之命运得到改变的事例是很多的。当然最好的事情，是能够遇见使自己命运好转的人，但是，相反的事情也是可能的。由于与某人相遇使自己的命运转坏也是有的，上当受骗的事情也会有；接受学校老师的指导，原封不动地去实施，却遇到失败的人也会有。尽管会有这类事情，然而此外谈及的内容是正面的。

为了取得人生的胜利，与能够引导人走向幸运和幸福的人相遇实在是太重要了。

中国有“贵人”之说，即是一种在人生中出现“值得尊敬之人”的思想。打招呼时，有这样的客套话：“最近，遇到过贵人没有?”这是为什么呢？所谓的贵人，大致都是身份比自己高或学识渊博者，德高望重者，有钱人等，说的虽是这样一些人，但是至少这样的贵人，都具有能够使自己向上提高的可能性。

说“有没有与这样的人相遇?”与“心情怎么样?”“最近如何?”一样，有同样的意思。实际上这很重要。虽然我们将个人努力、勤勉当作基本原则，强调其重要性，但是，个人的努力、勤勉像爬楼梯一样，虽是脚踏实地的努力，而所谓这种贵人、这值得尊敬的人的出现，就相当于乘上电梯。

这样的事情，在人生中总会有几次。因为乘上了电梯，所以会一下子达到与以前完全不同的世界。换句话说，就是有能够开拓人们命运的人的存在，是不是有人因与这样的人相遇而有完全的转变呢？的确是有的。

在人生的转折点上，虽然不知对方是否当真或经过深思之后才说的话，却会形成今后的重要方针，即使此人也许已经忘记曾说过什么，但这样的事确实是有的。像这样的人在某个时刻，会成为掌握你命运的人。

此时接受这种建议，认真地去把握方向前进，是很重要的。而这样的人在什么时候才会出现呢？因人而异。尽管不明白具体时间，但是遇见这样引导自己的人时，一定要重视，不能忽略。这样的贵人，定会出现。

由于遇到了贵人，人生便会顿然放射出光芒，出现闪耀。不管是什么人，在人生中都会有这样的瞬间。如果有的人说自己没有，那其实只是忘记了，或者是不懂恩德，或者是感觉迟钝吧。但若要认真回想，是能回忆起来的。在此有真正飞跃的关键和机会，只要用心去与这样的人相遇，相遇率便会提高。

拥有坚持不懈的意志

因此，岁月流淌，今年是不是还会得到能够开拓自己命运的人的建议和指导呢？如果这样等待，这样的人就会出现。更明确地说，将人们引向光明的人是会出现的。这时的条件是什么呢？这就是去期待，要有盼望遇贵人的一种期待。

这样的期待有何结果呢？实际上，自己的“潜意识”会开始工作。有期待时，“潜意识”会开始为你考虑：“其志望可嘉，设法使他与能够开拓前途的人相见吧。”

这种转变命运的相遇，有直接的，也有在自己不知道的地方默默相助的。不管是哪一种情况，总是会出现的。

人都必定在得到别人关心时，各种角度的关注会随之而来。有很多人在考虑到某个对象时，会总想为他做些什么。在此，这样的人怎样才会出现呢？重要的是要一心一意地去追求。

要意识到在世上还有很多比自己身份高的人，遇到这样的人时，要保持谦虚之心，绝不能浪费与这种人相遇的机会，认为遇到了“幸福的女神”，就不会错过这机会，要珍惜这机会，把它变成使自己成长的良机。

这种转变命运的相遇，是人生中的花朵，希望每人都要重视这真正闪耀的瞬间。在这样的时刻，人将是重大的命运转换期。由于各种人的引导，人生会改变。如果认为这仅是自己的力量，那才真是天大的误会呢。靠自己个人的力量是不行的，不要忘记这谦虚、顺从之心。大家也许认为在“人生与胜利”这个题目上，可能会多讲一些独立自主等，但是，上述则是获得意外胜利的真正道路。所谓机会，是会有很多人送来的，也的确如此。当很多人想去扶助他人成功之时，想不成功，也是非常困难的。

但是，当有许多人努力来阻碍你成功时，想成功也是难上加难，如实地说这需要巨大的努力。假使得到他人的帮助和援助，便要顺水推舟，轻而易举地取得成功。

所以，不能单靠自己的力量，能得到众人的帮助才易成功。此点尤为重要。

当你到达一个较高境地，如果说没努力那是撒谎，然而尽管自己做过一些努力，但也还是因为得到许多人的协助。

为了获得命运的转变，第一，首先要真心诚意地去追求和期待。第二，要谦虚地持有顺从之心。第三，必须怀有感谢之心。

这样去做，命运就会转变，便会放出真正的光芒。

【感悟箴言】

所谓“机遇”和“贵人”，就是在适当的时候出现的适当的人、事、物的组合。我们无法控制这种完美的巧合何时出现，惟一能做的，就是通过自己控制的人脉，来给自己创造更多的可能。

人际网好比一条八脚章鱼，每一天，八脚章鱼们都在不停地集合、交错着，只是我们常常不自知、不在意，常常和贵人擦身而过！不要太看重人脉关系中的显贵，而忽视了其他更多的普通人。在适当的时候，任何一个普通人都有可能扭转乾坤，成为你的大贵人！

成功无界定

戴高乐是20世纪法国最著名的政治家，他在1958年成为法国的总统，重建当时已逐渐衰退的法国政府。他在任职的十年间，把法国塑造成为一流国家，不愧是真正解救法国的英雄。

但这位法国大总统——戴高乐，在小的时候，曾经有一次从断崖上跌落，他的父亲着实吓了一跳，问他说：“要不要紧?”戴高乐面无惧色地回答说：“不要紧。因为我将来还要成为解救法国的英雄，不会被这一点小事阻挠的。”

从少年时代，就坚定地下了决心——“我将来一定要做一番事业给你们看”的人，长大后一定会把那些工作完成的。当然最基本的条件，就是要有坚定的信念。

也许你会这样反驳："这必须要有先天优秀的素质才行。"同时，也可能会说："少年时代每个人都会这么说，可是过了立志的年龄，或许就会忘得一干二净了。"

但是，这两种说法都是错误的。因为努力这件事，并不只限于在青年或少年才可以做的。而且在努力之前，应该是没有什么"先天的素质"的问题存在才是。各位可能都听说过"丘吉尔过去曾经是数学的劣等生"这句话。你也可能在你的公司的任何一个部门，听到这样的话："A 先生是重点大学毕业，脑筋很好，可是并不努力；但是 B 先生虽然只是普通高校毕业，做起事来却相当卖力，十分难得。"

年龄在这个时候，应该也是不成问题的。就拿在江户时代后期，走遍日本全国并加以测量，终于完成了日本地图的伊能忠敬先生为例。

这位伊能先生从小就很爱读书，可是因为家境贫穷无法上学念书。在很偶然的机会里，被伊能家收养为义子。为了重建衰微的伊能家，青年时代吃了相当多的苦，到了三十多岁时，好不容易使伊能家有生意步入轨道，后来因为大家都认为他的责任感很强，于是推荐他为村长。这时候他仍是无法静下来读书，因为他的村子，每年都会有两次洪水的泛滥，遇到饥荒时，必须把准备的存粮，公平地分给村民们才行。

到了五十一岁，决心要隐居起来时，他好不容易才找到了读书的机会，就去拜比他小十五岁的高桥至时为老师。经过了五年的苦读，收到当时幕府的命令，到北海道去测量，然后又到全国各地方巡视观测，终于完成了日本全国的地图。

结论是很明显的，即使是过了退休年龄之后，仍不嫌迟，只要认真立志去努力的话，任何人都可以得到相当的成就。而人生的意义，即是在于一面和恶劣的环境搏斗，一面将自己的理想实现。年龄又怎能阻止一个有心人的上进呢?

"凡祈求的，必有所得；寻找的，必有所见；叩门的，必给他开门，因为凡祈求的，一定得到；寻找的，必有发现；叩门的，必有人给他开门。”

这是《新约圣经》马大篇中，所引用出来的一段福音，这段话也就是在告诉我们说：“热心地去求，成功必定会给予你的。”我国的俗话中，也可以经常听到：“辛勤的工作，必定有丰富的收获。”圣经上的道理，不只限于适合在基督教教徒的身上，事实上连任何宗教都不懂的人，也可以适用这项不变的真理。而前面所提到伊能忠敬到底又是那一种宗教的信徒呢？

就拿一位A先生来说，他只有小学毕业，同时家境又不好，年轻时不知吃了多少的苦，可是现在却是一位令人羡慕的中坚企业的创业董事长。在他成功的背后，究竟可以看到什么宗教的影子呢？

老实说，不论是那位董事长，在他们的身上都可以看到宗教信仰的影子。然而，他们所信仰的宗教并不是指佛教、基督教、回教之类的，而是相信一种“希望一定会达成”的宗教。古往今来，历史上、社会上的每一位成功者，全都是属于这种宗教的信徒。另有一种和这种信仰相反的“反正教”的信徒，注定是要度过空虚没有意义的人生。可是“必定教”的教徒，却是连“鬼神也要让他三分”的，所以当然会成功的道理，也就是在于此。

“必定教”的信徒，在遭遇到困境的时候，会认为那是一种试练；而在顺境的情况下，仍然会想到“我还要再更加努力，因为我现在已有这样的成果，不前进便是退后”。这些听起来好像很容易，做起来可不简单，一个人是否是“必定教”的信徒，就看他在这方面的表现了。可是在遇到逆境的时候，大多数的人很容易半途而废，成为“反正教”的信徒了。一旦成为“反正教”的信徒时，所有的“顺利”都会离开你，同时任何奇迹也不会发生。

一家颇具规模的出版社在招聘编辑人员时，前往应聘的人非常多，录取率却是应聘人数的百分之一而已。有一位普通大学毕业的A君也前去应聘，可是在笔试的时候就被淘汰了，他的希望也就被从此切断了。普通人到了这个地步，应该会死心才是，因为没有人有太多的时间，等这家出版社再一次举行征试了，即使假定明年会再举行一次，谁也不能保证一定会录取。

拥有坚持不懈的意志

但是，A君就与他人不同，他并不是“反正教”的信徒。他想尽了所有的办法，想试试看是否还有其他的方式，可以进入这家出版社工作。有一天，他终于看到一所职业训练中心的介绍。听说那所训练中心有一位著名的B先生，每个礼拜都会到这训练中心来讲课。而这位B先生就是A君所一直向往的那家出版社的顾问。当时，A君毫不迟疑地报名进入那所训练中心，并且每次都坐在最前面，专心地听B先生讲课，并且不时地提出问题。自然而然地，B先生对A君也就特别留意起来。

但是，通常一般的补习班或训练中心，老师和学生的交谊，始终只能在规定的时间内，讨论相关的主题而已。可是A君并没有半途而废，他仍是一直在寻找有没有可以和老师单独在一起的其他机会。

终于有一天，让A君等到了一个千载难逢的好机会。那就是，有一天，一位经常负责接送这位老师的干事，因为患了贫血症而不能前来。A君认为这是一个太好机会，可以顺便送老师回去。因为这个缘故，以后两个人就有机会常常互相往来拜访。久而久之，终于到达“就业商量”的地步了。也就是说，A君以兼职的性质，如愿地进入那家出版社了。

这是“必定教”的信徒成功的一个例子。“必定教”的坚定的信仰力量，是可以使人产生勇敢和智慧来，而这三者则是到达成功的要素，缺一不可。

【感悟箴言】

老子让人们知道，人最容易忽略的，是因为想早早出名，想脱颖而出，想及早地成功，人的毛病就出在这儿，所以你千万不要着急，千万不要拔苗助长，而应该顺其自然地水到渠成。在今天这个时代当中，年轻人应该有一个“大器早成”的理念，但还要用“大器晚成”来矫正自己，那才是聪明的。

人生的考试

凡是所谓的成功者，都相信自己具有无限潜力，并且积极寻求发现自我潜能的机会，在他们看来，人生是个“考验”实力的游戏。

一位青年驾驶游艇横渡太平洋，这件事，不但他以前没有做过，而且也从未有人做过，如果他不信仰“自己也未知的能力”，怎么会有那么大的决心去做呢？因为他有信仰，所以字典上没有“不能”二字，历来，无数人创造了各种运动的新纪录，这些纪录都只能产生自对于未知能力的热情。人类的根本问题并不在于“有多大才能”，而是“能发掘多少才能”，所谓自己的能力就是这种能够引出能力来的“能力”，你不需要做个才能的拥有者，只要做个发现者即可。

至此，相信你已了解“自信”的真正意义。

世人经常搬弄“没信心”或“有自信”之类的字眼，此时所谓的“信心”或“自信”大多是透过你我的比较而产生的，所谓“相信自己”就是信赖身为大自然之一部分的自己，这才是绝对的自信。

如此说来，只要是个真正自尊心的拥有者，就是真正自信的拥有者，这种自尊和自信的拥有者，同时也是我们所说的绝对成功者。

毫无例外的，所有成功者都是拥有真正自信的人，不！我们应该进一步说，惟有这种自信才是成功的引擎。

所有的成功者都是乐天派，他们只管努力，而将结果交给天地的力量去决定，所以这种人当然是乐天派。同时你一定也了解为什么所有的成功者都那么谦虚，因为他们不把能力当作是自己的所有物，当然不会有傲慢的态度。自信和自满的分别也很简单，自命不凡者都错以为能力是私有物，并用此自夸，所以反而因此限制了自己的潜能。

也许读者朋友中，也常常有人说出“没有自信”等等之类的话，其实在人类的字典中，本来是没有这一句话的。因为这种话毫无意义。自信不但是人类的义务，也是一个人应有的最基本的人生态度。如果有人说："我不行——我很羡慕那些充满自信的人！"这样的家伙还活着有什么意义呢？因为他从根本上否定了自然与人的能量源。高里奇曾说："所谓财富就是相信自己及自己的力量。"

【感悟箴言】

一个人要是没有坚决的决心和力量，还能做什么事呢？如果他只有表面的自信，却没有一点主见，那还有谁能再信任他呢？尽管他可能是一个好人，但是，每当有重大事情发生，或者正当危急的时候，也不会有人想去请教他。因此，凡是缺少决断力，没有确切决定的人，往往失败的时候多，成功的机会少。

我们只有认准了方向，意志坚定地行动起来，才能一步步向你的理想靠近。如果在这个过程中，有人对你指手画脚，千万不要理会，一定要相信自己的能力，坚定自己的立场，事实会证明你是对的！

优败劣胜观

想要学习思考的方法，首先必须要做到的是，抱着梦和希望来培养耐苦的能力。像这种冠冕堂皇的口号，我们可以说是从小学时期开始一直听到现在。但对一个认为社会并不是这么简单的人来说，他可能早就把一切自己可能达到的希望与梦都抛弃了。

1805 年，安徒生出生在丹麦乡村的皮鞋匠的家庭。由于家境非常贫穷，而且父亲在他很小的时候就去世了，所以他一直过着现在人所无法想象的艰苦生活。他连小学也没有念，身体也非常清瘦。这种人，到底是否还有其他的路可以走下去呢？安徒生首先梦想要成为一个歌星，当然，他没有如愿以偿，接着，他又想要当明星，可是社会并不是那么单纯的，他的努力又白费了。安徒生仍然不死心，他又向各方面挑战，可是结果都不是很顺利。最后他想来想去认为有着艰难环境为背景的童话，一定可以打动人心，所以他决心写童话。

当然，幸运之神并没有很快地眷顾他，一开始时也没有人理会他。因为他连小学都没有念过，所以他的文章，到处充满了错别字。可是他并不因此而气馁，也不退缩，他仍继续努力不断地写。终于慢慢地，他的作品的价值获得了肯定。因为他亲自领教过辛苦的煎熬，所以才能够写出吸引人的童话来，他的努力可以说没有白费。

例如有名的童话故事《丑小鸭》，其实也是他自己忍辱奋斗的自白书。在鸭子同伴中长大的小白天鹅，生来就和其他的孩子不同，所以它被称为"丑小鸭"，不仅让同伴们看不起，同时还受到他们的各种虐待、奚落，结果因为忍耐不了而一度飞离同伴们。可是寂寞的丑小鸭，虽然脱离了昔日同伴的阴影，可是仍然到处受到欺负。

但随着身体的长大，翅膀也结实多了，它才渐渐地敢到处自由地飞翔。某一个春天的下午，它看到池塘边有一群漂亮的天鹅在那里嬉戏、喝水，它很想认识这一群有着漂亮衣裳的朋友，于是它再一次鼓足了勇气，飞了过去，这群天鹅非常欢迎它的参加。这时，丑小鸭才知道原来自己是天鹅。丑小鸭小的时候，虽然是属于优秀的天鹅族的孩子，却反而受到平庸的鸭子们的误会，而被愚弄、被欺负。可是，一到长大后发现自己原是美丽鸟族中的一分子，从此就过着美满、快乐、幸福的日子了。

这个故事，虽然只是一个"童话"，可是我们不能仅以单纯的童话来看。它告诉我们，困境只是一时的，而成功的甜果是属于那忍耐艰苦最久的人。

【感悟箴言】

丑小鸭历经千辛万苦、重重磨难之后变成了白天鹅，那是因为她心中有着梦想，梦想支撑着她。命运其实没有轨迹。关键在于对美好境界、美好理想的追求。人生中的挫折和痛苦是不可避免的，要学会把它们踩在脚下，每个人都会有一份属于自己的梦想，只要我们学会树立生活目标，在自信、自强、自立中成长，通过拼搏我们会真正地认识到自己原来可以变成“白天鹅”，也可以像丑小鸭一样实现心中的梦想。

逆境中再生

如果一个人从来也没有走投无路的经验，对他应给予同情，这种人实在很不幸，因为没有被逼到走投无路的机会，就没有发挥出自己所有的能力之可能。

一个人初出茅庐时，若是手边有些余钱，不必急着找工作混饭吃的话，那么情况将会如何呢？很可能会目空一切，结果，必定停留在市井小人的阶段，终日碌碌而无所收获。

知识分子中，有不少人拿起英文书报时可以读得很自在，但若叫他们去跟洋人说几句话时，他们马上变得踌躇不前，并且搬出一番大道理，说英国式的英文如何如何，美国式的英文又如何……这种自我意识过胜的人，最好把他们都丢进“如果不说英文，就寸步不得动弹”的国度里，相信不用一个月,他们的日常会话就会非常流利了。因为当他非说不可时，他就不得不说出来。

【感悟箴言】

一帆风顺固然令人羡慕，但逆水行舟更令人钦佩。

也许我们会遇到种种困难，也许我们会遇到种种不如意，也许我们会遇到种种失败，但我们的意志永远不会垮，因为我们的血液里早已注入了顽强的精神，我们的智慧也不会停滞，因为我们会在逆境中思索与探求……

更上一层楼

以下必须要谈的是，会有近八成的人在成功之后却转向失败的类型。就像攀高山，在距离山顶不远的地方却会掉下山而前功尽弃，在一定程度上能够进步，而在关键之时却丢失了胜机。大家可以想一想，是不是有过这样的事情呢？有不少人，在还剩下一点点路程就要成功之际，却翻身落马。不渡过这样的难关就不可能取得胜利，也就不会常胜。

希望这种人好好思考一下，自己的内心是否害怕成功？是否想起成功便会胆怯？由于胆怯，便开始在即将成功之际播下失败之种。因为，怕百分之百得到成功，会有自我不相称之感而担心。

于是在即将成功之际会发生问题，遭遇失败。这实际上是真正的意念力量作用引起。譬如女性，希望先生能晋级收入增多，而先生在被任命为董事之际，这位夫人很可能会做出有损其先生名誉之事，或者在公司的宿舍中有流言蜚语。这是为什么呢？虽希望自己的先生能当董事，但内心深处同时又害怕自己成为这重要人物的夫人是否相称，担心会不会由于这不相称而痛苦，于是，便无意识地去做阻挠之事，这种事情屡见不鲜。

这实际是意味着，这些人不曾有充分的成功感觉，是过去没有成功经验的人，在大成功来到之时就会觉得恐惧，便欲逃脱，担心失败的人。

此时自己要这样考虑，面前的目标山峰，不是最高的山峰，只是与下一座更大的山峰相连的山丘，或者只是休息的场所，只是山岭上的茶房。在将到达前面的目的地之时，务必要养成思考下一步的习惯，在更高阶段树立起目标，提醒自己前面还有一座山峰。养成这样的习惯是很重要的。这样做的人是绝不会失败的，即使有短期的挫折，也绝不会有长期的失败。

拥有坚持不懈的意志

【感悟箴言】

人生没有目标，就好像被蒙住了眼睛，就好像被掳去了灵魂。在晨曦之际，常问自己“干什么去”却茫然无措，在冥色四合之时扪心自问“干了什么”而囊中空空，难道不觉得光阴虚度，糟蹋生命吗？许多的日子糊里糊涂地过去了，是因为我们没有在每个日子里插一个目标。彷徨与徘徊，是宝贵生命的无端荒废；无所事事，是生命的零状态、负状态，是人生庸碌与萎靡的根源。

在欲望中努力

人的一生会因为个人的意志或热情以及心情如何，而有很多不同的变化。所以许多从理性来看认为不可能的事，在实际上成为可能的情形很多。

所以想要在人生中获得成功，最好不要全靠理性去做判断，应该相信自己的意志力量，也要相信看不见的真理的存在及其作用。

虽然要你相信看不见的真理，不过想一下子了解是不大可能的。也许短时间内可以了解表面的一些事，却无法深入地去了解。因为了解不深，就无法深切地接受其作用，所以效果比较小。

因此如果只能了解表面的事，为了想成功，就应该注意下面的态度：首先应该拥有强烈的欲望，有了欲望还要不断地设想，不断地努力，也就是用强烈的欲望尽量去设想，做更多的努力，这时候你的人生才可能有意外的发展，说不定对你当初没考虑到的方面也会有所发展。

这期间也许会碰到意想不到的困难，或许也会有意想不到的幸运来临。像这样，好的和坏的事都会意外地发展下去，意想不到的障碍和幸运及展望也同样地在发展。同时信念开始萌芽时，欲望和信念会加在一起而产生奇迹，这奇迹也就是你通往成功之路。

【感悟箴言】

一个人的求生欲望往往是出于人的一种本能，但对知识的获取，对事业的成功的欲望是后天培养的，如果一个人缺少了对知识的渴求，对事业的执著追求，就会缺少动力，就会缺少坚韧不拔的毅力，就很难获得成功。

精诚所至

人生中能一切都顺利的事很少，总会有各式各样的横逆或差错，而不顺利的事总是比较多的。虽然会有许多不顺利，我们也不可因此灰心，仍要经常抱着诚意，总有一天，这种诚意会改变境况。

所以，一些以常人眼光看来应该顺利的事，在开始时不顺利反而比较好，当然最重要的还是必须彻首彻尾都以诚意来处事。也就是不管任何事，自始至终都要不失诚意才行。

不要说："我做不到，能够做到这个地步就已经很好了，我已经尽了力了。"应该说："我做到这个地步是不够的，再怎么做也还是不够。"专心不懈地努力下去，所努力过的历程，一定会有好的成果产生。

人的一生是缓慢而渐进地进行着，日复一日反复地努力，或者一点一点地努力积蓄下来，才会成为一个结果的。那种努力的累积虽然很辛苦，可是千万不可因此丧志灰心。应该做的事还是要做下去，如此不断地累积下去，才会有好的结果。

刚从乡下来到都市的人，开始时对他们自己不入时的服装和语言都有一点自卑的感觉，而不敢放心地去做任何事。城市的人也把乡下来的人称为"乡巴佬"而轻视他们，更增加他们的自卑，有的人甚至为此而变得神经衰弱。

但是人的价值并不在于外貌，也并非以善于言谈或懂得礼节、姿态就可以下决定的。花言巧语的不如朴素且诚实的人较富有人性的魅力。要看一个人是否拥有诚意来做事，才真正可以决定这一个人的价值。

【感悟箴言】

古往今来，国内国外，那些但凡在事业上取得骄人成就的文坛泰斗、体坛名将、商场精英……无一不是“精诚所至，金石为开”的结果。你有了辛勤的劳动，就会有丰硕的收获。

绝处逢生

生命丢给我们一个问题，同时也给我们解决问题的能力，就看我们是否善加运用。

一位经营农场的农场主，家人的生活只能达到温饱。他的身体强健，工作认真勤勉，从来不敢妄想财富。突然，他瘫痪了，躺在床上动弹不得。亲友认为他这辈子完了，事实却不然。

他的身体瘫痪，意志却丝毫不受影响，依然可以思考和计划。他决定要让自己活得充满希望、乐观、开朗，做一个有用的人，继续养家糊口，不要成为家人的负担。

他把自己的构想告诉家人：“我的双手不能工作了，我要开始用大脑工作，由你们代替我的双手。我们的农场全部改种玉米，用收成的玉米养猪，趁着乳猪肉质鲜嫩的时候灌成香肠出售，一定会很畅销！”乳猪香肠果然一炮而红，成为家喻户晓的美食。

每个人都会遇到困难，这时需要激励自己。牢记这句话：“一个人只要对自己的信念坚定不移，就没有做不到的事情。”默诵数次，将给你更大的勇气，追求更高更远的目标。

一位农家子弟，他一向体弱多病。就读文法学校时，一位热心的老师经常鼓励他：“我敢打赌，你是全校最健康的孩子。”

“我敢打赌”成为他终其一生的座右铭。

他不但变成全校最健康的孩子，八十五岁高龄去世之前，他帮助成千上万的孩子恢复健康，并且培养高尚的人格、冒险的勇气及谦卑的心灵。在他漫长的职业生涯中，从来不曾请过一天病假。

“我敢打赌”激励他跻身全美最大的企业，成立以基督教义陶冶青少年情操的美国少年基金会，并且写成《我敢打赌》一书，迄今仍然鼓舞无数的读者，去创造更美好的世界。

这个故事，印证了座右铭对一个人的激励效果。是否时常把自己的失败，归咎于世界的不公平？不妨停下来想一想这是全世界的问题，或是你自己的问题？努力学习成功的法则，牢记在心，随时应用，你的世界将会全然改观。

【感悟箴言】

《易经》中有这样一句话：“天行健，君子以自强不息。”

自强不息，意味着一种开拓创新的精神，要不断地有新的追求，不断地汲取新的知识和技能，不断地有新的成就。人的一生，只有不断地追求新的创造、新的发展，才能获得新的进步，也只有这种新的追求中，人的生活才能更有意义，才能感受到人生的幸福和快乐。

自强不息是一种积极的人生态度，也是一种人生追求和人生境界，是对人生意义的一种深刻认识和理解。一个人只有对生活充满热情和信心，才能始终如一地坚持这种“生命不息，奋斗不止”的精神。

不妄自菲薄

自己认为自己无能的话，就真的会一直保持无能的现状而结束一生，不去打破自己所造成无能的墙壁，就永远会是无能。因为心里播下了“自己是无能”的坏种子，其结果是大脑只能接收到自己无能的信号。因此要尽量从自己潜在意识里除去“无能”这二个字，把自己从无能的桎梏中解放出来，也就是不要认为自己无能，要拼命地努力，才能通往成功之路。

九岁就开始当学徒，后来建立起松下集团的松下幸之助在《开路》一书中说：“不停地走，一定就会发现新路。”这些是从他的人生经验中产生出来的话。可见不管任何事，只要能继续做下去，一定会有新的路被打开，或者把不可能的事变为可能。

马拉松比赛时也是一样，如果看到自己要跑的路还很长，就会感到累。而当跑步的勇气无法涌出时，就会感到绝望。工作时也相同，工作量越多，斗志就容易被压倒，而会先感到绝望。这都是因为从理性来做思考判断，所以才会感到绝望。

有些人因为公司薪水低，就认为不管服务十年或二十年，也不可能有能力去建立自己的家甚至可能连结婚都办不到。这么想的人，也一样会感到绝望的。

如果一味地以此种心理来做判断的话，不可能的事永远都是不可能。但是人生并不只是按照理性来进行而已，薪水少的人，照样可以结婚，也可以拥有自己的家。

【感悟箴言】

心中有路，脚下便有路。人生有许多的沟沟坎坎要过，也会走到山穷水尽的地步。只要心中有路，就没有跨不过的沟沟坎坎，就没有走不通的山山水水。

羊皮卷之四　充分认识自我

无论什么时候，人都是自己的主人，能够支配自己的思想和肉体。即使在沉沦堕落的时候，在内心深处，仍然有一丝“顽强向上”的意识。一旦有朝一日他醒悟过来，便会全面、理智地分析自己，把自己重新定位。这时候，他就是命运的主人。所以，只有认识自己，才能在性格、习惯、志向的指引下获取更大的成功。

找到你的北斗星

比塞尔是西撒哈拉沙漠中的一颗明珠，每年有数以万计的旅游者来到这儿。可是在肯·莱文发现它之前，这里还是一个封闭而落后的地方。这儿的人没有一个走出过大漠，据说不是他们不愿离开这块贫瘠的土地，而是尝试过很多次都没有走出去。

肯·莱文当然不相信这种说法。他用手语向这儿的人问原因，结果每个人的回答都一样：从这儿无论向哪个方向走，最后都还是转回出发的地方。为了证实这种说法，他做了一次试验，让一个村民从比塞尔村向北走，结果三天半就走了回来。

比塞尔人为什么走不出来呢？肯·莱文非常纳闷，最后他只得雇一个比塞尔人，让他带路，看看到底是为什么？他们带了半个月的水，牵了两峰骆驼，肯·莱文收起指南针等现代没备，只拄一根木棍跟在后面。

十天过去了，他们走了大约八百英里的路程，第十一天的早晨，他们果然又回到了比塞尔。这一次肯·莱文终于明白了，比塞尔人之所以走不出大漠，是因为他们根本就不认识北斗星。

在一望无际的沙漠里，一个人如果凭着感觉往前走，他会走出许多大小不一的圆圈，最后的足迹十有八九是一把卷尺的形状。比塞尔村处在浩瀚的沙漠中间，方圆上千公里没有一点参照物，若不认识北斗星又没有指南针，想走出沙漠，确实是不可能的。

肯·莱文在离开比塞尔时，带了一位叫阿古特尔的青年，就是上次和他合作的人。他告诉这位汉子，只要你白天休息，夜晚朝着北面那颗星走，就能走出沙漠。阿古特尔照着去做，三天之后果然来到了大漠的边缘。阿古特尔因此成为比塞尔的开拓者，他的铜像被竖在小城的中央。铜像的底座上刻着一行字："新生活是从选定方向开始的。"

【感悟箴言】

如果你想改变现有的生活，一定要从选定方向开始，因为只有不盲目地向前迈步，才能够顺利地走出沙漠。在短暂的生命之旅中，盲目是人生最大的敌人，只有战胜了人生路上的这一劲敌，并以此作为一个基点，才能一路披荆斩棘，登上一个又一个人生的制高点。

造人的一生

有一天，上帝创造了三个人。

他问第一个人："到了人世间你准备怎样度过自己的一生?"第一个人想了想，回答说："我要充分利用生命去创造。"

上帝又问第二个人："到了人世间，你准备怎样度过你的一生?"第二个人想了想，回答说："我要充分利用生命去享受。"

上帝又问第三个人："到了人世间，你准备怎样度过你的一生?"第三个人想了想，回答说："我既要创造人生又要享受人生。"

上帝给第一个人打了50分，给第二个人打了50分，给第三个人打了100分，他认为第三个人才是最完美的人，他甚至决定多生产一些这样的人。

第一个人来到人世间，表现出了不平常的奉献感和拯救感。他为许许多多的人作出了许许多多的贡献。对自己帮助过的人，他从无所求。他为真理而奋斗，屡遭误解也毫无怨言。慢慢地，他成了德高望重的人，他的善行被人广为传颂，他的名字被人们默默敬仰。他离开人间，所有人都依依不舍，人们从四面八方赶来为他送行。直至若干年后，他还一直被人们深深怀念着。

第二个人来到人世间，表现出了不平常的占有欲和破坏欲。为了达到目的他不择手段，甚至无恶不作。慢慢地，他拥有了无数的财富，生活奢华，一掷千金，妻妾成群。后来，他因作恶太多而得到了应有的惩罚。正义之剑把他驱逐出人间的时候，他得到的是鄙视和唾骂。若干年后，他还一直被人们深深痛恨着。

第三个人来到人世间，没有任何不平常的表现。他建立了自己的家庭，过着忙碌而充实的生活。若干年后，没有人记得他的生存。

人类先哲为第一个人打了100分，为第二个人打了0分，为第三个人打了50分。这个分数，才是他们的最终得分。

【感悟箴言】

上帝并不帮助他的臣民做出选择，他只提供给他们一种可能性。然而能够尝试与上帝的想法不一样的，只有人类。于是，我们成为了在这宇宙中惟一能够与上帝的智慧相抗衡的生物，只是因为我们偶尔改变了自己的思路。只有了解人类自身、不断自我发掘的人，在人生的道路中才能有所收获。

宝石与稻草

富商奥力姆和他的朋友玛迪，一起来到一座城市。

奥力姆对玛迪说：“你知道吗？这座城市曾经救过我年轻的生命。那一年我从这里路过，突然急病发作，昏倒在路旁，是这座城市里最善良的人们把我背到医院，又是这座城市里最高明的医生为我治好了病。我不知道谁是我的救命恩人，因为他们都没有留下自己的姓名。后来我离开了这座城市，随着财富的增加，我越来越思念这座城市，越来越想报答我的救命恩人。”

“那么，你准备为这座城市做点什么呢？”

“把我最珍贵的三颗宝石，奉送给这里最善良的人们。”

他们在这座城市里住了下来。第二天，奥力姆就摆了一个小摊，上面摆着三颗闪闪发光的宝石。奥力姆还在摊位上写了一张告示：“我愿将这三颗珍贵的宝石无偿送给善良的人们。”可是，过往的行人只是驻足观望了一会儿，然后又各走各的路去了。

整整一天过去了，三颗宝石无人问津。整整两天过去了，三颗宝石仍遭冷落。整整三天过去了，三颗宝石还是寂寞无主。奥力姆大惑不解。

玛迪笑了笑说：“让我来做一个试验吧。”

于是，玛迪找来一根稻草，将它装在一个精美的玻璃盒里。盒中铺上红丝绒布，标签上写着：“稻草一根，售价1万美元。”

此举一出，立刻产生轰动效应。人们争先恐后，前来询问稻草的非凡来历。玛迪说此稻草乃某国国王所赠，系王室家中传家之物，保佑着主人的荣华富贵。

结果，此稻草被人以8000美元买去。

三颗宝石依然在熠熠发光，而在人们眼中，只是把它们当做假货，当做哄小孩子的东西而已。

【感悟箴言】

我们没有资格去嘲笑那些买走稻草的人，更不能去看轻不屑宝石的人。因为在他们的定式思维中，价钱和物品的价值是呈正比相关的，只有打破这种定式，真理才会向人们露出笑容。

许多人在人生的选择中，不研究周围的环境，分不清哪个更重要，哪个更适合自己。他们都以为做每件事情都是一样的，把很多时间浪费在不重要的事情上。这样忙忙碌碌地干完一天，却没能解决什么实质性的问题。

啥也没得到

一个猎人带儿子去打猎，在林子里活捉了一只小山羊。儿子非常高兴，要求饲养这只小山羊，父亲答应了，将猎物交给儿子，要他先带回家去。

儿子挎着枪，牵着羊，沿着小河回家。中途，羊在喝水的时候忽然挣脱绳子，小猎人紧追急赶，还是没抓住，到手的猎物就这么跑走了。

小猎人既恼火又伤心，坐在河边一块大石头后哭泣，不知道如何向父亲交代，懊悔不已。

糊里糊涂等到傍晚，看见父亲沿河流走来了。小猎人站起来，告诉父亲失羊之事。父亲非常惊讶，问：“那你就一直这么坐在大石头后面吗？”

小猎人赶忙为自己辩解：“我没能追赶上它，也四处找了，没有踪影。”

父亲摇摇头，指着河岸泥地上一些凌乱的新鲜脚印：“看，那是什么？”

小猎人仔细察看后，问：“刚刚来过几只鹿吗？”

父亲点点头：“就是！为了那只小山羊，你错过了整整一群鹿啊！”

【感悟箴言】

失去未必是一件坏事，只要调整好自己的心态，做好继续前进的准备，因祸得福的事时有发生。

充分认识自我

在现实生活中，可能会经常遇到茫然困惑这样的问题，正如法国哲学家布莱斯·巴斯卡所说：“人们最难懂得的，是应该把什么放在第一位。”对许多人来说，这句话不幸言中，他们完全不知道怎样把人生的任务和责任按重要性排列。他们以为工作本身就是满足已有成绩，但这其实是大谬不然。

新的开始

有一年，美国东部一所大学期终考试的最后一天，在教学楼的台阶上，一群工程学高年级的学生挤作一团，正在讨论几分钟后就要开始的考试，他们的脸上充满了自信。这是他们参加毕业典礼和工作之前的最后一次测验了。

一些人在谈论他们现在已经找到的工作，另一些人则谈论他们将会得到的工作。带着经过四年大学学习所获得的自信，他们感觉自己已经准备好了，并且能够征服整个世界。

他们知道，这场即将到来的测验将会很快结束。因为教授说过，他们可以带他们想带的任何书或笔记。要求只有一个，就是他们不能在测验的时候交头接耳。

他们兴高采烈地冲进教室。教授把试卷分发下去。当学生们注意到只有五道评论类型的问题时，脸上的笑容更加扩大了。

三个小时过去了，教授开始收试卷。学生们看起来不再自信了，他们的脸上是一种恐惧的表情。没有一个人说话，教授手里拿着试卷，面对着整个班级。

他俯视着眼前那一张张焦急的面孔，然后问道：“完成五道题目的有多少人？”没有一只手举起来。

“完成四道题的有多少？”仍然没有人举手。

“三道题？……两道题？”学生们开始有些不安，在座位上扭来扭去。

“那一道题呢？”当然有人完成了一道题，但是整个教室仍然很沉静。

教授放下试卷：“这正是我期望得到的结果。”他说，“我只想要给你们留下一个深刻的印象，即使你们已经完成了四年的工程学习；关于这项科目仍然有很多的东西你们还不知道。这些你们不能回答的问题是与每天的普通生活实践相联系的。”

然后教授微笑着补充道：“你们都会通过这个课程，但是记住——即使你们现在已是大学毕业生了，你们的教育仍然还只是刚刚开始。”

【感悟箴言】

学到的越多，我们才会明白不知道的也越多，怀着这样的态度，个人才能够不断地发展。也许从这个角度去思考教授提出的问题，才会收获更多。在现实生活中，人们总是希望自己能多点创意，让生活多点兴味。但是，所作所为却喜欢墨守成规，难怪生活会如一潭死水。人生如果不能了解自身状况，且随时改变自己，以适应新的环境，那么必定会没有多大作为。

把持“出价”

美国的海关里，有一批没收的自行车，在公告后决定拍卖。拍卖会中，每次叫价的时候，总有一个10岁出头的男孩第一个喊价，他总是以五块钱开始出价，然后眼睁睁地看着脚踏车被别人用三四十元买去。拍卖暂停休息时，拍卖员问那小男孩为什么不出较高的价格来买。男孩说，他只有五块钱。

没一会的工夫，拍卖会继续，那男孩还是给每辆自行车相同的价钱，然后被别人用较高的价钱买去。后来聚集的观众开始注意到那个总是首先出价的男孩，他们也开始观察，看看会有什么结果。

直到最后一刻，拍卖会要结束了。这时，只剩一辆最棒的自行车，车身光亮如新，有多种排档、十速杆式变速器、双向手刹车、速度显示器和一套夜间电动灯光装置。

拍卖员问："有谁出价呢？"所有人都知道一定是那个小男孩第一个叫价，果不其然，拍卖员话音刚落，站在最前面，而几乎已经放弃希望的那个小男孩又轻声地再说一次："五块钱。"

拍卖员停止唱价，停下来站在那里。

这时，所有在场竞价的人的眼睛全部盯住这位小男孩，没有人出声，没有人举手，也没有人喊价。直到拍卖员唱价三次后，他大声说："这辆自行车卖给这位穿短裤白球鞋的小伙子！"

此话一出，全场鼓掌。那小男孩拿出握在手中仅有的五块钱钞票，买了那辆世上最漂亮的自行车，这时，他脸上流露出从未有过的灿烂笑容。

【感悟箴言】

谁会想到那辆自行车会最终属于那个小男孩呢？但是小男孩恰恰是没按常规出牌，坚持了自己的"出价"，这其中包含着一种信念，从而最终获得了胜利。我们做事，不仅要有小男孩一样的恒心，像他一样的智慧也是必不可少的。五元钱是他尽其所有，他也只能出这个价，但他没有放弃，从而获得了机会。

生活的怪圈

有一个美国商人坐在墨西哥海边一个小渔村的码头上，看着一个墨西哥渔夫划着一艘小船靠岸。小船上有好几尾大黄鳍鲔鱼，这个美国商人对墨西哥渔夫能抓这么高档的鱼恭维了一番，还问要多少时间才能抓这么多？墨西哥渔夫说，才一会儿工夫就抓到了。美国人再问："你为什么不待久一点，好多抓一些鱼？"

墨西哥渔夫觉得不以为然：“这些鱼已经足够我一家人生活所需了！”

美国人又问：“那么你一天剩下那么多时间都在干什么？”

墨西哥渔夫解释：“我呀？我每天睡到自然醒，出海抓几条鱼，回来后跟孩子们玩一玩，再跟老婆睡个午觉，黄昏时晃到村子里喝点小酒，跟哥儿们玩玩吉他，我的日子可过得充实又忙碌，我很幸福！”

美国人不以为然，帮他出主意，他说：“我是美国哈佛大学企管硕士，我倒是可以帮你忙！你应该每天多花一些时间去抓鱼，到时候你就有钱去买条大一点的船。自然你就可以抓更多鱼，再买更多渔船。然后你就可以拥有一个渔船队。到时候你就不必把鱼卖给鱼贩子，而是直接卖给加工厂。然后你可以自己开一家罐头工厂。如此你就可以控制整个生产、加工处理和营销。然后你可以离开这个小渔村，搬到墨西哥城，再搬到洛杉矶，最后到纽约，在那里经营你不断扩充的企业。”

墨西哥渔夫问：“这要花多少时间呢？”

美国人回答：“15 到 20 年。”

“然后呢？”

美国人大笑着说：“然后你就可以在家当皇帝啦！时机一到，你就可以宣布股票上市，把你的公司股份卖给投资大众。到时候你就发啦！你可以几亿几亿地赚！”

“然后呢？”

美国人说：“到那个时候你就可以退休啦！你可以搬到海边的小渔村去住。每天睡到自然醒，出海随便抓几条鱼，跟孩子们玩一玩，再跟老婆睡个午觉，黄昏时，晃到村子里喝点小酒，跟哥儿们玩玩吉他了！”

墨西哥渔夫疑惑地说：“我现在不就是这样了吗？”

【感悟箴言】

好多人一生都在生活的怪圈中不停地旋转，但是故事中的渔夫却是少有的跳出了怪圈的人，他用最简单却又最复杂的方式思考问题，他找到了最适合他的生活，并且悠闲快乐。换个方式思考问题，有时会有意想不到的收获。

自己是“圣人”

1947年，美孚石油公司董事长贝里奇到开普敦巡视工作，在卫生间里，看到一位黑人小伙子正跪在地板上擦水渍，并且每擦完一块地板，就虔诚地叩一下头。贝里奇感到很奇怪，问他为何如此？黑人答，在感谢一位圣人。

贝里奇很为自己的下属公司拥有这样的员工感到欣慰，问他为何要感谢那位圣人？黑人说，是圣人帮他找了这份工作，让他终于有了饭吃。

贝里奇笑着说：“我曾遇到一位圣人，他使我成了美孚石油公司的董事长，你愿意见他一下吗？”黑人说：“我是位孤儿，从小靠锡克教会抚养，我很想报答养育之恩，这位圣人若使我吃饭之后，还有余钱了却心愿，我愿去拜访他。”

贝里奇说：“你一定知道，南非有一座很有名的山，叫大温特胡克山。据我所知，那上面住着一位圣人，能为人指点迷津，凡是能遇到他的人都会前程似锦。20年前，我来南非登上过那座山，正巧遇到他，并得到他的指点。假如你愿意去拜访，我可以向你的经理说情，准你一个月的假。”

这位年轻的黑人在30天时间里，一路披荆斩棘，风餐露宿，过草甸，穿森林，历尽艰辛，终于登上了白雪覆盖的大温特胡克山，他在山顶徘徊了一天，除了自己，什么都没有遇到。

黑人小伙子很失望地回来了，他遇到贝里奇后说的第一句话是：“董事长先生，一路我处处留意，直到山顶，我发现，除我之外，没有什么圣人。”

贝里奇说：“你说得很对，除你之外，根本没有什么圣人。”

20 年后，这位黑人小伙子做了美孚石油公司开普敦分公司的总经理，他的名字叫贾姆讷。2000 年，世界经济论坛大会在上海召开，他作为美孚石油公司的代表参加了大会。在一次记者招待会上，针对自己传奇的一生，他说了这么一句话：“您发现自己的那一天。就是您遇到圣人的时候。”

【感悟箴言】

人们多半容易看清别人，却往往很难看清自己。并不是因为自己比别人复杂，只是有时候看到自己的能力，不愿去肯定。看清自己的能力，自信地去工作，圣人就是我们自己。我们应该相信自己对个人能力的发掘并坚持做得更好。

经营“失败”

1945 年，一位 21 岁的匈牙利青年，身上只带了 5 美元到美国闯天下。20 年后，他成为百万富翁。

他曾经非常自豪地说：“我没有做过一笔赔钱的交易，也没有一次失败的经营。”他就是罗·道密尔，一个在美国工艺品和玩具业富有传奇性的人物。那么，他是怎样才取得成功的呢？下面的例子很能说明问题。

20 世纪 50 年代，道密尔买下了一家濒临倒闭的玩具公司。当时他发现成本太高是这家玩具工厂失败的主要原因，决定提高工作效率以降低成本。道密尔规定：凡是制作工人所用的工具、材料，一定都要放在最顺手的地方，要用时，一伸手就可以拿到。这样一来，操作机器的工人，不必再为等材料、找工具耽搁时间，无形中节省了很多时间。

他的另外一个规定是：在工作中，不准吸烟，但每隔一个半小时，准许全体休息15分钟。因为他发现叼着烟工作，进度非常慢，而且有很多人借抽烟来偷懒。

这两项规定执行以后，在机器没有增加，人员减少的情况下，产量增加了五成。

有人曾经问道密尔，为什么总爱收购一些失败的企业来经营？——因为这是有风险的。道密尔的回答很妙："经营别人失败的生意，接过来后容易找出失败的原因，因为缺陷比较明显，只要把那些缺点改正过来，自然就赚钱了。这要比自己从头做一种生意省力很多，风险也小得多。"

【感悟箴言】

聪明人总是做事半功倍的事，道密尔就是这样。他看到了别人失败的原因，并且将其找出来，他看到的是别人忽略了的，这就是他的成功秘诀。你有一种因为有困难就不去敢于梦想的天生倾向吗？那么在你的头脑中就有了另一道必须要清除的栅栏。确立一种明智可行的解决问题的哲学是绝对必要的。

多年后的种子

美国有一家报纸曾刊登了一则园艺所重金征求纯白金盏花的启事，在当地一时引起轰动。高额的奖金让许多人趋之若鹜。但在千姿百态的自然界中，金盏花除了金色的就是棕色的，能培植出白色的，不是一件易事。所以许多人一阵热血沸腾之后，就把那则启事抛到九霄云外去了。

一晃就是20年。一天，那家园艺所意外地收到了一封热情的应征信和一粒纯白金盏花的种子。当天，这件事就不胫而走，引起人们的兴趣。寄种子的原来是一个年已古稀的老人。老人是一个地地道道的爱花人。当她20年前偶然看到那则启事后，便怦然心动。她不顾八个儿女的一致反对，义无反顾地干了下去。她撒下了一些最普通的种子，精心侍弄。

一年之后，金盏花开了，她从那些金色的、棕色的花中挑选了一朵颜色最淡的，任其自然枯萎，以取得最好的种子。次年，她又把它种下去。然后，再从这些花中挑选出颜色更淡的花的种子栽种……日复一日，年复一年，直到第20年，她终于培植出了纯白金盏花种子。

【感悟箴言】

一个连专家都解决不了的问题，在一个不懂遗传学的老人手中迎刃而解，这是一个奇迹吗？在老人自己看来不是奇迹，而是她希望的种子必然破土发芽，开出鲜花。

只要在心中存下一颗希望的种子，并坚持不懈地努力，终有一天奇迹会降临在你的头上。

钻石在身边

在100多年前的美国费城，6个高中生向他们仰慕已久的牧师请求："先生,您肯教我们读书吗？我们想上大学，可是我们没钱。我们中学快毕业了,有一定的学识，你肯教教我们吗？"

这位牧师名叫康惠尔，他答应教这6个贫家子弟。同时他又暗自思忖："一定还会有许多年轻人没钱上大学，他们想学习但付不起学费。我应该为这样的年轻人办一所大学。"于是。他开始为筹建大学募捐。

当时建一所大学大概要花150万美元。康惠尔四处奔走，在各地演讲了5年，出乎他意料的是，5年辛苦筹募到的钱不足1000美元。康惠尔深感悲哀，情绪低落。有一天，他突然发现教堂周围的草枯黄得东倒西歪。他问园丁："为什么这里的草长得不如其他地方的草呢？"

园丁回答说："你觉得这地方的草长得不好，主要是因为你把这些草和别的草相比的缘故。我们常常看到别人美丽的草地，希望别人的草地就是我们自己的，却很少去整治自家的草地。”园丁的一席话使康惠尔恍然大悟，他跑进教堂开始撰写演讲稿。

他在演讲稿中指出：我们大家往往让时间在等待中白白流逝，却没有努力工作使事情朝着我们希望的方向发展。

他在演讲中讲了一个农夫的故事：有个农夫拥有一块土地，生活过得很不错。但是，当他听说可以找到埋有钻石的宝库时，他便想，只要有一块钻石就可以富得难以想象。于是，农夫把自己的地卖了，离家出走，四处寻找可以发现钻石的地方。农夫走向遥远的异国他乡，然而从未发现钻石，最后，他囊空如洗。有一天晚上，他终于在海滩自杀身亡。

真是无巧不成书。那个买下这个农夫的土地的人，在散步中无意间发现了一块异样的石头，拾起一看，它晶光闪闪，反射出光芒。他仔细察看，发现这是一块钻石。这样，就在农夫卖掉的这块土地上，新主人发现了从未被人发现的钻石宝藏。

康惠尔做了 7 年这个“钻石宝藏”的演讲。7 年后，他赚得了 800 万美元，这笔钱大大超出了他想建一所学校的需要。他所建立的大学今天还耸立在宾夕法尼亚州的费城，这便是著名的学府坦普尔大学。

【感悟箴言】

其实每个人都有别人所不具有的潜质。与其四处寻找，学习别人的长处，不如先埋头寻找自己的优势，毕竟自己的东西离自己更近一些。从外面转上一圈，却忽视了原地的宝贝，实在太可惜了。

不停地拜访

在美国，有一位穷困潦倒的年轻人，即使在身上全部的钱加起来都不够买一件像样的西服的时候，仍全心全意地坚持着自己心中的梦想，他想做演员，拍电影，当明星。

当时，好莱坞共有500家电影公司，他逐一数过，并且不止一遍。后来，他又根据自己认真划定的路线与排列好的名单顺序，带着自己写好的量身订做的剧本前去拜访。但第一遍下来，所有的500家电影公司没有一家愿意聘用他。

面对百分之百的拒绝，这位年轻人没有灰心，从最后一家被拒绝的电影公司出来之后，他又从第一家开始，继续他的第二轮拜访与自我推荐。

在第二轮的拜访中，500家电影公司依然拒绝了他。

第三轮的拜访结果仍与第二轮相同。这位年轻人咬牙开始他的第四轮拜访，当拜访完第349家后，第350家电影公司的老板破天荒地答应愿意让他留下剧本先看一看。

几天后，年轻人获得通知，请他前去详细商谈。

就在这次商谈中，这家公司决定投资开拍这部电影，并请这位年轻人担任自己所写剧本中的男主角。这部电影名叫《洛奇》。这位年轻人的名字就叫席维斯·史泰龙。现在翻开电影史，这部叫《洛奇》的电影与这个日后红遍全世界的巨星皆榜上有名。

【感悟箴言】

很多时候，人们都是为了一种理想而学习工作的，可是因为各种原因最后不少人没有坚持下来。于是，那些理想都成了遥远的梦！的确，有理想不一定就成功，但失败能够给我们提供很多有用的东西，例如一些非常可贵的信息和资料，例如改善自己的性格，再例如挖掘自己的潜能……如果你能从失败中吸取教训、积累积验，即使是失败也能转败为胜，从失败走向成功。

父亲的签名

有一个美国人叫乔治，在他的记忆中，父亲一直就是瘸着一条腿走路的，父亲的一切都平淡无奇。所以，他总是想，母亲怎么会和这样的一个人结婚呢？

一次，市里举行中学生篮球赛，乔治是队里的主力。他找到母亲，说出了自己的心愿——他希望母亲能陪他同往。

母亲笑了，说："那当然。你就是不说，我和你父亲也会去的。"

乔治听罢摇了摇头，说："我不是说父亲，我只希望你去。"

母亲很是惊奇，问："这是为什么？"

乔治勉强地笑了笑，说："我总认为，一个残疾人站在场边，会使整个气氛变味儿。"

母亲叹了一口气，说："你是嫌弃你的父亲了？"

父亲这时正好走过来，说："这些天我得出差，有什么事，你们商量着去做就行了。"

比赛很快就结束了，乔治所在的队获得了冠军。

在回家的路上，母亲很高兴，说："要是你父亲知道了这个消息，他一定会放声高歌的。"

乔治沉下了脸，说："妈妈，我们现在不提他好不好？"

母亲接受不了他的口气，提高了声调，说："你必须要告诉我这是为什么！"

乔治满不在乎地笑了笑，说："不为什么，就是不想在这时提到他。"

母亲的脸色凝重起来，说："孩子，这话我本来不想说，可是，我再隐瞒下去，很可能就会伤害到你的父亲。你知道你父亲的腿是怎么瘸的吗？"

乔治摇了摇头，说："我不知道。"

母亲说："那一年你才两岁。父亲带你去花园里玩，在回家的路上，你左奔右跑。忽然，一辆汽车疾驰而来，你父亲为了救你，左腿被碾在了车轮下。"

乔治顿时惊呆了，说："这怎么可能呢？"

母亲说："这怎么不可能呢？不过这些年你父亲不让我告诉你罢了。"

母子二人慢慢地走着。母亲说：“有件事可能你还不知道，你父亲就是布莱特，你最喜欢的作家。”乔治更加惊讶地蹦了起来，说：“你说什么?我不信!”

母亲说：“这其实你父亲也不让我告诉你。你不信可以去问你的老师。”

乔治急急地向学校跑去。

老师面对他的疑问，笑了笑，说：“这都是真的。你父亲不让我们透露这些，是怕影响你的成长。但现在你既然知道了，那我就不妨告诉你，你父亲是一个伟大的人。”

两天以后，父亲回来了，乔治问父亲：“你就是大名鼎鼎的布莱特吗?”

父亲愣了一下，然后就笑了，说：“我就是写小说的布莱特。”

乔治拿出一本书来，说：“那你先给我签个名吧!”父亲看了他片刻，然后拿起笔来，在扉页上写道：“赠乔治，选择其实比什么都重要。”

多年以后，乔治成为一名出色的记者。这时，如果有人让他介绍自己的成功之路，他就会重复父亲的那句话：选择其实比什么都重要。

【感悟箴言】

当你做了一件让自己后悔的事后，才明白自己错了：当你选择了走一条路后，才发现南辕北辙了。人生往往就是这样，既然做过了，既然走过了，你也就别无选择了。人生真正的靠山是自己，只有你的选择是适合自己的，你的靠山才会是最牢靠的。

获取的方式

泰国有个叫奈哈松的人，一心想成为一个富翁。他觉得成为富翁的最短的捷径便是学会炼金之术。

此后他把全部的时间、金钱和精力，都用在了炼金术的实验中了。不久以后，他花光了自己的全部积蓄。家中变得一贫如洗，连饭都没得吃。妻子无奈，跑到父亲那里诉苦。她父亲决定帮女婿改掉恶习。

岳父让奈哈松前来相见，并对他说：“我已经掌握了炼金之术，只是现在还缺少一样炼金的东西……”

“快告诉我还缺少什么？”奈哈松急切地问道。

“那好吧，我可以让你知道这个秘密。我需要3公斤香蕉叶下的白色绒毛。这些绒毛必须是自己种的香蕉树上的。等到收齐绒毛后，我使告诉你炼金的方法。”

奈哈松回家后立刻将已荒废多年的田地种上了香蕉树，为了尽快凑齐绒毛，他除了种以前就有的自家的田地外，还开垦了大量的荒地。当香蕉长熟后，他便小心地从每张香蕉叶下收刮白绒毛。而他的妻子和儿女则抬着一串串香蕉到市场上去卖。就这样，十年过去了，奈哈松终于收集够了3公斤绒毛。这天他一脸兴奋地拿着绒毛来到岳父的家里，向岳父讨要炼金之术。

岳父指着院中的一间房子说：“现在，你把那边的房门打开看看。”

奈哈松打开了那扇门，立即看到满屋金光，屋里摆着好多黄金，她的妻子儿女都站在屋中。妻子告诉他，这些金子都是他十年里所种的香蕉换来的。面对着满屋实实在在的黄金，奈哈松恍然大悟。

【感悟箴言】

奈哈松整天做些不切实际的事情，以至于沦落到穷困潦倒的地步。要想富裕，虚幻永远不会让一个人梦想成真，成功需要你付出辛勤的劳动，脚踏实地地去干，才能找到生命真正的炼金术。自己的核心竞争力何在？或者说自己有什么样的生存价值？这是任何进入社会的人都要想到的一个问题。

犯人的电话

有三个人要被关进监狱三年，监狱长答应满足他们三人一人一个要求。

美国人爱抽雪茄，要了三箱雪茄。法国人最爱浪漫，要一个美丽的女子相伴。而犹太人说，他要一部与外界沟通的电话。

三年过后，第一个冲出来的是美国人，嘴里鼻孔里塞满了雪茄，大喊道："给我火，给我火!"原来他忘了要火了。接着出来的是法国人，只见他手里抱着一个小孩子，美丽女子手里牵着一个小孩子，肚子里还怀着第三个。最后出来的是犹太人，他紧紧握住监狱长的手说："这三年来我每天与外界联系，我的生意不但没有停顿，反而增长了20%。为了表示感谢，我送你一辆劳斯莱斯!"

【感悟箴言】

什么样的选择决定什么样的生活。今天的生活往往是由三年前自己的选择决定的，而今天你的选择将决定三年后的生活。你要选择接触最新的信息，了解最新的趋势，从而更好地创造自己的未来。要知道，我们的人生只有三天：昨天、今天、明天。你的今天是你的昨天所决定的，你的明天将由你的今天来决定。

最差的作业

比尔·克利亚是美国犹他州的一个中学教师，有一次他给学生布置了一道作业，要求学生就自己的未来理想写一篇作文。

一个名叫蒙迪·罗伯特的孩子兴高采烈地写开了，用了整整半夜的时间，写了七大张纸，详尽地描述了自己的梦想，例如将来有一天拥有一个牧马场。他描述得很详尽，画下了一幅占地200英亩的牧马场示意图，有马厩、跑道和种植园，还有房屋建筑和室内平面设计图。

第二天，他兴冲冲地将这份作业交给了克利亚老师。然而作业批回的时候，老师在第一页的右上角打了个大大的"F"（差），并让蒙迪·罗伯特去找他。

下课后蒙迪去找老师，问道："我为什么只得了F?"

克利亚打量了一下眼前的少年，认真地说："蒙迪，我承认你这份作业做得很认真，但是你的理想离现实太远，太不切实际了。要知道你父亲只是一个驯马师，连固定的家都没有，经常搬迁，根本没有什么资本，而要拥有一个牧马场，得要很多的钱，你能有那么多的钱吗?"克利亚老师最后说，如果蒙迪愿重新做这份作业，确定一个现实一些的理想，可以重新给他打分。

蒙迪拿回自己的作业，去问父亲。父亲摸摸儿子的头说："孩子，你自己拿主意吧，不过，你得慎重一些，这个决定对你来说很重要!"

蒙迪没有重写，他后来一直保存着那份作业，那份作业上的"F"依然很大很刺眼，正是这份作业鼓励着蒙迪，一步一个脚印不断超越创业的征程，多年后蒙迪·罗伯特终于如愿以偿地实现了自己的梦想。

当克利亚老师带着他的30名学生，踏进这个占地200多英亩的牧马场，登上这座面积达4000平方米的建筑场时，他流下了懊悔的泪水："蒙迪，现在我才意识到，当时我做老师时，就像一个偷梦的小偷，偷走了很多孩子的梦，但是你的坚韧和勇敢，使你一直没有放弃自己的梦想!"

【感悟箴言】

有梦想，不容易；守住梦想，难上加难。要实现梦想，获得成功，别让自己的梦想在别人的嘲笑和置疑中悄悄溜走，因为依靠它，你才能获得成功。

生命的沿途有若干口泉眼，"梦想"这口泉眼处在沙漠腹地，可不能任由它早早地就干涸掉。一个人有一百个梦想，通过奋力追寻，也许只能实现其中一个，但这个梦想肯定会成为他整个生命的支柱。

羊皮卷之五 树立自信心

一定的决定、思考、感受、行动都受控于某种力量，它就是我们的信念。有什么样的信念，就决定你有什么样的力量。

我们要攥紧拳头对自己说：命运其实就在自己的手中。

潜在的兴趣

为了生存，人们往往必须做一些自己并不喜欢的工作，若是长此以往，就会逐渐对自己失去信心。

日本作曲家横滨在某公司当了六个月的经理，因为他纯属外行，所以每天都因为厌烦而感到闷闷不乐，他认为：与其让一个人去做自己并不感兴趣的工作，倒不如让那些有兴趣的人去做反而有效。

一个人应当从事合乎自己兴趣的工作，前途才会有光明，否则很可能会丧失信心。

一个职员讲述自己的例子：

曾经有一段时间，我在一家银行里工作，整天与钞票、算盘为伍，生活过得相当苦闷，早上起来时，经常会感到头痛，当我坐在挤满人的电车里时，心中常会怀疑，到底我是为了什么而活着呢？每次一想到这里，我就会由于绝望而感到心中灰暗。

但是上班时，我发现其他人都很愉快，因为我的算盘总是打不好，而且时常发生错误，所以会计主任就经常对我说："唉！你又打错了！真是伤脑筋，不要总是连累别人，多多加油啊！"

如此一来，即使面对女孩子，我也感到抬不起头来，在走廊上也无法昂首阔步，若是被女孩子瞧上一眼，我就感到像是青蛙被蛇盯住一般地难受，当别人欢笑的时候我却孤独地躲在一旁，完全失去了信心。

有一位亲切的女同事可能是同情我的处境，某日下班后就约我一起去看电影，趁此机会她对我提出了一些忠告：

"这种工作并不适合你，若你继续这样下去就等于是浪费生命，虽然适合自己的工作并不好找，但还是去找找看吧！因为人们对于自己喜欢的工作，做起来才会充满自信，有了自信才能发挥自己的才能。"

我对她的这份忠告表示感谢后，彼此就分手了。次日，我辞掉了银行的工作。

辞职不久，我便在一家报社找到了工作，是做记者，我很喜欢这个工作，因此我的成绩也一直很好。我发现一个人绝对不能去做自己所不喜欢或是外行的工作，若是勉强下去，不但没有任何好处，反而会变得更加没有信心。

有一个很好的例子：K在学校里除了画图和工艺这两门功课比一般人好之外，其余各科都很差，所以他总是显出一副无精打采的模样。

毕业后，他进入一家建筑公司工作，几年之间他就变得神采奕奕，为什么会这样呢？当然我们无法窥知真相，但是我们却知道，他天生对于艺术方面的感觉比较敏锐。他发挥了这方面的才华，专门从事建筑设计的工作，因而在不知不觉中恢复了自信，目前已是该行业中的佼佼者了。如果毕业后他选择了其他的工作，很可能会成为学生时代的翻版，因为处处不如别人而畏缩不前，过着无法出人头地的生活，更谈不上有今天的成就了！

日本有位文学家松本清张的情况也是一样，他只受过小学教育，有一段很长的时间在报社做些粗重的工作，后来由于得到《朝日周刊》的小说奖，于是便成为一个职业作家。

他在报社辛苦工作的那段时间，一直不断地研究小说的写作技巧，因为那是他最感兴趣的事情。所以他绝不会对它失去自信，终于成为一位有名的作家。

欧阳修的《归田录》中有一则故事，大意是说：

有一位神箭手在表演射箭时，因为每发必中，所以观众都对他的精湛箭术报以热烈掌声，然而有位穿着朴素的老人却只是微笑不语。

看到这个情形。神箭手就走到老人面前问道：

“你是不是也会射箭呢？”

“不，但是假如我一直不断地练习，相信也会射得和你一样好。”

这句话大大地伤害了神箭手的自尊心，于是他就勃然变色地对老人说道：

“你怎么就轻视我射箭的本领！”

老人听了，仍旧微笑着说：

“我是个卖油的人，所以我就表演倒油的技术给你看吧！”

说完，他就将扁担由肩上卸下，然后将装油的葫芦口放了一个有孔的铜钱，这些工作完成后，他就用勺子捞起一勺油，高高地将油注入葫芦中，只见一条闪亮的细线毫厘不差地穿过钱孔，葫芦满了，铜钱却没有沾上一滴油。观众们看到他的这种功夫，纷纷鼓掌叫好，老人仍旧微笑着说：

“只要经常练习，任何人都能达到这种境界。”

这个卖油的老人不但谦逊，而且绝无半点自卑感。至于那位神箭手，只不过是徒然具有一项拿手的技术而已。

事实上，若能精通一门技术，则无论职业、地位、才能、学历、财产和别人有多大的差距都无关紧要，而这种技术也并不限于哪一种类，只要有一种就行了。

一旦精通了某种事物，就会使人产生自信，这样，无论面对任何人都会感到心平气和而不再恐惧了。

只要人们能够尽力做好自己所喜欢的工作，不论烹饪、体操、英语、数学或是对于动物的研究都可以，如此一来，自然能够产生自信而发挥自己的潜力。

【感悟箴言】

获得诺贝尔物理奖的华人丁肇中说过："兴趣比天才重要。"

实践证明：在影响个人职业生涯规划与发展的众多主观因素中，兴趣就像一双无形的手，所起的作用最大。

一个人如果能根据自己的爱好去选择职业生涯，他的主动性将会得到充分发挥。即使十分疲倦和辛苦，也总是兴致勃勃，心情愉快；即使困难重重，也决不灰心丧气，而是想尽办法，百折不挠地去克服它。

无畏者生存

朝鲜战争中有一位记者，他的体格并不魁梧，但是面有异相，可说是一种精悍面孔，也可说是比强悍更有深度的一种坚强。他的面孔上有一种无形的刺青，写着"天下无所惧"，是一种不畏死不怕难的面貌吧！几乎每个新闻记者对外界都很积极，甚至强横，可能是这个职业所造成的个性吧！可是这位特派员的态度特别厉害，在他的字典里，也许找不到恐惧、畏缩、退却等字眼。想做的事，一旦去做时，他就好像变成了一个火车头，用惊人的压力和速度直线猛冲，使得他对外界的一切似乎只知攻击而不知其他。

他平时开了一辆吉普车，这种车的冲力之猛实在惊人。他并不是在享受速度所造成的快感，也不是在享受冒险所造成的紧张感，当然更不是一时的孩子气。这个人本来就是如此，这便是他的开车法——很自然的、不做作的开车法。如果人的精神也像电压一样，有某种压力的话，他的精神所造成之压力就有别人的两倍之高。

他自己似乎也知道这种情形，他觉得任何人和他比起来都是弱者。不过，这也是事出有因的。

第二次世界大战期间，他做过随军记者，有一次部队被包围，他跟多数士兵一起被俘，而且将要被集体枪毙了。那是在一块四周都有围墙的空地上，八十个俘虏背靠着围墙，就像要拍纪念照一样地站着，敌军士兵拿着机关枪瞄准着，只等一声令下就要扫射，全部解决。

他站在最后一排，最高的位置，只要稍微用力就能跳过围墙。他本来就是个精神力很强的人，到了这种最后关头，他还是不肯认输，并且在心里面高声大喊："我不能死，我一定要逃走。"并且下决心逃跑，可是他很冷静，他考虑到就是幸运地逃出这一块空地，但这一带全在敌军的控制之下，前途如何实在难料。不过，他认为总是要尽全力去碰碰运气，绝不放弃"生存"的意志。

可是，问题在于何时是逃跑的适当时机，因为这是自己单独行动，如果逃得太早，一定有追兵追来，马上又被捕。但是，一旦等到机关枪开火之后，要逃也来不及了，只有在敌军即将扣扳机的时候——这才是逃走的良机。于是他屏住气息等待着，那一瞬间来到时他立刻越过围墙跑了。后来当然是在惊险万状之中逃离了那个地方，捡回一条命。

对他来说，如今继续生存的几率原是百分之一都不到的事，因为他早就该在那时死了。从此之后，他在人生中"无所惧"的态度便成为极其自然的启示。他从不用去想"因为有自己，所以有外界"等道理。这种道理对他来说，早就是一个不可动摇的真理了。所以后来他绝不可能有感觉到外界压力的情形发生。

不但如此，在那一种情况下，他的生存绝非偶然，而是全靠自己的坚强意识。换句话说，在最后关头实现生存的这种信心便是他那一种大无畏精神力的母胎。

【感悟箴言】

勇敢者的存在，是人类之所以高贵的根本。

因为勇敢，人才能在面对力量悬殊的对手时面无惧色。

时代需要勇敢者的无畏！

特殊的才能

《法华经》中有这么一段：“雨水是同样平等地降落下来，可是因为植物们的种类不同，吸收的水分不一样，所以也都会各自开出不同的花来。”

这段话意味着什么呢？第一点就是从某种意义来看，人是平等的，可是实际上每个人的个性和才能都不完全一样。第二就是每一个人，不论是谁，都有其特有的个性和才能，所以如何使其发挥特殊的能力，才是最重要的。

如果说孔雀很美，可是将所有的鸟变成孔雀的话，这时的大自然也同样变得毫无意义了。又如，蔷薇花很美，可是将所有的花变成蔷薇的话，这时的大自然也同样变得毫无兴趣可言！大自然，不正是因为有了各种不同的鸟类，又开着许多不同的花朵，所以才显得更美的吗？才会让人觉得很有意义的吗？

人类的社会也是一样，如果所有的人都做同样的事，向同样的目标前进的话，这个社会就不能存在了。只有使所有的人都能够发挥个人特有的个性和才能，才会使社会更发达、更进步，对每个人来说，生活也会更有意义的。

所有的人都有自己独特的才能，或许有的人表面上看来，好像傻瓜一般，可是只有那个人才能做到的特点能力，就一定会在那人的身上显示出来的。即使看起来很衰弱的人，也会有强热的一面！

成绩或是学历，应只是看看程度如何的标准而已。如果是受到成绩或学历的拘束而限制自己发展的可能性的话，不是太空虚、太可惜了吗？

当然，如果你的目的是想要做高官，的确是需要学历做背景，假定有些公司规定，当科长的人一定要大学毕业，可能会对某些人产生限制。可是就像刚才所说过的一样，认为孔雀很美，而使所有的鸟类都变成孔雀，就没有多大意思了。如果大家都成为高级干部，也是同样没有意义的。白鹤也想要变成孔雀，而去受苦、去挣扎，是多么愚蠢的行为啊！如果你想和大多数人一样，力争上游，那只会带来一连串空虚的苦斗而已。

在这个时候，就应该会产生一种意识，这种意识能自觉到自己特别的个性和才能。个性应该是不可能有上下之差别的。有一位公司的科长和住在附近的一位董事长，在个性的方面看来应是不分上下的。可是董事长是一个公司的领导，而那位科长只要到了退休的年龄后，可能就会被认为是普通人而已。相反地，那位董事长只要碰到经济不景气，就会突然变成普通人，然而那位科长只要能够处理一般事务的话，就可以永久地当科长。危险，是任何人都会碰到的，所以抱着适合于个性的原理，人生会比较有意义。

【感悟箴言】

不要抱怨命运的不公，不要抱怨成功的艰辛，不要抱怨生活的乏味，活出自己的个性，活出自己的魅力，活出自己的价值，活出自己的精彩！

任庭前花开花落，任天边云卷云舒，只要自己活得个性十足！

从自己做起

不可使你降服于暂时的疑虑，免得给予“失败”许多可乘之机。不管前途是怎样的黑暗，不可使你的自信力有片刻的动摇！要知道，没有一件东西可以摧毁他人的信任，一如我们自己心中的疑惑那么快。我们一有了疑惑，凡是和我们接触的人们，都能够立刻发觉出来的。许多人为什么要失败呢？都是他们先沮丧了自己的心情，而不幸这些不良的心情，影响到了周围的人们，以致使这些人对他们失去了信任，这不是明白告诉了我们，他们咎由自取吗？

要是你是一个雇主的话，你的雇员们一定很能够说出你处置第一件工作的态度，那一件事像一个胜利者，带着胜利的自信的意味；那 件事像一个战败者，带着怀疑与失望；他们不但可以说得清清楚楚，并且，他们还能从你的面容、你的行为中，可以预测你今天的事业是得利还是失利。

在商品推销中，将你自己的信任传给他人，这是最有力的生意法门。不论你是做代理人，商业旅行者，或者是店里的伙计，都是这样。

其次，做教师也是很难。他们必须随时表现一种正当的心理态度，否则，只要教师的心中一慌乱，一烦恼，一犹豫，便能使全教室的学生混乱地吵扰不休了。假使教师的态度能够宁静一点、镇定一点、和蔼一点的话，即使就是这一班学生，也可以使他们得到平静与良好的工作。此外，做教师的必须克服学生中的敌对行为，调和他们的口角，安慰他们的小头脑，以及将重要的知识扼要地印入那些不肯留心的学生的心中。

要达到这些目的，必须先从教师自己的人格出发。青年们最容易感受他人的思想，尤其是对于时常在一处的教师，更是时刻关心着，连一刻儿也不肯放松，他们知道教师是否真正注意他们，是否愿意帮助他们。假使做教师的没有同情的本性，或者是被他们发现有一种自私的态度，那么，这教师就不能再获得学生们的爱戴，甚至于将被学生们拒绝合作呢！

总之，做教师的要是不能获得学生的信任，正如医生不能获得病人的信任，店员不能获得主顾信任一般的尴尬。

【感悟箴言】

虚怀若谷、谦和谨慎，能广交朋友，获得他人的信任与好感；而孤芳自赏，自命不凡，则会使朋友离你而去。

相信自己，毅然前行

在普通人看来认为不可能的事，如果当事人能从潜在意识去认为“可能”，也就是相信可能做到的话，事情就会按照那个人信念的强度如何，而从实际中流出极大的力量来。这时，即使表面看来不可能的事，也可以完成。

这也就是根据信仰，来相信自己的力量。

例如医生认为无法痊愈的病患，如果抱着“一定会好”的信念去努力的话,病就也许真的可以完全医好。这种故事古今中外不胜枚举。

工作时也一样，没资本也没什么关系，在不景气中喘息奔波而能渐渐露出头角得到成功的例子也有很多。那是因为他能够不管别人说“那怎么可能”的话，而抱着“我一定要把那件事完成给你看”的信念之故。

为什么能够产生这种奇迹般的事？主要是有两种想法。

其一是，拥有绝对可能的信念，就会在潜意识中播下好种子，而从潜意识中引起良好的作用。其二是，那个绝对可能的信念到达后，会从那里流出无限量的能力来。

从上面两个理由看来，许多不可能的事往往会变成可能，这种奇迹般的事是可能发生的。而且并不需要长时期的等待，有时在短时间内就会产生效果。

许多令人无法相信的伟大事业也有人能够去完成，其主要原因是，那些人都拥有不怕艰难的强列信念。

能毅然前进的人，连鬼神也会让路给他。同时，这样子往前进的人，虽然自己不做什么事，但外界自然会有人想知道他。如此一来，周围环境的状况就会有所变化，而许多不可能的事，往往会变成可能。

所以，要相信自己的力量，不要受周围声音的左右。能如此毅然地前进，成功之路就会为你打开。

【感悟箴言】

很多时候，现实的环境我们不能改变，但能改变的是我们的心，我们可以不受周围环境的左右，反而利用环境，使危机化为转机，去面对你遭遇的困难、现实冷酷的环境，只要有信心，坚持下去，就一定能渡过任何难关。

努力必好运

对一些有意义的工作拼命尽力地做，才会对偶尔的休息或游戏与娱乐感到高兴。同时，从那种休息的喜悦中，才会涌出努力的勇气来。如果一味地休息或娱乐，就根本无法体会出这种喜悦和幸福感，也就是说，只有努力才是涌出幸福感的泉源。

那么要怎样才算是努力呢？经常不断地努力，比别人多出三倍、四倍或五倍的努力和用功，那才是真正的天才。社会上有些人与生俱来就有伟大的才能或优秀的素质，可是那种才能或素质如果不活用的话，也没什么价值，必需不断地努力摸索才能有所发挥。然而一个没有才能的人，只要肯努力，也可以获得成功，也就是要努力才能产生天才。何况自己是否有才能是连自己或他人都无法预知的，每一个人都拥有一些不为人所知的能力，由于不去摸索发现而让它一直沉睡着。不管是什么样的天才或资质优秀的人，如果不努力也是不会有成功的。而一个钝才只要肯努力，也可以完成比天才更好的工作。社会上常有人说："那个人虽然有才能，可惜……"拥有优秀的才能却不知道活用是很可惜的事，因为那个人沉溺在自己的才能中，以此自满而忘记努力，因此就常会碰到许多不幸的情况发生。而钝才因为不会对自己的才能感到骄傲，就要尽量靠自己去努力，因此常会意外地做出一些比有才能的人所能做的大事情来。

在百货公司铺上电车路线，并且一边延长铁路线一边开发沿线土地，建立了流通部门、铁路部门、不动产部门等大集团的日本大阪快车集团创始人小森一三先生，被认为是个投机的天才，但实际上他是非常努力的人。他说："认为自己会赢的人，只要抱着这个想法，小心坚持地做下去，一定会赢的。但是别人工作只要八小时，自己就必须工作十五个小时；别人在吃好东西时，自己必须忍住不吃。能够有这种意志的人才能有意外的成功。"

东京急行铁路的五岛庆大和西武铁路的提式家族，也曾模仿他的生意做法而成功过。但这种使别人感到惊奇的巧妙投资，也是需要付出许多别人所无法了解的观察和资料搜集等的努力，才能有这样的成果出现。

好运这种东西，是需要很大的努力才能得到的。

【感悟箴言】

时下，多少人都在感叹生命的脆弱，一个个原本健康活泼、生龙活虎的生命，转瞬间就因一时想不开而被一片薄薄的刀片轻易地毁掉，一根细细的绳子夺去，一湾浅浅的清水吞噬……

其实，这些人的生命之所以变得这样脆弱，关键在于其失去了生命的意志。生命力的顽强与否，完全取决于人的意志。一个人意志强了，生命力就会无比顽强，如张海迪、奥斯特洛夫斯基等人。意志薄弱了，生命力就会脆弱得不堪一击。

移山的行动

要有坚定的意志，必须先在潜意识里下定决心。若在表层意识里不管如何用力，也无法有坚定的意志，因此必须在内心深处痛下决心才行。

能有这种潜在意识的坚定意志，就等于把工作完成了一半。因为在内心深处痛下决心，就表示心已朝向“决定要做做看”的状态，因此工作能否完成只是时间的问题而已。心中如果无法痛下决心，工作始终就无法起步，只能在四处不知所措地徘徊着。

但是你可能会问：“你敢保证，只要有坚定的意志，一定会成功吗?”对于这个问题，回答是“不!”要有愚公移山的信心，并非只靠梦想或祈求，而是应该冒着失败的危险勇敢地前进。自信只给予我们男人中的男人，给予我们肯勇敢冒险向着重大事件前进的男人，世界将会为他戴上冠冕。

那么，为什么没有成功的保证，却也有肯冒险而能成功的人呢？能够把握机会的人被大家知道时，他就能得到别人的援助；有勇气的男人会吸引有勇气的男人；富有想象力的人会吸引富有想象力的人；想成大事的人也会吸引想做大事的人。同时，从意想不到的源泉那里会传来强大的帮助的力量，因此只要拥有强大的意志，就自然而然能和成功连在一起。

如果抱着信念开始做某种事的话，我们是不会遇到悲剧的。如果你现在踏出一步，就等于在遥远的成功的路途上走了一半。好的开始等于成功的一半。

【感悟箴言】

苏东坡曾云：古之成大事者，不惟有超世之才，亦有坚韧不拔之志。坚强的意志是一个人成功的必要心理素质，只有坚持不懈，持之以恒，才能圆满地实现自己的人生目标。

态度决定高度

一个人是否成功，他的态度很关键！成功人士与失败者之间的差别是：成功人士始终用最积极的思考、最乐观的精神和最辉煌的经验支配和控制自己的人生。失败者刚好相反，他们的人生是受过去的种种失败与疑虑所引导和支配的。

有些人总喜欢说，他们现在的境况是别人造成的。环境决定了他们的人生位置。但是，我们的境况不是周围环境造成的。说到底，如何看待人生，由我们自己决定。纳粹德国某集中营的一位幸存者维克托·弗兰克尔说过："在任何特定的环境中，人们还有一种最后的自由，就是选择自己的态度。"

马尔比·D·巴布科克说："最常见同时也是代价最高昂的一个错误，是认为成功有赖于某种天才，某种魔力，某些我们不具备的东西。"可是成功的要素其实掌握在我们自己的手中。成功是正确思维的结果。一个人能飞多高，并非由人的其他因素，而是由他自己的态度所制约。

我们的态度在很大程度上决定了我们人生的成败：

我们怎样对待生活，生活就怎样对待我们。

我们怎样对待别人，别人就怎样对待我们。

我们在一项任务刚开始时的态度决定了最后有多大的成功，这比任何其他因素都重要。

人们在任何重要组织中地位越高，就越能达到最佳的态度。

人的地位有多高，成就有多大，取决于支配他的思想。消极思维的结果，最容易形成被消极环境束缚的人。

【感悟箴言】

一棵苍松相信自己，便挺立在它扎根的那座险峰上。

一面旗帜相信自己，便高扬在它呼唤的那片土地上。

态度决定后果

一个人在生活中老是寻找消极东西的话，就会成为一种难以克服的习惯。这时候，即使出现好机会，这个消极的人也会看不到、抓不着。他会把每种情况都看作一个障碍接着一个障碍。

障碍与机会之间有什么差别呢？主要在于人们对待事物的态度。亚伯拉罕·林肯被普遍认为是美国历史上最伟大的总统。林肯说过：“成功是屡遭挫折而热情不减。”正确的做法是，在彻底考察事物的积极面之前，决不接受消极的东西。积极思维的习惯养成之后，人们就比较容易在关键时刻做出明确的决定。

俗话说：“毛色相同的鸟聚成一群。”这话实在很正确。物以类聚，人以群分。聚在一块的人则互相影响，逐渐靠拢而变成一个样。

人们大概注意到结婚多年的夫妇行为逐渐变得一样，甚至连外貌也相似。而思维方式的同化是最明显不过的。跟消极思维相处得久了，你就会受他的影响。接触消极思维者就像接触到原子辐射，如果辐射剂量小、时间短，你还能活，但持续辐射就要命了。

你大概跟事事悲观的人接触过。譬如屋顶漏水，这种人就认定暴风雨要来临了。他们把人生看成一片黑暗，大难临头。这些人的座右铭就跟墨菲定律一样，你大概听说过墨菲定律："任何事情都看似容易，实质很难；任何事情所费时间都比你预期的多；任何事情都会出差错，而且是在最坏的时刻出差错。"

与此相反，我们用麦克斯韦尔定律看待人生："任何事情都看似很难，实质不难；任何事情都比你预期的更令人满意；任何事情都能办好，而且是在最佳的时刻办好。"

信奉墨菲定律的人的消极思维之中最坏的一面是——消极思维使他们从错误的角度看事情。而成功人士总是从最佳的角度看待机会，作出判断，看不到将来的希望，就激发不出现在的动力。消极思维摧毁人们的信心，使希望泯灭。它慢慢地使消极思维者意志消沉失去任何动力。

一个人的行为方式，不可能永远与他的自我评估相脱节。消极思维者不但想到外部世界最坏的一面，而且想到自己最坏的一面。他们不敢企求，所以往往收获得更少。遇到一个新观念，他们的反应往往是："这是行不通的，从前没有这么干过。没有这主意不也过得很好吗？这风险冒不得，现在条件还不成熟，这并非我们的责任。"所罗门国王据说是世界最明智的统治者。在《圣经·箴言篇》23 章第 7 节中，所罗门说："他的心怎样思量，他的为人就是怎样。"

换言之，人们相信会有什么结果，就可能有什么结果。人不可能取得他自己并不追求的成就。人不相信他能达到的成就，他便不会去争取。当一个消极思维者对自己不抱很大期望时，他就会给自己取得成功的能力"嘭"

的一声封了顶。他成了自己潜能的最大敌人。在人生的整个航程中，消极思维者一路上都在晕船。无论目前的境况如何，他们对将来总是感到失望。许多人信奉的是索姆定律："凡是事情看好的时候，你肯定疏忽了某些东西。"

在消极思维者眼中，玻璃杯永远不是半满的，而是空的。他们预期得到人生中最糟糕的东西——而且确实会得到。这些人如同一个年轻的登山者。那时他正在跟一个经验丰富的向导在白雪覆盖的高山上攀登。一天清晨，这年轻的登山者忽然被一阵巨大的爆裂声惊醒，他以为是世界末日了，这时，老练的向导告诉他："你听到的不过是冰块在阳光下碎裂的声音。这不是世界末日，而是新的一天的开始。"

如果我们想把人生尽情发挥，展现我们的潜能，享受人生之旅，我们就必须在任何环境中乐观积极。

【感悟箴言】

良禽择木而栖，如果不能改变木，那就改变自己。

信念在行动

一般人都认为不可能的事，你却肯向它挑战，这就是成功之路了。

然而这是需要信心的，信心并非一朝一夕就可以产生的。因此，想要成功的人，就应该不断地去努力培养信心。

信心要如何培养？其中的一个方法是，多读一点有关那方面的好书。然后，利用从实践中得来的无限的能力，使事情变成可能。另一个方法是，提高自己的欲望。借着提高自己的欲望来培养自己的信心，也就是要抱着欲望去挑战，再从经验中培养信心。这时候如果能配合着读一点好书的话，效果会更好。

以"可能"这种信念为种子，播在你的意识中，然后注意培养、管理。

不久，这个种子会慢慢生根，从各方面吸收养分。如果能热心又忠实地继续培养信念的话，不久所有的恐惧感就会消失殆尽，不会再像过去一样出现在软弱的心中，自己也就不会再成为环境的奴隶。但是你必须站在高塔上去面对环境，并且发现自己能有对环境指挥若定的伟大力量。

培养“可能”这种信念，也就是把自己的力量，提高到最大的程度。

只要有强烈的意志和努力，一定可以突破一切的障碍，尤其能再和实际连在一起的话，你就可以得到巨大的力量。

但我们都很容易认为：“反正我是不可能再升级了”，或“从自己体力看来,我想我的能力只能到达这里为止了”。这种用理性所划出来的界限很不容易突破，其实那条线是可以突破的，只因为自己在无意识中画了那条线，所以才会把自己的能力，一直压制在低限度的地方。

信念和想象力是阻止人们内心无限发展的可能性的惟一限定。也就是说，设立自己能力界限的，就是自己现在的意识和信念。

但对于想要做就马上去做的人来说，这种界限是不存在的。他所前进的地方，社会的意识是无法限制他的。

如果常被社会意识所过分限制的话，什么事都无法有所成就。

【感悟箴言】

一切的决定、思考、感受、行动都受控于某种力量，它就是我们的信念。有什么样的信念，就决定你有什么样的力量。

现在就开始行动，你就是在开始成功。

成功之祖

什么人最值得我们称颂呢？根据大多数人们的意见，惟有“能说能行”的人，是最最难能可贵。

“能说能行”的人，都有一颗“坚决的心”。

说到“坚决”，那是接近“真理”的“美德”之一，人们能够好好地应用它，便可以成为生命表现的指导力。曾有一位皇帝，问过一位哲学家：谁是最快乐最幸福的人呢？哲学家的回答真出乎皇帝的意外，他说：谁能这么想，便能这么做到的人，是最快乐与幸福的。

爱默生曾说过，这世界只为两种人开辟大路：一种是有坚定意志的人，另一种是不畏惧阻碍物及滑石的人。

他又说：那些“紧驱他的四轮车到星球上去”的人，倒比在泥泞道上追踪蜗牛行迹的人，来得容易达到他的目的呢！

的确，一个意志坚定的人，是不会恐惧艰难的。尽管前面有阻止前进的障碍物，它可以阻止他人，却不能阻止住意志坚定的人。意志坚定的人能够排除这障碍物，然后继续前进。尽管路畔有使人跌倒的滑石，但它只能使他人跌倒，意志坚定的人，行进时脚跟步步踏实，滑石也奈何不得他。

自信是成功之祖！只要我们有自信，便能增强才能，使精力加倍。

你应该训练你的思想，使你具有坚信的强力，自决的重量，以及知信的能力。要是你这些都软弱了，那么，你的思想也将软弱，以至你的工作，也将因此而受影响。

许多人不能具有坚强而深刻的信念，他们往往注重表面，忽略了实际，他们没有自己的思想，不论任何人的意志，都可以使他们转变了态度。

“骑墙派”的思想，是最最危险不过的。当左边得势的时候，你就归向左边，等到右边风行的时候，你又附和了右边——你以为这是最圆滑的手段吗？可惜，你已成了一个没有主见、没有思想的人，这是何等的可怜啊。

所以，你不可“骑墙”观望，你必须肯定地决定：在左边或是在右边。不过，决定以后，你就得坚决地维护你的主张，任何阻挠与艰难，都不可以转移你的志气。能够具有这么始终贯彻的思想，就能够成就伟大的事业。

反过来说，要是你决定了某一个方针，等一遇到阻碍，就将你的决心动摇了，或者是游离不定，结果常常受反对方面的支配，以及被不赞同你意见的人所操纵。不用说，你的事业就此全盘失败了。

因此，凡是浮动不可靠，缺少决断力，没有确切决定的人，往往失败的时候多，成功的机会少。

请你们想吧！一个人要是没有力量与决心，这还有什么用处呢？如果他只有表面的自信，却没有主见，那还有谁再能信任他呢？尽管他是一个好人，但是，他决不能引起他人的信任。每当有重大事情发生，或者正当危急的时候，也不会有人想到去请教他。

一个人的自信力，要是不能控制他自己的灵魂，那么他最多仅能在生命上获得极小的成就。

一个人的自信力，能够控制他自己的生命的血液，并能将他的“意志”坚强地运行着，这不愧是一个有能力的人，能够担负起艰巨的责任，这样的人才是可靠的。

如果一个人能够拥有坚定的力量，能够把他们所希望的，在心灵上牢牢地把握住，然后向着这理想目标坚持不懈地努力，那么，他们一定可以排除种种的不幸与困难，而达到他们理想中的最高峰。

我们再谈谈“意志力”，所谓意志力的运用，也可以说是坚定的另一种形式——“意志”，就是做一件事情的“决心”，正如“坚定”自己的力量去做某一件事一样。在这世界上，要是没有坚定的意志力，不论做什么事情，是决不能获得成功的。

意志坚定的人，在工作尚未完成前，要他中途退缩，那是绝对不可能的。因为，他对于工作有坚定的信仰，他相信能够从事眼前的工作，他相信能够应付眼前的阻碍，他相信能够克服眼前的环境，他并拥有能随时坚定进行的能力，随时坚定进行的决心，使他通过困难，使他轻视障碍，使他嘲笑不幸，使他增强了成功的力量。——这力量一增添，再配合了他的天才与智能，便可以从容地应付各种困难了。

所以，我们需要时常坚定地增强勇气，因为“勇气”便是“信任”的基础。能够获得他人信任的人，必定是勇谋兼备的人。

再进一步说，当一个人落入困难的处境时，只要能够坚决地说：

——我必定……

——我能够……

——我要……

这不但可以增强他的勇气，加强他的自信，并且可以减弱对方的力量。因为不论在什么事情上，只要能强化了积极的意志，便会减弱那相关的消极的意志。

如果你遇到一件艰难的事情，你不必退缩与灰心，也不必彷徨与犹疑，只要赶快增强你那积极的意志，去排除你那消极的意志，感到你“正的力量”已胜过了“负的力量”时，你的事情也就有希望做成了。

【感悟箴言】

一个人绝对不可在遇到危险的威胁时，背过身去试图逃避。若是这样，只会使危险加倍。但是如果立刻面对它毫不退缩，危险便会减半。决不要逃避任何事物，决不！

勇气依凭自信，亦如获益于逆境的能力亦依凭自信。

羊皮卷之六　充分挖掘潜能

每个人都有自己过人的一面，在生命的时间内，将它发掘出来并加以利用，这就是成功。如果缺乏进取心，你的天赋和潜能，就难以发挥出来，必然会输给那些信念坚定、立志进取的人。哲学家雅斯贝尔斯说过：“谁若每天不给自己做梦的机会，那颗引领他工作和生活的明星，就会迅速黯淡下来。”

水与容器

克林曼在生活上总是落魄，不得意，便有人向他推荐去找智者。

克林曼找到智者。智者沉思良久，默然舀起一瓢水，问：“这水是什么形状?”

克林曼摇头：“水哪有什么形状?”

智者不答，只是把水倒入杯子。克林曼恍然大悟似地说：“我知道了，水的形状像杯子。”智者没有回答，又把杯子中的水倒入旁边的花瓶，克林曼又说：“我又知道了，水的形状像花瓶。”智者摇头，轻轻提起花瓶，把水轻轻倒入一个盛满沙土的盆。清清的水便一下溶入沙土，不见了。

克林曼陷入了沉思。

智者俯身抓起一把沙土，叹道：“看，水就这么消逝了，这也是一生!”

克林曼对智者的话咀嚼良久，高兴地说：“我知道了，您是通过水告诉我，社会处处像一个个规则的容器，人应该像水一样，盛进什么容器就是什么形状。而且，人还极可能在一个规则的容器中消逝，就像这水一样，消逝得无影无踪，而且一切无法改变!”克林曼说完，眼睛紧盯着智者的眼睛，他急于得到智者的肯定。

“是这样。”智者拈须，转而又说，“又不是完全这样!”说完，智者出门，克林曼随后。在檐下，智者蹲下身，用手在青石板的台阶上摸了一会儿，然后停住。克林曼把手指伸向刚才智者手指所触之地，他感到有一个凹处。他迷惑，他不知道这本来平整的石阶上的“小窝”藏着什么玄机。

智者说：“一到雨天，雨水就会从屋檐落下，看，这个凹处就是水落下长期打击造成的结果。”

克林曼于是大悟：“我明白了，人可能被装入规则的容器，但又像这小小的水滴，改变着坚硬的青石板，直到破坏容器。”

智者说：“对，这个窝会变成一个洞!”

克林曼说：“那么，我找到答案了!”

智者不语，用微笑和沉默与克林曼对话。克林曼离开了智者，重新回到了社会。他用行动证明，这世间又多了一个充满活力的人。

【感悟箴言】

人有的时候必须去适应环境，因为只有适应才能生存，只有生存才能发掘潜能。然而，一味地为了适应而改变自己又显得太傻了，潜能会被封杀掉。谁说环境不能被我们改变？当条件成熟，时机适合时，就要做环境的主人，当然，这要通过自己不懈的努力。

跨栏定律

一位名叫阿费烈德的外科医生在解剖尸体时，发现一个奇怪的现象：那些患病器官并不如人们想象的那样糟，相反在与疾病的抗争中，为了抵御病变它们往往要代偿性地比正常的器官机能更强。

最早的发现是从肾病患者的遗体中发现的，当他从死者的体内取出那只患病的肾时，他发现那只肾要比正常的大。当他再去分析另外一只肾时，他发现另外一只肾也大得超乎寻常。在多年的医学解剖过程中，他不断地发现包括心脏、肺等几乎所有人体器官都存在着类似的情况。

他为此撰写了一篇颇具影响的论文，从医学的角度进行了分析。他认为患病器官因为和病毒做斗争而使器官的功能不断增强。假如有两只相同的器官，当其中一只器官死亡后，另一只器官就会努力承担起全部的责任，从而使健全的器官变得强壮起来。

他在给学生治病时又发现了一个奇怪现象，搞艺术的学生的视力大不如其他人，有的甚至还是色盲。阿费烈德便觉得这就是病理现象在社会现实中的重复，他把自己的思维触角延伸到广泛的层面。

在对艺术院校教授的调研过程中，结果与他的预测完全相同。一些颇有成就的教授之所以走上艺术道路，原来大都是受了生理缺陷的影响，缺陷不是阻止了他们，相反促进了他们走上了艺术道路。

阿费烈德将这种现象称为“跨栏定律”，即一个人的成就大小往往取决于他所遇到的困难的程度。

【感悟箴言】

其实，按照阿费烈德的“跨栏定律”，可以解释生活中许多现象——譬如盲人的听觉、触觉、嗅觉都要比一般人灵敏；失去双臂的人的平衡感更强，双脚更灵巧。所有这一切，仿佛都是上帝安排好的，如果你不缺少这些，你就无法得到它们。竖在你面前的栏越高，你跳得也越高。一个人的缺陷有时候就是上帝给他的成功信息。

做饭的学者

有五个学者来到繁华的首都。这五个学者分别是逻辑学家、语法学家、音乐家、占星家和健康学家。他们都表示自己在某一方面很有专长。国王听说后就把他们召来，准备奖赏。在聪明的大臣的建议下，国王让五个人先去自己做饭吃，然后再来接受奖赏。侍卫官安排他们住在一间宽敞的房子里，并准备好了必要的用具，他还派一些人暗中观察他们的行动。

为了做饭，五个学者做了分工。逻辑学家去市场上买油。他回来的时候手里提着一罐子油，他的逻辑学知识使他动起了脑筋，他自问道：究竟是罐子依赖油，还是油依赖罐子呢？他反复考虑仍然解释不了这个疑问。他想最好试验一下，以便弄清这个真理。于是，他把罐子口朝下，翻了一个个儿，结果油都洒在地上了，逻辑学家这才弄清了谁依靠谁的问题。他感到很高兴，因为他又发现了一个新的真理，他愉快地拿着空罐子回到了住处。

语法学家去买酸奶。他来到一个杂货店，遇到一个卖酸奶的姑娘。他听她说话不合语法，就堵着耳朵走开了。当他往前走时，听到另一个姑娘在叫卖酸奶，她的话发音也不对，于是语法学家走到姑娘旁边说："看来你是个野姑娘。每一个词和每一个字就像神一样神圣，发音不对就糟蹋了它，这是亵渎圣物。语法学是不能容忍把短元音发成长元音，把非送气音发成送气音，把一个字母的音发成另一个字母的音，这会造成误解。你要认真学习发音，发音要正确。"姑娘听了这番教训和责备很不高兴，她回敬说："你是哪儿来的？你好像是一个野人，你有什么资格让我好好学习说话。你应首先管好自己的舌头。如果你想买酸奶的话，就买，不然，就闭上你的嘴，滚开吧！你为什么在这儿浪费时间？"听了这顿数落，语法家火了，说："如果我从像你这样说话不符合语法的人手里买酸奶，我也会因而招致罪恶。"他说完就走了，因而没有买成酸奶。

充分挖掘潜能

占星家来到附近的森林中寻找树叶，准备烧饭用。他爬到一棵榕树上去揪树叶。他正要揪的时候，听到变色龙咕噜咕噜地叫起来。占星家自言自语说："这个叫声很不吉利，今天我不应揪树叶，最好还是下去吧。"当他试图下来时，地上有只蜥蜴叫了起来。他想，这个声音是个吉兆。当他左思右想该怎么办时，天已经快黑了，他只好回到住处，而没有采回树叶。

健康学家去到市场上买菜。他看到那里有各种各样的莱。但是他想，茄子吃了使人发热，葫芦吃了使人发冷，根茎菜常引起痛风症……他发现每种菜都有缺点，他回到住处，什么菜也没有买。

当四个学者出去采购时，音乐家开始做饭了。他把开水倒在锅里，再加上米，盖上锅盖。当他把炉子点着时，蒸气噗噗地冒出来，把锅盖顶得啪啦啪啦直响，听到这种声音，音乐家的灵感来了。他随着锅盖震动的节奏，谱起曲子来。过了一儿，粥锅开了，它发出的声音是很不协调的，于是音乐家找来一根粗棍子，使劲地敲起锅来，结果锅被打破了，煮的稀饭洒了一地。虽然如此，他仍然很高兴，因为那不协调的声音消失了，当然，稀饭也没有了。

到了晚上，五个学者聚到一起，互相指责起来，都说所以没有做好饭，是别人的错误。

国王通过暗中监视他们的侍卫官知道了这一情况。他很同情五个学者，把他们叫到宫廷来，说道："先生们，你们平时只会学习研究，而不懂得日常生活，所以连一顿饭也做不出啊。仅仅做个书呆子是没有用的，回去思考吧!"

他讲完之后，送给了五个学者应有的奖品。

【感悟箴言】

只有理论知识，而没有生活技能的人，在社会上不一定能实现自我价值与充分发挥自身潜能。一个人走上社会，需要积累处世能力和技巧。因为从某个角度看，它们远比知识更有意义，也更能帮助自己找到智能的最佳点。

乞丐的愿望

耶路撒冷圣地有一个又老又脏的乞丐，天天站在路旁乞讨，有一顿没一顿的，日子过得穷苦不堪，但是他每天早上仍虔诚地祷告，希望奇迹能降临到自己身上。

一天，当他祈祷完毕，抬头一看，竟然有位全身发光的天使站在眼前。天使告诉乞丐，上帝可以实现他的三个愿望。

老乞丐心中大喜，毫不迟疑地立刻许下了他的第一个愿望：要变成一个有钱人。刹那间，他就置身于一座豪华的大宅院中，身边有无数的金银财宝，终其一生也享用不尽。老乞丐马上又向天使许下第二个愿望：希望自己能年轻 40 岁。果然，一阵轻烟过后，老乞丐变成了 20 岁的年轻小伙子。这时，他兴奋到了极点，不假思索地说出了第三个愿望：一辈子不需要工作。

天使点了点头，他立刻又变回了路旁那个又老又脏的乞丐了。

乞丐不解地问："这是为什么？这个愿望说出来之后，我为何变得一无所有了呢？"

一个声音从天际传来："工作是上帝给你最大的祝福。想一想，如果你什么都不做，整天无所事事，那是多么可怕的一件事！只有投入工作，你才能变得富有，才有生命的活力。现在你把上帝给你的最大的恩赐扔掉了，当然就一无所有了！"

【感悟箴言】

工作是上苍给人类最大的福气。因为工作中隐藏着无数成功的机会，也体现着个人价值，更能让你从此远离空虚和无聊。如果你非常热爱工作，那你的生活就是天堂；如果你非常讨厌工作，那你的生活就是地狱。因为你的生活当中，大部分的时间都和工作紧密联系在一起。你对工作的态度决定了你对人生的态度，你在工作中的表现也就决定了你人生中的表现。

理性的任务

理性是不能排除的，因为理性自有理性的任务。例如：决定人生目标的，还是理性。想要什么，想做什么，想当什么，做这些决定的并不是潜在意识，而是理性。

要建立一个家时，到底需要多少时间、多少资金？做这样估计的，也是理性。愿望是不可以无期限、无限制的，因为如果无期限也限制的话，可能就无法达成了。想进入一所大学，也不可以说花费几年时间都没关系，如果是哪一年进去都可以的话，也就不必要抱此愿望了。所以说，时间的设定也是非常重要的。

但在另一方面，不需要时间设定的也有。例如：什么时候才会帮助我的大计划实现？这就不能有时间的限定，而是要靠时间的流动来做决定的。

虽然要靠这种无法预测的时间的流动，可是也应该有某种计划才对。利用短期目标来累积也可以。不过，最好有五年或十年后的长期目标，或一生之久的长期目标。

当然，订立目标后不久，也可能会因情势的变化，而发生不得不做改变计划的情况。也有部分是用理性而订立出来的计划，但是，我们只能把理性的计划看为是一种单方面的，以后还需要用努力和热心来辅助，并且也不可以受到无理、偏见，或别人意见的左右才行。

【感悟箴言】

感情是一种人文气质，一种心理经验。理性的任务是检验感情质量，承受感情压力，将感情转化为想象力。

人的理性的任务就在于对必然性的认知，而且理性也在这种认识中得到满足，通过这种认识而服从于必然性。

理性与灵感

我们不信有用理性无法判断的东西，不但不相信，甚至还会排斥，这是受到近代理性主义、理性万能、科学万能等想法的影响。但是，各位想一想，我们靠理性可以判断到什么程度呢？这个社会还是有太多的事是无法用理性来了解的！

例如：每个人对自己的人生做个回忆的话，就会发现每次的转折点一定会有偶然的契机在起作用。譬如：偶而和谁相遇的事，形成人生大变化的转机，或走在街上时偶然产生一个好主意等等，机会偶然也会来临。

一加一等于二的公式，在人生中是无法通用的，一加一有时可以等于十，有时等于五。大部分都是偶然的契机或偶而产生的灵感所造成的。这是什么缘故呢？

潜在意识中积沉着很多情报，因为所有的人都和潜在力量直接连在一起，所有人的思想或行为都会被刻在心里，因此各种各样的人所想过做过的事，都会留在心里。

由于我们能向潜在世界巧妙地施加影响，故就可从心中丰富的情报仓库中获得对我们有用的情报。

在公司里工作或研究，经常会为了想不出好主意而苦恼，这时候如果为了拼命要想出主意而活动的话，有时真的会突然想出来。那是你强烈的愿望变成反作用，于是就能提供你所必需的主意来。

这是认为理性是万能的人无法相信的事，他们可能还认为“岂有此理”，但是灵感就是因这种作用而产生出来的，并非更改所产生的。

史蒂文森是个有名的小说家，他写过《博士和海地先生》、《金银岛》，在著书中他曾说过，自己的小说经常都是从潜在意识得到构想的。也就是从丰富宇宙的情报中，得到了写小说的灵感。日本数学家冈洁也是重视灵感的人，认为数学的世界理性并不是万能的。

【感悟箴言】

每一个灵感的动机，每一环严谨的分析，每一次成功的抉择，都预示着下一次的理性与成功。

因此，我们尽量要以灵感思维为主，能用灵感思维就不用理性思维。这样说是有前提的，要在自己有了许多积累后，这种积累是多方面全方位的。要做到明察秋毫、当机立断、反应灵敏，没有任何顾虑和杂念，做到头脑清醒、心胸宽松、动作顺遂、脚步轻灵，懂天时、知地利、得人和，为人处世随心如意，这时才感到其乐无穷。也就是说感受到了发自内心的愉悦，精神上的充实，肉体上的和谐，这个时候灵感思维是随心所欲的，这才是真正的幸福。

潜意识的力量

你今天心情好吗？一早醒来，你是否迫不及待面对今天的工作？一头栽进工作中乐此不疲？

你也可能没有心情想自己应该做些什么，一大早就没有精神，做着乏味的工作，毫无乐趣可言。

凡诺·渥非是个极为杰出的教练，几位高中生经过他的调教，打破了全国纪录。

渥非训练选手，同时激发他们身心的能量。“如果你相信自己做得到”，渥非说，“绝大多数的情况下是可以的。”

肉体和意志都可以产生能量，潜意识的力量无穷。在一场车祸中，丈夫被压在车轮下，娇小的妻子在千钧一发时，抬高车轮救他出来！发疯的人受到潜意识中的野性所驱使，可以产生在正常时无法想象的力量。

罗杰·班尼斯特在1954年5月6日打破四分钟跑完一公里的纪录。他同时训练自己的意志和肌肉，完成运动界长久的梦想。他用几个月的时间，让潜意识相信这是可以打破的纪录。人们认为四分钟是一个极限，不可能超越；罗杰·班尼斯特却认为那是一个门槛，一旦超越，他自己及许多跑者就能不断突破纪录。

罗杰·班尼斯特打破四分钟跑完一公里的纪录之后，他自己和其他跑者，继续突破此项纪录：1958年8月6日在爱尔兰都柏林的一项比赛中，五名跑者都在不到四分钟的时间内跑完一公里！

罗杰·班尼斯特成功的秘诀，来自伊利诺伊州州立大学体能实验室的主任汤玛斯·柯克·克尔顿博士。克尔顿博士对于人类的体能，提出革命性的观念，对于运动员与非运动员都同样适用，可以使跑者跑得更快，一般人更长寿。

克尔顿的理论主要是根据两个原理：

（1）训练全身；

（2）把自己推到耐力的极限，延伸极限。

“打破纪录的艺术”，他说，“是让自己多发挥一些。”

克尔顿博士在欧洲运动明星的体能测验中结识罗杰·班尼斯特。他注意到罗杰·班尼斯特的体格有几项优势，例如，他的心脏与身体的大小比例，比一般人大25%。罗杰·班尼斯特接受克尔顿的建议，作全身的训练。他用爬山训练意志力，练习克服障碍。

同样重要的是，他学会把大目标打破成小目标。罗杰·班尼斯特的方法是，一次跑四分之一公里，训练自己跑得更快。先冲刺四分之一公里，然后绕着跑道慢跑休息，再冲刺四分之一公里。目标定在五十八秒内跑完四分之一公里，五十八秒乘以四是二百三十二秒，也就是说三分五十二秒。每次都练习到筋疲力尽为止，经过多次的练习，他以三分五十九秒六跑完一公里。

充分挖掘潜能

克尔顿博士告诉罗杰·班尼斯特："身体忍耐愈多，愈能够忍耐。"他说："训练过度"或"疲乏"都是无稽之谈。

但是他强调，休息和运动同样重要。身体需要在每次耗竭之后，重建更大的能量。肉体和意志都会在休息的期间自我充电，如果你不给它足够的机会，可能导致严重的伤害，甚至死亡。

能量太低时，必须以放松、娱乐、休息及睡眠再充电。以下是能量的测试表，当你感觉能量逐渐枯竭，就应该进行自我测试。若出现下列的情形，就是需要充电：

不正常的倦怠感。

暴躁、多疑。

紧张、忧虑、恐惧、嫉妒、自私。

情绪化、沮丧或挫折。

身体和意志有足够的能量，才会有积极的态度，反之亦然。疲倦时，原先积极、正面的情绪、思想及行为，很容易转变成消极、负面的情绪思想及行为。有了足够的休息和健康的身体，这些都会恢复正常。疲倦会使你最不良的内在显现出来。当能量恢复到正常的标准，处于最佳状态时，你的思想和行为都是积极的。

同时训练肉体和意志，才能激发最大的能量。肉体需要均衡、健康、营养的饮食；心灵需要励志及宗教书籍的鼓舞。

身心的健康都需要维他命。前任印第安那州美国农场研究协会主任研究员乔治·史卡塞斯博士说，非洲有一个部落居住在离海岸不远处，比内地类似的部落更进步，族人的身体更健壮，头脑也更敏捷。主要的差异在于饮食不同，内地的部落饮食缺乏足够的蛋白质，而居住在海岸边的部落，可以捕到足够的鱼类作为食物。

克劳伦斯·米尔斯在《气候造就人类》一书中写道，美国政府发现，巴拿马州处于巴拿马海峡附近，这里有些居民的发育较为迟缓。科学家发现，他们所赖以维生的植物及肉类，都缺乏维生素B。在他们的饮食中加入

维生素 B_1，情况就获得改善。

如果你怀疑自己的饮食中缺乏某种维生素，应该设法改善，最好请教医师或营养师，接受专业的咨询。

潜意识也同样需要心灵的维生素，并且可以无限量吸收及储存，释放无限的能量。不要让无谓的负面情绪造成能量短路。

已故的威廉·兰吉雅是《无限的成功》主编，他说，无谓的情绪困扰，包括忧虑、怨恨、恐惧、怀疑、愤怒，都会浪费能量。

“这些被浪费的能量，应该转换为创造性的能量”。他还说：“失败者所消耗的能量，并不少于成功者。”

高尔夫冠军汤米·波特经常浪费能量。如果他多打一杆，就会大发雷霆，时常气得把球杆扔进树林里。后来，读到圣法兰西斯·阿西提著名的祈祷辞“改变我所能改变的，接受我不能改变的，给我智慧分辨两者的不同”，他把这段话摘录成一张卡片放在口袋里，随时提醒自己，把这些被浪费的能量应用到最有利的方向。

人类是惟一能够利用意识控制情绪的动物。例如恐惧，在某些情况下是必要的。小孩子如果不怕水，溺死的机会会增加。但是，当你发现恐惧于事无补，在你感到害怕、需要勇气时，表现得勇敢，就会变得更勇敢。

澳洲的道恩·弗瑞雪生长在偏僻荒芜的郊区。弗瑞雪患有贫血，但是她立志要赢得游泳冠军，最后终于成为世界顶尖的游泳女将。她在结束卡地夫的比赛返家途中，看了《思考与致富》一书。“我重新思考长久以来的梦想——在六十秒内游完一百公尺，成为全世界最快的游泳女将。从那时开始，打破纪录的念头在我的心中熊熊燃烧着。我把它当成最大的目标。”

弗瑞雪不只训练自己的体力，并且训练意志力。此时她尚未突破纪录，却已经一再逼近。她优异的表现，使得澳洲的教练争相阅读拿破仑·希尔的著作。

“顶尖的教练一直追求更好的方法，让他们的冠军选手再进步一点。现在一般的训练项目中，都加入美国专家新的激励方法。运用拿破仑·希尔的技巧，让选手参加成功法则的训练课程，学习正确地运用这些法则。”

【感悟箴言】

如果把潜意识比喻成一辆汽车的话，那么意识就是驾驶，汽车的动力在车内而不是在驾驶身上，要驾驶就必须学习导引这股力量。

你的思想、感受、力量、爱心和心中的美都产生于潜意识。虽然它是无形的，却又有实在的力量。你可以通过它来为你解决任何难题。你的潜意识中沉睡着无穷的智慧和力量，正等着你去开发和利用。

只要你敞开心胸，潜意识就会让你获得新的感受、新的想法、新的发现，让你去创造全新的生活。它所赋予你的和向你展示的一切都是生命的真实内涵。

能力在于挖掘

据美国某心理学家的研究报告说，几乎所有的人都只发挥其能力的百分之十五。

这份报告指出，不能发挥其余百分之八十五的力量之因在于恐惧、不安、自卑、意志薄弱及罪恶感，将所有的原因综合起来，可以说是“与外界的不调和”，因为不能包容外界，则等于是替自己的能力踩了刹车。

与外界的调和能使自己的能力发挥到淋漓尽致的地步，相信读者很容易便能了解这一个法则，因为所谓创造的行为，是向着外界去发挥，所以一旦能和外界和合时，自然产生优良的结果。以网球比赛为例，还在考虑胜败，估计双方力量的选手，心中已经存在了对立感情的疙瘩，所以不能发挥潜力。一定要超越那些估计，和外界合为一体时，才能引出潜在能力。

一个非常有趣的法则：凡是在下棋时，对他的对手抱有对立感情，赢了就觉得快乐的人，他们的进步都很有限，相反地，能和对手和合，不在乎胜败，只求下出正确的棋着并在其中寻求创造之喜悦的人，都能充分地引出他们的潜能，进步神速。这种不把象棋的胜负当作一种争斗，只把它当成“问答”。如果有两个人他们天生素质相等，但他们所采取的奕棋态度彼此不同时，不久之后，他们二人的棋力也必有天壤之别。

能包容对方的人才是强者！

这不是一个有趣的法则吗？连象棋这种具有严格规则的游戏都有这种结果，更何况是在实际人生这种复杂多变的场所中。

奕棋中的这两种态度，也能充分地显示“取”与“造”的二种生存态度。为了取得目的而拼命的人，他们自以为是在踩油门，其实所踩的却是刹车。说到这里，读者必定已经能充分了解为什么所有的成功者都是彻底贯彻“造”的态度者，这个道理非常简单，一种能力被踩了刹车后，当然不可能有出众的创造行为。

当你放弃将能力视为私有物的感觉时，你就能充分发挥能力。

如果你希望有个创造性的人生，别的暂且不提，首先你就得做个“不怕失败的人”。乍看之下，这似乎和“无所不能”的命题相矛盾，但是仔细想一想，这是绝对不会的，因为失败和“不能做”不同。此外，失败和成就并不是互相对立的，它可说是达到成就的中途站。精神上的强者，越是失败，越能在失败中得到教训，并且越能升高创造的热情。所以问题不在于是否会失败，而有于是否遇到一两次失败就感觉受挫折。凡是能包容外界的人，连失败也包容在内，这种人最后必能有所成就的。

【感悟箴言】

潜意识就是大脑中不用通过意识，直接影响你行为的那部分思想。世界级的潜能大师博恩·崔西说：“潜意识的力量是意识的3万倍以上。”

也就是说，假如能用潜意识来控制我们的行为，会比用意识的力量来得大。当潜意识与意识存在相反的想法时，潜意识通常会战胜。

如果我们能将积极正面的思考输入潜意识，让潜意识来直接影响我们的行为，变成习惯之后，我们自然轻松取得结果。

这就是开发潜意识的重要性。

加强意念

人很容易把自己的能力做不寻常的限定，或者被过去的事情所纠缠束缚。要坚信，限定自己的人是做不到超越现在自己的行为的。

所谓意念有着极为重大的意义。“人之念即为其人”之语，是永远的真理。所以，人们从今以后应该更加运用意念。

特别是用意念的力量去思考，如经济能力、金钱方面出了问题，就要努力地去解决。大家有没有为此烦恼呢？几十年前未能进大学，或未能进高中，这种事情便成为自卑感，很多人是二十年、三十年背着这个自卑感过来。

但是，多数人过了二三十年后，现在仍然还怀有这种自卑感。因学历的不足而不能得到录用，也多少有些无能为力。但拘泥于此，就等于一直给自己贴着这样的标签。只有中学学历而成为伟大人物的人，在世界上可太多了。在他们之中，不会有人这样想自己只是中学的学历，也就只有这种程度的头脑，所以也就只能做这种程度的工作，或者力不能及等等。

有一位负责财务的副总经理，他就是中学的学历，却当上大公司的副总经理，一定是有过对不足部分做补充的努力，毫无疑问，比别人要多一倍，不，二倍、三倍的努力。

因没有上大学而有自卑感的人非常多。特别是在现代社会，会对才智方面抱有强烈的自卑感，把这几十年前的事实，当作自我辩解的全部理由。现在仍然这样想是毫无益处的，以后自己能有什么程度的进步才是胜负的关键。

即使上了大学，通常学年也就是四年。在这短短的四年中，即使怎样努力地学习，也没有什么了不起的。人在四年时间中所能学到的知识，头脑再不好的人，经过十年的努力也是可以学到手的。人在四年能学到的知识是能够掌握的，如果十年还不行，二十年总应该没问题的，二十年的时间是没有学不会的。

所以，确立自信，以后如何去生活，做出成绩是重要的。必须指出，以学历不足作为借口的话，意念也就会停滞。

如果为学历不足而后悔的活，就应该努力补足，为此用充分的时间，去做比常人多三倍左右的努力，一般来说是可以学成的。做不到就是努力不够和信念不坚强，要在自己消极的一面做努力。自卑感是个人所有的，要为消除这种自卑感做努力，自卑感才会真正消失。所以，学历不足的人的特征，一般可以指摘出来的也只有这一点。如果说有什么不足的话，就是缺少综合性的思想、整体的观察方法。这是为什么呢？学校毕业后便就职于某种行业，是专门的职业，或者一直从事于一种行业，所以，养成平时多是只考虑这方面的事情。加上在从事这专业工作之前，缺少培训教养，所以视野狭窄，枝不茂盛，树就不健壮，根就不扎实，这是所欠缺的。

所以，因为才智弱而烦恼的人，在悲叹之前要接受培训教养，放宽视野，要了解更多的事情。这是应该强调的重点，其余方面则是次要的。

以自己的意念认定自己头脑不好，将自己局限起来的人是相当多的。

进入了社会，有许多原来头脑不错却变笨拙之人，或者与此相反，原来头脑不太好却变得聪明起来的人也不少。在今后的十年、二十年间，不去追踪调查的话，自己会有多大变化是不清楚的。

但愿大家不要限定自己，要有信念，把握信念，投身现实，转化为在实际中的努力，便会像登上一层石阶，攀登上绳索一样，一步一步地向上发展。

愿大家能发现“常胜的自己”，必定能够开辟出前程的。

【感悟箴言】

当一个人能够发现自己的优点，改变也就开始了。你越来越喜欢自己，不再厌恶自己，不再做自己的敌人，自我感觉越来越好，自己的优点也逐渐增多了。这种喜欢自己的心态，会让你培养出对外界的积极态度。

播种潜意识

根据科学的方法来设想的话，就会在潜意识中播下好的种子，但是那必须贯彻始终地继续下去才行。强烈的设想虽然会留下痕迹，可是不久就会消失掉。如果能继续设想下去，就会继续不断地在里面深深地刻印下来，而且会很容易地接受它的作用，同时在人生中也能够有意外地发展。

拿破仑·希尔说："潜意识上一块丰富的土壤，只要继续不断地播种，就会在潜意识的土中生根、发芽、成长。"这是用植物来比喻宇宙之心的作用和成效。

潜意识就像这些丰富的土壤，所以我们要拼命播下好种子。

《思考与致富》这本书告诉人们把潜意识的作用和生财的方法连接在一起。希尔说："潜在的意识就和一块沃土一样。如果不播下好种子，就会杂草丛生。"

也就是说，潜意识是一块相当丰富的沃土，所以好种虽然茂盛，相同地，杂草也容易丛生。有不良想念的话，就等于播下了坏种，相反地就会杂草丛生了。

那些不仅仅只是一撮杂草，有时候他们可能会成为一大片丛林，最后成为我们旅途上的阻碍。

【感悟箴言】

如果把心灵比喻为一座冰山，浮出水面的是少部分，代表意识：而埋藏在水面之下的大部分，则是潜意识。人的言行举止，只有少部分是意识在控制的，其他大部分都是由潜意识所主宰，而且是主动地运作，而我们却没有觉察到。

一个人的进化程度，与他运用潜意识力量的能力成正比。

奇迹的灵感

爱因斯坦一生致力研究宇宙之间的自然法则。他使用的工具非常简单：纸和铅笔。他随时写下问题、答案和灵感。

亚力斯·奥斯卡所著的《你的创造力》及《运用想象力》，帮助许多人培养创意的思考能力，促成积极、建设性的行动。

奥斯卡使用的同样是笔记簿和铅笔。灵感出现时，立刻停下来。他说：“每个人都有相同的创造力，大多数的人却不会运用。”

奥斯卡在《运用想象力》中提到的脑力激荡，普遍被运用在大学课堂、工厂、企业办公室、教堂、俱乐部及家庭之中。

艾默·盖兹博士是美国伟大的教育家、哲学家、心理学家、科学家及发明家，一生中所发明的产品逾数百种。

曾有一天，拿破仑·希尔拿着卡耐基的介绍信，造访盖兹的实验室，他依约抵达时，盖兹博士的秘书却说：“对不起，此刻我不能打扰盖兹博士。”

“我要等多久才见得到他？”拿破仑·希尔问。“不知道，可能要三个钟头。”“你可否告诉我，不能打扰他的原因？”秘书略为迟疑之后说：“他在等待灵感。”拿破仑·希尔笑着问：“等待灵感，是什么意思？”她也报以微笑说，“让盖兹博士自己解释更好。我真的不知道要等多久，但是欢迎你在这里等他，如果你要改天再来，我会尽量帮你安排确定的时间。”

拿破仑·希尔决定等，这真是明智的抉择。拿破仑·希尔描述当时的情形：盖兹博士终于走出房间，他的秘书为他们引介。看过卡耐基的介绍信，他愉快地说：“有没有兴趣看我等待灵感的地方？”

他带我到一个有隔音设备的小房间，里面只有一张桌子和一把椅子。桌子放着一堆纸，几支铅笔，一个电灯的开关。

盖兹博士解释，遇到问题无法解决时，他会走进房间，把门关上，坐下来，把灯熄掉，开始沉思。他应用全神贯注的成功法则，把问题交给潜意识处理。有时毫无灵感，有时却如泉涌而来，等待的时间可能长达两个钟头。灵感出现时，他会把灯打开，逐一写下来。

盖兹博士创新及改良的专利产品超过两百种，其中包括许多人研究过却功亏一篑的东西；他会先仔细研究产品的功能和用途，找出缺点，把产品和资料、图纸带进房间，专注地思考处理的方法，补上不足的部分，再加上一点。

拿破仑·希尔问盖兹博士，你所等待的灵感从哪里来？他说，所有的灵感都来自：

1. 教育、观察及自身的经验所得的知识，储存在潜意识中。

2. 别人所得的知识，以心电感应的方式互相累积。

3. 大脑的潜意识串连宇宙中无尽的知识。

哥伦布在巴非亚大学读过天文学、地理、天地学及《马可·波罗游记》，对欧洲地区以外的艺术及雕刻非常向往。

地球是圆的，马可·波罗向东航行，可以到达亚洲。哥伦布深信，从西班牙向西航行，也一样能够抵达。他想证实自己的想法，便积极寻求资金、船只和船员，一起探索未知。

经过十年的时间，许多有意资助他的人，都在最后关头拒绝了。一次又一次的挫折并未使他放弃努力，1492 年，他终于获得资助，同年 8 月，他向西航行，目的地是印度、中国及日本，航线和方向都很正确。

他在加勒比群岛登陆，带着黄金、棉花、鹦鹉、奇珍异宝、珍禽异兽和几名土著回到西班牙。他以为到了印度，他错了，却得到更大的收获。

你也能和哥伦布一样，达不到原先的目标，却无心插柳，得到更多。鼓舞并引导追随你的人，向正确的方向前进，找到心目中的宝藏。你也像哥伦布一样，拥有时间和思考的能力，用积极的心奋斗不懈，就能达成目标。

学习原则，加以应用。如果你一直无法达成目标，再加一点！如果你用心研读、思考、规划、寻求，就会找到！

【感悟箴言】

灵感像火花，常常稍纵即逝。所以当灵感在你脑子里闪现，你得及时捕捉住，先用笔把它凝固在纸上，然后趁热打铁，充分发挥你的想象、联想能力。

灵感的出现，也是以长期积累和艰苦思考为先决条件的。正如俄国作家柴可夫斯基说的："灵感是这样一位客人，他不拜访懒惰者。"

祖先的经验

首先，请大家留意一下孩子们的行为：并不是受到任何人的鼓励或指导，可是往往到了五六岁的时候，几乎每个小孩都很想抓昆虫。在相关的书籍中写到："这是一种本能。"可是，这是什么道理呢？

事实上，人类的这种行为已经被学术理论所证明了。那就是在人类的祖先要开始农耕生活之前，都抓些小动物或虫类来维持生活的缘故。即使是在文明的21世纪的今天，在墨西哥的某一地方的人，仍旧保留吃小虫的习惯：当地的人是用面粉做成薄薄的袋子状，再将捉来的活生生的小虫放进去，然后就这样吃了起来。在口中当袋子一被咬破后，里面的小虫子常常会爬出来，满脸满手都是，看了真令人作呕。

其实不止是墨西哥人如此，像日本如此先进的国家，在一个叫秋田县的地方，那儿的人也会吃蝗虫。以吃闻名全世界的中国人，早已是无所不吃了，和墨西哥人、日本人不同的是，中国人都是熟食主义者，早已摆脱了野蛮未开化的原始式生活。当然世界上其他的地方，也可能保存许多类似这样的习惯也说不定，这些习性既然源自于我们的祖先，并又在我们的潜在意识中潜伏着，遇到适当的时机，自然就会表现出来，孩子们也就是在这种情况下，无意识地去捉昆虫了。

或者，大家来想一想圣经中有关蛇的故事吧！无论是东方或西方的民族，都几乎是把蛇当做恶魔或象征魔力，甚至还认为是不祥之物，就连鼓励人们最早的祖先之一——夏娃做坏事的，也是蛇。蛇几乎已成了罪恶的代名词。但是从来没有蛇的意义表征的孩子们，或是从来没有人告诉过他们蛇是有毒的小孩子们，当他们看到蛇时，也会觉得它的模样十分可怕而不敢接近，这岂不是一种很奇妙的感觉吗？如果不想到这是因为祖先的共同体验的话，这些都成了不能理解的现象了。

在我们的本能和潜在意识中都隐藏了过去所有的情报，所以本能才会很忠诚的而又不很理性地为我们判断一些事物。除此之外，人的潜在意识可以使人在无意识的情况下，将自己的欲求很坦率地表现出来，于是一种不为我们肉眼所可以看见的真理，也就会展露出它的形态来。

前面所举出来的两个例子，各位应该很容易就了解了吧！这些有关遗传因子以及其他的事，应该可以从近代科学上来肯定才对。但是，留在共同的潜在意识中并不只是人类共同的体验，连特殊的个人经验也绝不会消失的。

约瑟夫·马非在他的著作中，这样写着：

“有一位女士告诉我，她不知道已死去的父亲所留下的珍贵遗产藏在哪里。很意外的，我在几天之后就做了一个梦。我梦见那位女士的父亲告诉我说：‘我的遗物都放在某处抽屉中。’我第二天醒来，把梦见的事写在纸上，告诉那位女士。结果，那女士真的从梦中所指示的抽屉中找到遗书，也把最贵重的遗产找了出来。”

特殊的经验，也存在于潜意识中，不管怎样特殊的愿望，只要能认真地去努力，就会如愿以偿。挖取深埋在心底的可能性来抱着微小希望的话，只能产生微小的结果，这就是人生。

人有着无限的力量，当一个人发挥出他的个性时，最能使人生有发展。

虽然不发挥个性，也能从实际得到无限的力量。但是，如果能发挥个性的话，这个人的一生就会有惊人的光辉。所以，还是要活用自己的个性才对。

我们的能力都深深地埋在地下，若能把它发掘出来，发展下去，人生就会有惊人的发展，不可能的事也会陆陆续续地变成可能。

我们有了某种决心，并且相信实现的可能性时，在各方面的东西都会动起来，而且帮助自己的决心会往上推到实现的方向。这种事，你一定可以亲眼看到的。

不管你现在处在何种恶劣环境中，也不要被环境打垮，而要为了达到目标去努力，向着更大的目标挑战。

【感悟箴言】

人的潜能犹如一座待开发的金矿，蕴藏无穷，价值无比，而我们每个人都有一座潜能金矿，但是，由于没有进行各种潜能训练，每个人的力量没有能够得到淋漓尽致的发挥。

并非大多数人命中注定不能够成功，只要发挥了足够的潜能，任何一个平凡的人，都能成就一番惊天动地的伟业，都可以成为一个新世纪的领航者。

每个人都有巨大的潜能。

多一点信心

现在在围棋界非常活跃的林海峰和赵治勋都是小时候去日本学习修业围棋的人。同时他们同样都是抱着“我一定要优胜给你看”的气概而努力过来的人。结果，他们都能像小时候的愿望一般，获得世界知名的地位。像这样，从开始自己就抱着“好！我一定要做下去”的信念的话，人生就会成功的。也就是，自己的将来，都会按照自己所做的心的模型而决定出来的。

修利曼也是按照小时候所祈愿的一样而度过一生的人，他在九岁时，听到特洛伊战争的神话，决心去挖掘它的遗迹。然而，他的一生是波浪起伏万丈而又贫病交加，很不容易使他少年时代的梦想实现。在他下定决心四十年后，他终于挖掘出特洛伊的遗迹来，这是许多考古学家所无法做到的。

从考古学上可想象出的就是石器时代人所使用过的铜器或青铜器，这些工具在制造时，是先把熔化的铜或青铜，倒进陶土做成的模型中，等固定以后，再把陶土去掉，就可以按照所做的图型而被造出来。人生也是一样，不先做这种心的模型，就不能造出真正的东西来，而这种心的模型是必需靠自己本身去做的。

在这个心的模型中，会从实际工作中产生出无限的力量，当一切按照模型做出来后生命才能获得甘美的果实。

【感悟箴言】

人们常常埋怨社会埋没人才，其实，由于缺乏信心和勇气，自卑、懒惰、安于现状、不思进取，自我埋没的现象也是相当普遍的。如果我们能给自己多一点信心、勇气、干劲，多一点胆略和鼓励，就有可能使自己身上处于休眠状态的潜能发挥出来，创造出连自己也吃惊的业绩来。

相信自己

不管怎样有限定的环境桎梏，也没有一个人所无法解决的问题。对于强者来说，任何事都不会太难。

这种力量不仅只是可以医病的力量，所有有关人生一切的事情，都能以信念的力量去治好的。

碰到困难时，我们都会认为“这件事我无法做到，应该怎么办才好呢?”而感到烦恼、苦闷。然而，与其这样苦闷，不如先把这些烦恼停下来，而先来考虑怎样去行动。也就是，不要让自己的心被苦恼给抢过去，并且，拼命地为解决困难而做努力。

最重要的还是，不管遭受怎样的困难，也千万不要害怕或担心。因为，这种害怕或担心，只会使那个困难更加困难，而使人认为不可能突破。但是，如果能把心朝着明朗的方向转变的话，有时就会知道，原来挡住前途的墙壁，并不怎么大，于是会产生突破这道墙壁的勇气来。

遭受困难时，应该停止烦恼，而努力去做新的改变才对。

只有自己本身的变化，才能克服困难，把人生带往成功之路。

【感悟箴言】

心存疑惑，就会失败；相信胜利，必定成功。

相信自己能移山的人，会成就事业；认为自己无能的人，一辈子一事无成。一个人如果自惭形秽，那他就不会成为一个美人；如果他不觉得自己聪明，那他就成不了聪明的人；他不觉得自己心地善良，即使在心底隐隐地有这种感觉，那他也成不了善良的人。

羊皮卷之七　展现你的魅力

在发掘自我优势，实现人生价值时，还得注意那些影响个人发展的负面因素——如不好的习惯、有害的心理、错误的观念等等，通过或消除或改善的方法，使其转化为有利因素。

做个守时的人

范德·比尔特一贯非常守时。在他看来，不准时就是一种难以容忍的罪恶。有一次，范德·比尔特与一个请求他帮忙的青年约好，某天上午的10点钟在自己的办公室里见那位青年，然后陪那位青年去会见火车站站长，应聘铁路上的一个职位。到了这一天，那个青年比约定时间竟迟到了20分钟，所以，当那位青年到范德·比尔特的办公室时，范德·比尔特先生已经离开办公室，开会去了。

过了几天，那个青年再去求见范德·比尔特。范德·比尔特问他那天为什么失约，谁知那个青年人回答道："呀，范德·比尔特先生，那天我是在10点20分钟来的！"

"但是，我们约定的时间是10点钟啊！"范德·比尔特提醒他。

那个青年支支吾吾："迟到一二十分钟，应该没有太大的关系吧？"

范德·比尔特先生很严肃地对他说："谁说没有关系？你要知道，能否准时赴约是一件极紧要的事情。就这件事来说，你因不能准时已失掉了拥有你所向往的那个职位的机会。因为就在那一天，铁路部门已接洽了另一个人。而且我还要告诉你，你没有权力看轻我的 20 分钟时间，没有理由以为我白等你 20 分钟是不要紧的。老实告诉你，在那 20 分钟的时间中，我必须赴另外两个重要的约会，我也不能让别人白等。”

【感悟箴言】

要做到守时，就要养成对任何约定的事都按时办的习惯。准时的习惯也像其他的习惯一样，要早日加以训练。纳尔逊侯爵曾经说过：“我的事业要归功于总是提早一刻钟的习惯。准时是国王的礼貌、绅士的职责和商人的必要习惯，是处世交友的规则。”

整洁的形象很重要

莎拉和莫娜是同一天来到一家著名广告公司应聘美编的，单从两个人的作品上看，技术水平不相上下。不过莎拉在思路方面略胜一筹，因为她在佛罗里达做过三年这个行当，刚刚回到北方来，经验相对于才出校门的莫娜自然要丰富一些。两个人一起被通知参加试用，而且结果很明确，只能留下一个。

莎拉上班时间从来都是一身 T 恤短裤的打扮，光脚踩一双凉拖鞋，也不顾电脑室的换鞋规定，屋里屋外就这一双鞋，还振振有词地说：“佛罗里达那儿上班的人都这样，再说我这不是穿着拖鞋吗?”不管是在工作台前画图，还是在电脑前操作，只要活干得顺手，一高兴起来准把鞋踢飞。刚开始，同事们还把她的鞋藏起来，和她开玩笑，后来发现她根本不在乎，光着脚也到处乱跑。

相反，莫娜是第一次工作，多少有点拘谨，穿着也像她的为人一样——文静、雅致之外，带着少许灵气，她从来不通过奇怪的发型、亮眼妆来标榜自己是搞艺术的，只是在小饰物上展示出不同于一般女孩的审美观点来，说话温温柔柔的，很可爱。

有一天中午，电脑室的空气中忽然飘出腥臭味道，弄得一班人互相用猜疑的目光视察对方的脚，想弄清到底谁是“发源地”。后来，大家发现窗台下面有啧啧的响声，原来那里放着一个黑色塑料袋，有胆子大的打开来一看，居然是一大袋海鲜。众人的目光都不约而同地集中在莎拉身上，没想到她坦坦荡荡地说：“小题大做，原来你们是在找这个。嗨，这可怪不得我，这里的海鲜只能算是海臭，一点都不新鲜，简直比佛罗里达的差远了。”

这时莫娜端过来一盆水，说：“莎拉姐，把海鲜放在水里吧，我帮你拿到走廊去，下班后你再装走。”

莎拉一边红着脸，一边把袋子拎走了。结果呢，试用期才进行了两个月，莎拉就背包走人，尽管她的方案比莫娜做得要好，但是老板不想因为留下这样一个太不修边幅的人，而得罪其他一大批雇员。

临走的时候，老板对莎拉说：“你的才气和个性都不能成为你搅扰别人心情的原因。也许你更适合一个人在家里成立工作室，但要在大公司里与人相处，处世得体和合作精神是十分重要的。”

【感悟箴言】

整洁的形象已经越来越被人们所重视，不仅是在公司面试这种初次相识的场合，即使是在大家相识后与人相处的过程中也要注重外表形象。因为不论我们多么强调内心，人总是首先从外表认识他人。而印象如此重要，以至于会影响日后的交往，除非发生什么特别的事情，否则很难改变。莎拉过于随意的作风已经给身边的人带来不便，结果可想而知了。在注重细节的企业中上班，这一点更加重要。

不要缩短你的生命

一位担任美国一家著名跨国企业亚洲区顾问的老人退休了。两个年轻人去拜访他。老人尽管已经年过六十，但精神矍铄，思维敏捷。他广博的知识和超前的思维让年轻人也自叹不如。老人善于预测经济形势，曾经很多次把企业从可能爆发的危机中解脱出来。一个年轻人笑着请老人给他预测一下人生。老人问他想预测哪一方面的。年轻人伸出手掌给老人看，说："很多人都说我的生命线很长，特别长寿，您看看呢?"

老人看了一眼年轻人的手掌，反问道："你知道构成人体组织的最小单位是什么吗?"年轻人疑惑地说："是细胞吧?"老人说："不对。细胞并不是最小的单位，它是可以再分的。生物学家已经发现，构成人体组织最小的单位是 DNA，目前已经破解的 DNA 组合已达两亿，按照 DNA 的组合推算，人的寿命应该是 1200 岁。"

年轻人大吃一惊，不解地问："如果真是那样的话，为什么现实生活中却很少有人活到 100 岁呢?"

"因为生命有折损，我们每一天的日常行为都是对 DNA 的折损。我们说话、工作、吃饭、思维，每时每刻都在消耗着生命中的 DNA，这使我们的生命达不到生命应有的长度。"

"那就是说。如果我们什么也不做，一点也不消耗 DNA，我们就可以活到 1200 岁了?"

"理论上是这样的，但是现实中是无法实现的。因为我们不可能不消耗，活着就要消耗，吃饭、睡觉这些维持生命最基本的成本就是消耗。即使我们不工作，我们也不可能不消耗。"

年轻人被这番话惊呆了。原来维持现有的生命是以牺牲未来生命为代价的，活到 100 岁的人是以牺牲掉未来的 1100 岁的生命为代价的。这是多么昂贵的代价!

老人仍旧侃侃而谈："所以，按照消耗掉的 DNA 计算。那些著名的科学家取得成就是正常的，并不是因为他们特别伟大，其实我们也完全可以做到。我们没有做到，按说应该比他们消耗的 DNA 少许多。所以，我们应该活到 200 岁以上。"

“可是为什么我们并没有活那么久，甚至比他们活得更短?”年轻人更加疑惑。

“答案只有一个，那就是我们和他们消耗了同样多的DNA，甚至我们消耗的更多，但是我们并没有把我们消耗的DNA投入到有益的事业中去，而是用在了无谓的事情上，我们的生命就是这样被缩短了。”

【感悟箴言】

我们的生命都是有限的。如果把自己的时间都投入到无谓的事情中去，那么不但不能产生收益，延展我们生活的空间，反而会成为对生命最无益的消耗，也就是在缩短我们的生命。怎样让我们牺牲掉的生命发挥最大的价值，是值得我们每一个人认真思考的课题。

为自己工作

杰克在一家贸易公司工作了一年，由于不满意自己的工作，他忿忿地对朋友说：“我在公司里的工资是最低的，老板也不把我放在眼里，如果再这样下去，总有一天我要跟他拍桌子，然后辞职不干!”

“你把那家贸易公司的业务都弄清楚了吗?做国际贸易的窍门完全弄懂了吗?”他的朋友问道。

“还没有!”

“我建议你先静下心来，认认真真地工作，把他们的一切贸易技巧、商业文书和公司组织完全搞通，甚至包括如何书写合同等具体细节都弄懂了之后，再一走了之，这样做岂不是既出了气，又有许多收获吗?”

杰克听从了朋友的建议，一改往日的散漫习惯，开始认认真真地工作起来，甚至下班之后，还常常留在办公室里研究商业文书的写法。

一年之后，那位朋友偶然遇到他。

“现在你大概都学会了，可以准备拍桌子不干了吧?”

杰克笑着回答：“可是，我发现近半年来，老板对我刮目相看，最近更是委以重任，又升职、又加薪。说实话，不仅仅是老板，公司里的其他人都开始敬重我了!”

【感悟箴言】

如果人人都能从内心深处承认并接受“我们在为他人工作的同时，也在为自己工作”这样一个朴素的理念，责任、忠诚、敬业将不再是空洞的口号。

在工作中，不管做任何事，都应将心态回归于零。把自己放空，抱着学习的态度，把每一次都视为一个新的开始，一段新的经验，一扇通往成功的机会之门。千万不要视工作如鸡肋，食之无味，弃之可惜，结果做得心不甘情不愿，于公于私都没有裨益。

马克思戒烟

马克思原来烟瘾很大，他的烟是不离口的。有一次，他曾对拉法格说：“《资本论》的稿费甚至将不够付我写它时所吸的雪茄烟钱。”他抽烟就像干别的事情一样又快又猛。他经济条件也不很宽裕，所以总是挑比较便宜的雪茄来买。抽烟时有一半是放在嘴里咀嚼的，说这样可以提高烟的作用，或者说获得双倍的享受。

后来，马克思又发现了一种价钱更便宜的烟，于是他发挥了政治经济学上的节约才能，向周围友人阐述他的理论。他说，他每抽一盒烟就“节约”1个半先令。因此，他抽得越多，就“节约”越多。如果他能一天抽一盒烟，必要时就可用“节约的钱”作一天的开销。为了这个“节约学”，他消耗了极大的精力并做出了牺牲。几个月以后，家庭医生不得不采取行动，严厉禁止他再用这种“节约”的方法来改变境况。

1881 年夫人燕妮的死和 1883 年长女小燕妮的死，给了马克思两次致命的打击，使马克思早被经年累月的过度疲劳所损害的体质无法再恢复健康了。后来，医生禁止马克思抽烟。对马克思来说，戒烟是一种莫大的牺牲。然而连马克思自己似乎也不大相信，他嗜烟成癖，竟真的还能把烟戒掉了。

【感悟箴言】

某些习惯对人的影响是可笑的，甚至是消极的。人们经意或不经意地养成了一些不良的习惯，这些习惯又成了他们生活中自然而然的一部分，很多时候，他们会不自觉地做出一些连自己都感到困惑的事情。然而，任何习惯也都是可以改变的。只要心中唤起强烈的意识，就没什么做不到的事。我们必须抛弃以往的不好的习惯，培养一点新的良好的习惯！

塑造新的行为习惯

点金石是一块小小的石子，它能将任何普通金属变成纯金。据流传久远的羊皮卷上说：点金石就在黑海的海滩上，和成千上万的与它看起来一模一样的小石子混在一起。

羊皮卷上还记载另外一个秘密：真正的点金石摸上去很温暖，而普通的石子摸上去是冰凉的。有一个人不知道从哪里得到了这个秘密，他购买了一些简单的设备，在海边搭起帐篷，开始一个一个检验那些石子。

海滩布满了各种各样的石头。对此，他十分清楚和明智，一旦捡到的石子摸起来是冰凉的话，他就扔进大海里。

捡石头，扔石头。就这样重复干了一整天，也没有摸到一块温暖的石头。但是他似乎并不气馁，依然坚持干了一个星期、一个月、一年、三年。但是他还是没有找到点金石。

点金石就像一颗希望之星，激发了他无限的热情，使他能继续这样干下去。捡起一块石头，是凉的，将它扔进海里，又去捡起另一颗，还是凉的，再把它扔进海里。

但是，有一天上午，他捡起了一块石子，而且这块石子是温暖的……他随手就把它扔进了海里——他已经习惯于做扔石头的动作，以至于当他真正想要的东西到来时，他还是将其扔进了海里！

【感悟箴言】

习惯不是不可改变，但得承认习惯是难于改变的：原因在于习惯本身的一种惯性力量让我们很容易沿着已经形成的路径行动；另一方面，从人性本身来讲，自己与自己竞争是最难的。当意识到我们的习惯已经影响到信仰的履行，工作的开展，或是成为我们持续成长的障碍时，这说明问题比较严重了。告别不良习惯，必须痛下决心，从内心深处认识到严重性，之后改变原来的思维方式，在日常的生活、工作中时时提醒自己，才能够塑造成新的行为习惯。

一个印度人的付出

一个印度人流浪到英国，举目无亲，落魄街头。三个月了，他依然奔波在求职的路上，而每次都会因为他没有文凭、其貌不扬而被拒之门外。有一天，他来到一家饭店，恳求饭店经理收留他。饭店由于经营惨淡，面临裁员的问题，经理在他苦苦哀求下接纳了他，让他负责二楼洗手间的卫生。面对这份特殊的工作，这个印度人有一种特别的爱。

工作第一天，他发现洗手间由于长时间没有打扫，里面的灯也坏了，黑乎乎的，臭气熏天。他马上从仓库找来新的灯泡，于是洗手间亮了起来；他甚至跪下来用抹布一遍又一遍地去抹地板，用刷子去刷马桶，连缝隙也不放过。他找来了一块镜子镶嵌在洗手间，搬来了一盆夜来香，并点燃了香熏。

他找来了破旧的音箱安装在洗手间的角落里。洗手间在这个印度人的美化下完全变了样子。

两个月后的一天，饭店来了几位客人，其中一个人去洗手间，当他推开洗手间的门时简直不相信自己的眼睛，还以为走进了董事长的办公室。后来开始坐在马桶上享受，看到的是朦朦胧胧的灯光，闻到的是沁人心脾的清香，听到的是浪漫悠扬的萨克斯，由于中午多喝点酒，不知不觉他竟然坐在马桶上睡起觉来……

后来，这个客人迫不及待地把他的奇遇和乐趣告诉给他最好的一个朋友，也来享受这个特别的洗手间。一传十，十传百，渐渐地，在这个小镇上，人们都知道这条街上有一家饭店，那里的洗手间最值得一去。于是，这家饭店的人气越来越旺，生意也越来越好，好多客人为了去洗手间才来这家饭店。

四个月后，董事长来饭店视察工作，了解这种情况后，马上让经理把这个印度人叫到办公室，董事长老泪纵横：百感交集地说："你是我公司最优秀的员工，你如此的付出和用心。我任命你当这个饭店的总经理!"

【感悟箴言】

成功的女神为何迟迟不来？或许成功的女神早已来临，只是你没有发现。想一想，你会发现自己在某些方面是成功的。或许你对成功抱有一种急切的心态，导致一种偏见的心理，这样反而会阻碍你的成功。无论什么事都需要一个过程，况且，很多人都是把别人眼里卑微的小事做成了辉煌事业。

自己要看得起自己

如果我们自己对自己都没有好的评价，还能期望别人对我们有好的评价吗？别人对自己的评价会通过言行举止泄露给与他交往的人，从而形成别人对他评价的基础。所以，要让别人喜欢你、信任你，你必须首先自己肯定自己，自己喜欢自己，自己信任自己。

有一对孪生姐妹，姐姐特别漂亮，妹妹则长相一般。从小，家里人和邻居亲友都特别宠爱姐姐，夸赞姐姐长得像电影明星，而忽视了妹妹。久而久之，妹妹产生了自卑心理，每天早晨一照镜子，就厌嫌自已的长相，并因此觉得自己什么都不好，羞于到外面去和别人交往。而别人从她的这些行为中觉得她是一个孤僻古怪的女孩，不善言谈，没有少女应有的青春气息，也愈加地漠视她。

后来，姐妹俩都考上大学，在不同的城市读书。妹妹在一个新的环境里，结识了许多新的同龄人，由于没有姐姐漂亮对她造成的暗示作用，妹妹变得较为开朗，和同学们都很谈得来。在交谈中，同学们发现她知识特别丰富，而且分析问题、处理问题的能力也很强，都很喜欢她，乐于和她交往。而妹妹似乎不再只注意自己不如姐姐长得漂亮这一点，逐渐发现了自己的许多优点，变得较为自信。

假期回家后，妹妹不再躲在自己的小屋里，而是饶有兴趣地向大家讲述学校里的趣事，结果，大家都夸她很有见识，能说会道，还很幽默。以后再有亲友来访，都主动询问妹妹在不在家，并邀请妹妹去他们家做客。姐姐惊奇地说妹妹像换了一个人似的，不仅性格大变，而且比以前漂亮了。

为什么同样一个人，前后会相差那么大呢？是她真的变漂亮了吗？当然不是，众人对她从漠视到喜爱、关切，主要是因为她对自己前后不同的心理暗示，影响了她的行为和别人对她的看法。亲友们从她的身上，发现的是自信、快乐、热情和乐于与人交往的信号，而不是以前的自卑、忧郁、拒绝交际的信号，因此乐于与她交往，并开始喜欢她。

肯定自己，喜爱自己，这是社交成功的基础。

喜欢你自己，因为你是自然界最伟大的奇迹，你是独一无二的。你有许多缺点，这是每个人都会有的；你有许多优点，这些优点不是每个人都会有的，而且，你是独一无二的，你的心是独一无二的，你拥有这个世界上独一无二的智慧、独一无二的言行举止。你不漂亮，但你灵巧的双手可以编织出最漂亮的饰物。你没有考第一，但你可以把王子与公主的故事讲得栩栩如生、如泣如诉。你不健谈，但你温柔的笑容可以给人最强有力的支持和最温暖的安慰。你确实是一个很特别的人，值得自己珍惜，足够赢得朋友的友情和尊重。

千万不要把你的优点埋藏在不为人知的地方。你不漂亮，但有嘹亮的歌喉，那就大大方方地在元旦晚会上放歌一曲，你会觉得自己很棒的。你是一个因为可爱而美丽的女孩，虽然班花吉娜比你漂亮，但她没有你的美妙歌声，也没有你博学多识。所以，你喜欢的帅哥大卫也会喜欢你的，这不是什么不可能的事情，你可以试着向他表白，这样，至少他还会发现你是一个勇敢热情的女孩。

人们有权利按照我们看待自己的眼光来评价我们。一旦我们走出房门，人们就会从我们的脸上、从我们的眼神中去判断，我们到底赋予了自己多高的价值。很多人都相信，一个走上社会的人对自己价值的判断，应该比别人的判断要更准确、更真实。

有一个寿险业务员，每天戴着一只 8 克拉的钻戒，那是他与客户洽谈、招揽业务时的幸运符。他的业绩是全公司最好的。有一次，他把钻石送回珠宝公司重新镶过，需要几天的时间才能取回。这一段时间里，他比平时更卖力工作，却徒劳无功。他说，只要他开始向客户介绍产品，他就会不自觉地看到光秃秃的手指，内心似乎有一个声音在说：“他不会签，他不会签。”结果,他一张保单也签不成。而等他一拿回钻戒，当天约了 6 个客户，就签了 6 张保单!

真的是钻戒起了作用吗？不是，但也是。钻戒不是神奇的幸运符，却给了他积极的心理暗示，增加了别人对他的信心，从而提高了签单的成功率。人之所以会对某件事采取行动，源于心中对某件事寄予一定的希望，而这种希望，会在他的心理上造成一种可行的态势，也会激发并引导他产生具体的行动，让其获得成功的事实暗示，对别人心理造成影响，增加成功的可能性。

如果你认定自己毫无魅力可言，你的表情会失去应有的光彩，你的言行会缺乏热情给予的生动，你的社交又怎能成功？反之，如果你认为自己魅力十足、人见人爱，你的眼睛会闪烁出迷人的光彩，行动更加优雅，语言更加富有感染力，而这一切，会感染你身边的每一个人，让他们被你的魅力所迷惑，会让你像社交明星一样光彩照人。

可是你就是觉得自己不如人，认定自己是四处碰壁的丑小鸭，那又该怎么办呢？说服自己！

（1）寻找自己的优点，不要疏忽任何一点，即使你认为它微不足道，不值一提。从你以前的成功经验里寻找。你从小自卑，不善于和人交往，可是家里的小猫小狗最喜欢你，因为你给它们喂食喂水，清洁卫生，这就说明你很善良，很有爱心，乐于照顾别人，而且做得不赖，还说明你很细心……细心地想一想，你会发现自己的优点不止一箩筐呢，你会发现自己简直是一个可爱的天使，如果是这样，你还不爱自己吗？

（2）了解自己的缺点，注意改正。你说话声音低哑、不清晰，那么找找原因。如果可以纠正，那就尽量纠正，也许需要经过长期的发音训练，但产生功效的那一天终会到来的，为了那一天，吃点苦又算什么。如果是生理原因，也大可不必烦恼，有许多东西可以替代声音的：和朋友相遇时一个真诚的微笑，足以胜过千言万语的问候：一封文笔优美、情真意切的情书，也足以打动你暗恋对象的心；好友聚会，大家侃侃而谈，你享受那一份倾听的愉悦，并且适时送上一杯浓浓的热茶，你虽沉默却不会被忽视。

（3）每天的自我提示法。每天一睁开眼睛，就告诉自己：“我是一个魅力十足、人见人爱的社交明星。所有的人都会喜欢我，我很温柔，我很慷慨，朋友们都信任我……我有缺点，但我会努力改正，我今天会是公司最受欢迎的人，今晚的同学聚会中我也会是最有人缘的一个，今天一切都很好，我对自己十分满意……”

【感悟箴言】

自己看得起自己就拥有了两个看得起。

人要自己喜欢自己，而且从某种意义上说，一个人也只要自己喜欢自己就足够了。如果一个人一生中从没有对自己有过埋怨，始终非常满意自己的话，那么这个人的一生一定是非常美满和幸福的。

让你的性格开朗起来

人们都喜欢个性开朗而不是沉闷忧郁的人，因为你的情绪能感染周围的人，除非你周围的人都是你的敌人，他们嫉妒你的快乐。

你比你想象中的自我伟大得多，你永远没有瞧不起自己的理由，了解这一点，你就不会郁闷，而会开朗地面对人生。

1. 先开口打招呼

你有没有在路上与你认识的人相遇的经历？相信我们每个人都有过这种经历。

在这个时候，你是主动与对方打招呼，还是等对方主动打招呼后才会回应对方？一般来说，你若是先开口打招呼，那么，则可以基本断定：你在多数人心目中是比较开朗的。在欧洲各地的旅馆中，即使是素不相识的人们也都面带微笑，亲切地向他人打招呼，这的确使人感到人性的温暖。

为什么一个简简单单先开口的“嗨”，就能使人觉得这么愉快呢？这是因为打招呼是认可对方、尊重对方的表示。被打招呼者会马上产生一种对方很在乎自己的感觉，一种愉快之感便油然而生。如果不主动先开口而等对方开口之后才去回应，则不会有这种感觉，人家只会觉得你的招呼只不过是礼节性的反应而已，并不认为你尊重他。

如果我们在先开口打招呼的同时，伴上真诚的笑容，给予对方的好印象必然更强。笑容恰恰是亲切的表现。因此，遇见他人时，无论是谁都主动先开口打招呼的人，无异于在他的脸上贴这样一个标签“我能接受每一个人”。这样的人，到哪儿都不会给别人留下坏印象。同时，人们对于他的开朗亲切、心胸宽阔，也必会留下深刻的印象。准不愿意与这样的人交往呢?

相反，见面不打招呼的人或是等他人打招呼才回礼的人，很可能会给人留下高傲轻慢、不愿与人来往的不好印象，尽管他内心很可能是一个活泼开朗、热情如火的人。

所以说，是否先打招呼，是判定一个人性格开朗或忧郁的一个重要方面，这绝非夸大之辞。不管你本性是否外向，只要你永远抢先一步开口打招呼，你的开朗形象必将大大增强。

2. 将步伐加快三分之一

心理学家认为，缓慢的步伐，与一个人的心理状态有极大关系。因此，有许多人喜欢从他人的步伐中观察他的内心。一般来说，缓慢的步伐表明了他对自己、对外界的一种消极和不愉快的态度，而快速的步伐则相反。如果要让别人觉得你是一个个性开朗、态度积极的人，不妨将你的平常步伐加快1/3。心理学家也告诉我们：可以通过加快你的步伐频率来改变你的心理，进而改变别人对你的看法。

身体动作是思维心理活动的结果，那些怨天尤人、意志消沉的人，走路也必然是无精打采、拖拖沓沓，只能给别人留下无能的印象。平常人的步伐亦很平常，似乎是在告诉别人：“我确实没有什么值得自豪的。”作为积极向上的你，一定会通过敏捷矫健的步伐向全世界宣告：“我必须尽快到达我的目的地，有很多事情在等着我去处理，更重要的是，我会以最快的时间处理完我的事情。”努力让你的步伐比平常快1/3，你对自己的印象、别人对你的印象必会大大改观。

3. 明白自己是独一无二的

正如世界上没有完全相同的两片树叶一样，也没有两个完全相同的人。多少年以前，多少年以后，都没有另外一个人和你完全相同，如果有也只是克隆人，但他也无法与你形同神同。

美国联邦调查局有上亿的指纹档案，但没有两个指纹是完全相同的。这是无可争议的，这个星球上只有一个你。只有你这样的相貌、你这样的身材、你这样的声音、你这样的个性才能糅合在你的身上，其他任何人都做不到，美国总统也不能做到。从这一点说，你永远都是最具个性的、最优秀的“头号人物”！你应该看重自己、珍惜自己、爱护自己，你永远都是与别人不一样的！你生来与众不同。洒脱地表现出真实的自己，就能给别人留下开朗的印象。

4. 整理服装，调整表情

不少人在生活中有过这样的经历：遇上重要的事情必须与别人会谈之前，会在洗手间里的镜子面前梳理自己的头发、整理凌乱的外衣，或是将领带扯直，并且将表情调整调整。关于这一点，影视明星们的理解是最深刻的，而且身体力行得最完美。他们在上舞台之前，定会请高明的化妆师在其脸上抹来抹去，然后在镜子面前照 10 分钟，调整出需要的表情来，这才姗姗地走到台前。这也难怪，因为表情就是他们的门面，是他们表演能力的体现，他们要是有所疏忽，非得砸饭碗不可。

虽然我们并不是什么明星，但他们的做法却值得效仿。因为我们每个人都要与他人打交道，明星面对的是成千上万的人，我们普通人虽然不必面对这么多人，但也希望获得别人的赞美和支持，这在本质上没有什么区别。

怎么说呢？人们都以为自己很了解自己，可事实上往往相反，最不了解自己的恰恰就是自己。这里就有一个问题：你知道你的哪种表情最受人欢迎吗？恐怕不是每个人都知道吧。所以说，我们在平常不妨多照照镜子，不断变换自己的表情，请朋友在旁边参谋参谋，选择出一种最受人欢迎的表情来，然后，你就得学会如何在适当的时机自然地流露出这种表情来。因此，与人会面前先对着镜子里的自己笑一笑，调整出最佳表情来，这样，你就会信心倍增，对方也会被你的表情所影响，认为你是个开朗的人。

【感悟箴言】

在社交中，开朗的人永远是受朋友欢迎的人。开朗的魅力是每个年轻人都向往的一种美。

开朗的人往往不计较一时的得失，因为无私的人乐于奉献的人很少失去，也不会因为失去或获得而悲或喜。

展现你的风采

熙熙攘攘的人群中，总会有人虽也如惊鸿一般飘然而过，却让你久久回首，难忘记；社交聚会中，每个人都明艳照人，使尽浑身解数博取注意力，而有人却独领风骚，让人以为他是一个大人物，急于结交。

在角色多如牛毛的社会舞台上，总有一些人一出场就能赢得满堂彩，一抬首、一顿足就能显出与众不同，惹人注目。而我们大多数人，却仿佛注定了默默无闻，来来往往。只是来来往往，不会令田里的农夫忘记锄地，也不能吸引众多的眼光注目。我们的平凡无奇，仿佛是无力改变的，仿佛就是为了衬托出“红花”的娇艳美丽。

你甘心一辈子只做“绿叶”吗？你难道不想当一回社交圈中的明星，风光一回吗？你难道不想让别人对你过目不忘、艳羡不已吗？

以下就是令你轻轻松松“鹤立鸡群”的一些秘诀，只要你真正掌握，并举一反三，就能实现这些愿望。

1. 善用手势，令别人对你过目不忘

令别人对你过目不忘的第一秘诀是妙用手势。

手势是人际交往中不可缺少的动作，是最有表现力的一种“体态语言”。手势语言，可以使所说的话给人以立体感、形象感，帮助对方理解所说内容，还能强化所要表达的感情，激起对方的共鸣；手势语言还能传达有声语言所不能很好传达的微妙感情，令“一切尽在不言中”；同时，还有助于自己在交谈中做到同步思考。

总之，手势若使用恰当，不仅能很好地表情达意，而且能增加你的社交魅力，突出自己的个性。经研究证明，人们更容易记忆自己亲眼看到的动作，而对听到的声音，则因情、因境、因人各有不同，所以，在说话时巧妙地使用手势，更容易给对方留下深刻的印象，令人对你过目不忘。

手势语言动作灵活多变，表达的信息也极为丰富。五指紧握拳并摇动手臂，向上或向前摇动，可以用来表示强烈的要求。掌心向下，并猛烈下压，是一种表示抑制或压制的手势，能给人一种强制性和权威性的感觉。两手掌心向着自己的前胸，好像是在拥抱，可以用来抒发希望得到对方肯定和认可的心情。伸直手掌像刀一样上下斩切，可以在作决定时表示自己的果断和坚决。

掌心向外，用力推出，用来表示拒绝之意。在与对方的交谈处于僵持状态时，五指成尖，仿佛在拿一件小东西，表示心情还比较平静，为了实现与对方的沟通和合作，乐于听取对方的意见。右手或左手伸出大拇指，通常表示对对方的称赞和肯定，是“很棒”、“极好”的意思。两手十指指尖交叉并拢,放在胸前或桌子上，能让对方感受到自己充分的自信心。恰当地运用手势,可以使你的形象更加生动鲜明，但是，手势的使用应该以帮助自己表达思想为准绳，不能过于单调重复，也不能做得过多。反复做一种手势会让人感觉到你的修养不够，有些神经质；不住地做手势，胡乱做手势，更会影响别人对你说话内容的理解。所以，手势要用得恰到好处，有所节制，否则，就会产生适得其反的作用。

2. 利用记事本，让别人作出你很成功的判断

也许，你和同事小王每天做同样的工作，拿同样高的薪酬，取得一样的成绩。可是，不知为什么，小王好像就是比你成功，至少，别人是这样以为的，有时，你也会有同感，为什么呢？原来，“成功”不仅是实质的工作、薪酬和成绩，对别人来说，“成功”更加来自你的社交形象，你在社交中的一些能展示“成功”的小细节。而在这些细节表现当中，最具效果的，莫过于随时利用记事本这一“成功”道具。

与人约定时间时，我们一般会有两种反应：一种是表示什么时间都可以，而另一种则表示要翻一翻记事本，看看哪个时间可以。常常对于第一种“友好和善”的人，我们会不置可否，而对于“不近人情”的后者，反而印象深刻，认为对方一定是一个业务繁忙的成功人士。

因为，在人们心目中，成功人士都是很忙的，日理万机，所有的日程一般在几天前就已订好，而且由于所见的人物都非同寻常，要处理的也都是重大事项，不能随便更改。所以，如果你有这些细节表现，人们就会反推出你很成功、很能干。

事实上，“成功”人士就算知道自己某一天有空闲，在与人约定时间时，也会掏出记事本装作要确定自己那天是否有时间，以使对方对他的“业务繁忙”、“事业成功”留下很深的印象。而且，边看记事本边约定时间，还可以给对方留下做事谨慎，重约守信的好形象。

当我们看到写满姓名、电话、地址及预定行程的记事本时，往往会被它吓一跳，并自然地产生这个人交际很广、工作能力很强的印象。同样，善用这一道具，我们也可以令别人对我们产生这种印象。重要的是，要自然随意地拿出，不能过于做作，让别人看出我们是在“做秀”。

3. 令你魅力倍增的言行

魅力言行之一：谈谈梦想。似如你对别人说“我希望将来能住在国外，最好在澳大利亚买一个农场……”虽然有人会觉得你幼稚无知，但一般人都会觉得你天真可爱，充满了浪漫和生活情趣。

而假如你的梦想不只是超现实的幻想，而且是你的人生目标和事业规划，那别人就会觉得你这个人不同寻常，拥有远大目标，总有一天会梦想成真、出人头地。这样的人，难道不是很有魅力的人？

而且，与有“梦想”的人在一起，人们也会感染到他们的积极、乐观和热情，因此，也会乐于和他们接近、相交。

魅力言行之二：来点幽默。具有幽默感，不仅能给你的事业带来极大的好处，而且会使你的形象更有魅力。幽默可以消除紧张情绪，创造一种轻松愉快的工作氛围，从而使你的事业更为成功。它同样也是塑造完美社交形象的一个因素，每当面临人际选择时，绝大多数人都愿意与那些有幽默感的人打交道。

在当今社会中，竞争异常激烈，人际关系日趋复杂，人们的压力和紧张情绪比任何时候都明显，许多人灰心丧气、精神抑郁。在这种时候，幽默感就显得越来越重要。如果你天生就有幽默感，那一定要发扬它，这会令你的社交魅力倍增，人们因此乐于与你共事。

4. 其他引人注目的社交技巧

美国夏威夷大学心理学教授尼鲁·潘斯曾说："引人注目不仅仅是让别人注意你，而且意味着让别人喜欢你。"他认为，只要遵循下列几项建议，你就可以给人留下深刻的好印象。

（1）穿戴色彩动人的服饰。如果你是一位男士，不妨系条鲜艳的红领带，配上灰西服：如果你是一个女士，穿着黑底色的服装，则应系一条艳丽的绿松石围巾。

（2）选择一款特别的香水。人的嗅觉十分神奇，外来的一点点香气，便会给人留下持久的印象。

（3）佩戴一件令人感兴趣且不同凡俗的装饰品。

（4）精神振奋。许多人常常精神萎靡不振，对比之下，人们容易记住精神抖擞的人。

（5）创造略微神秘的气氛。你可以凭借自己的个性或你过去经历的某种有趣的事情做出暗示，造成悬念，不要过早地和盘托出。例如，若你是一位厨师，把话题引到烹调方面，但千万不要宣称你就是厨师。不立即吐露一切的做法，能让别人产生追根问底的欲念，加强对你的注意。

（6）培养一种有趣的爱好，或掌握某方面奇特的知识。比如，如果你对历史上某一时期或某位人物的"野史"了解甚多，甚至会修汽车，都会让别人对你感兴趣。

【感悟箴言】

环顾沧海，你发现，一个泛着激流的时代，是人类生命的春天。你应将岁月的画卷打开，无论在其上画上足球的圆圈，还是如折射七彩的三棱镜，抑或画上海上日出的激情，或一弯新月的诗意，都是无可厚非的选择。在一个张扬生命力、张扬个性的时代，人生不再千篇一律，而是拥有万紫千红的风采。

用言行提升你的魅力

一个人的气质魅力从何而来？当然是通过其言行举止以及相伴随的神情态度表现出来的。下面根据人们待人接物的习惯，谈谈几个须引起注意的细节：

1. 善于运用身体语言

在与人交往中，你必须将你的整个身体都看作是一个信息的载体。你必须意识到，你的一举一动都在说话。假如你善于运用你的身体语言，他人将乐于接纳你，并与你合作。外表、情绪、言辞、语调、眼神、姿态以及抓住他人兴趣的能力，这些都是在与人交往时你能运用的东西，其他人正由此形成对你的印象。

2. 做到表里如一

你应该始终如一地显示你最好的一面，最有影响力的人不因场合变化而改变他们的个性，不论是亲切的私人交谈，还是向公众发表演说，参加求职面试，他们都是一以贯之，毫无矫揉造作之态，处处显露出他们真实的面目，他们用自己的全部身心与人交流，他们的音调与姿态也总能与口中的表白和谐一致，一切都显得那么亲切自然。

然而，某些面向公众演说的人，却向听众发出令人迷惑的信息。比如，当一个人说："女士们、先生们，我很高兴有机会……"时，眼睛却总盯着听众的鞋子，其实这表明他一点都不高兴，这样的演讲怎么会有感染力和鼓动力？

3. **善用眼神**

无论对象是一个人还是一百人，你都必须记住，和他们说话时一定要看着他们。有些人起初说话还看着听众，可没说三句就转移视线，眼瞧窗外，令人觉得别扭。

当你迈进一个有人的房间，你的目光应该随意自在，直接瞧着房子里的人，并向所有的人示以微笑，这表示你轻松自若，易于接近、交往。

微笑是重要的，但那种假笑却如不看着人说话一样，令人不快。最佳的笑应该是自然的、轻松的，使人有如沐春风之感。

4. **先听后说**

当你出席一次会议、一场晚会或与人谈话时，你不要迫不及待地亮出自己的观点，等一分钟，感受一下现场的氛围，了解人们当时的情绪，是激昂、愉快、观望，还是消沉？他们渴望了解你吗？对你的到来是否不悦？倘若你能感受到这一切，你便能更好地去接受他们，不会做出不合时宜的举动。

5. **集中精力**

集中精力和充满热情会给人留下深刻的印象。集中精力与人交往能够表明你的真诚，当你全神贯注地对人们讲话时，表明你相信自己所说的话，一个运用自己全部力量来与人交往的人宛如一个巨大的磁场，会将他人牢牢吸引住。人们可以不同意你的观点，却无法怀疑你的信念和真诚。

另一个重要原则是言辞必须确定，我们常常看到一些人开始时慷慨激昂，随后就音调渐低、含糊其辞。要知道，没有人愿意相信一个飘忽不定的人。你的声音可以是柔和的、谨慎的，但不能模棱两可。

6. **勿忘放松**

你一定见过不少人在与人交往时过于看重自己，他们要么闷闷不乐，要么滔滔不绝地显露自我。要知道，总是以自我为中心的人是放松不起来的。

仔细检点一下你的表现：你是否经常说“我”？你是否一直在喋喋不休地抱怨？当他人正在阐述一个新想法时，你是否试图打断并插话？假如你对这些问题中的哪怕一个说“是”，那你就必须放松。否则在你的家人、朋友和同事面前，你可能就是一个令人讨厌的人。

【感悟箴言】

如果所有的人，至少大多数的人，都能使自己作为智能生命的人格魅力显现和焕发出来，人类的生存方式将在永恒的意义上实现质的飞跃。那才是人应该有的本来形象。

积累你的魅力资本

拥有魅力在无形中已建立了你的竞争优势，你给了很多人以深刻的印象，那么自然与他人建立合作的可能性也增加了。同时，你往往能做到更有效率地协调人际关系，增强影响力，更容易给对方留下难以磨灭的印象。有魅力的人往往在成功的道路上畅通无阻。所以培养你的魅力，使自己成为有魅力的人是你走向成功的重要一课。这就叫“魅力资本”。

你可能会被一个才华横溢的人所折服，你可能会被一个妙语连珠的人所折服，但你更可能对一个性情温和、充满宽容与友爱之心的人留下深刻的印象。所以，构成一个人魅力的最核心因素往往不仅仅是天赋与才华，更重要的是一个人的性格、一个人的个性。

但一谈到性格或者个性，往往很多人就感到失望，因为他们认为个性或性格是很难改变的东西，所以要通过个性的培养成为一个有魅力的人其实很困难。这种说法有一定道理，但不全对。改变你的个性是很难，但不是没有可能。如果我们以积极的心态来面对这个问题，那么我们就不会认为这一切是不可改变的。如果你朝着改变自我的方向上不懈努力，那么你终究会成功的。

如果我们能去抵抗这已形成的性格，就能够创造出新的个性。但大部分人的想法是不想改变自己。人就是这样，都希望自己成为精力充沛、充满理想、信心十足的人，都想成为极富魅力的人。但很少有人真正地在这个方面进行努力，因为人们常常满足于现状，一遇到改善自我的这种新想法时，就会无意识地保护自我。几乎大部分人，都想学习有魅力的个性，都想成为有丰富思想的人，但他们又往往采用旧的习惯而不愿有所改变。这是因为已有的性格往往根深蒂固，积习难除。威廉·詹姆士说：“人希望自己所处的状况更好，却不想去实现。因为，他们被旧我束缚着。”

又有很多人希望并有勇气去改变自我的个性，但他们不知道该怎样去做。很多人希望变得更有魅力，但他们往往不知道怎么做。一般来说，每个人的个性都是逐渐形成的。每个人的个性是由一个个细小的方面构成。怎么说话，怎么对待他人，在饮食、睡眠方面有什么样的习惯，怎么对待不同的意见，喜欢什么样的生活方式，在商业行为中习惯扮演什么样的角色，是否总是露出微笑等，这一切的综合就构成了你丰富的个性。既然你的个性是由很细小的方面决定，那么如果要改变的话，也要从每个具体的方面开始。如果从明天开始，你能使自己的说话方式变得更温和，使自己的饮食更有节制，使自己对别人更有热情，并且持之以恒，那么你的旧个性就会逐渐地消磨掉，而更具魅力的新个性就会形成。

思想、行动与感情构成了你性格的三大基石。所以若要从具体的方面来改变个性，你还要在思想、行动与感情方面进行努力。你的外在表现，也就是性格的特征，主要不是由当时当地的环境决定的，而是由内在思想创造的。你能否改变自己也主要不是由于别人是否对你进行了批评，而是自己本身是否想改变自己。所以是你的思想创造了你本身，使你成为今天这个样子的。可能你没有意识到，但你仔细想想，是不是你怎么想就决定了你的性格？你为什么不被人喜欢呢？大概是你的想法不受欢迎。你为什么魅力四射呢？首先是你的想法，其次才是你其他条件的配合，使你引起了人们的普遍关注。有的人之所以无法成功，是因为他的想法使他难以成功。

别人通过你的行动——你的说话方式、你的做事方式、你的脸部表情——才能给你一个评判，才能使他们心中形成一个印象。行动是造就你魅力的关键，因为只有通过行动你才能改善自身。通过很多小的行动，通过人格的训练，通过对自我行为的反思与调整，你就可以创造新的自我，使自己变得更富有魅力。

魅力是别人对你的看法，他们通过你的外在表现、行动与思想，对你产生了喜欢以至某种带有神秘色彩的感情，所以魅力本身是一种感情。而别人对你的感情是与你对他们的感情特征相关的。如果你的感情特征是积极的、友善的、温和的、宽容的，那么你往往魅力大增；反之你就会成为一个不受欢迎的人。所以感情也影响了人性格的很大部分。

那么什么样的人是富有魅力的人呢？什么样的性格造就魅力呢？西方心理学界提出了一种说法，称为“令人愉悦的个性”。如果你拥有令人愉悦的个性，你往往会使自己的魅力大增。并非所有的性格都是令人愉悦的，有很多性格令大部分人感到不喜欢、讨厌，甚至是难以容忍。比如人们一般不喜欢消极的、极端化的性格特征，人们对报复性的、敌意的性格特征更是感到厌恶。一般来说，人们都喜欢富有热情的、积极向上的、友善的、亲切温和的、宽容大度的、富有感染力的性格。所以，如果你能够培养起为大部分人所喜欢的正面性格，那么你成功的可能性就大大增加了。一般地说，令人愉悦的个性包括以下几种正面的性格特征：

1. **富有热忱**

很多人不能成功是因为他们缺少热忱，他们缺乏对人、事、物的热情关注，甚至对成功也缺乏热忱，这样他们当然无法成功。思考一下：你是否对某些事情充满热忱？是否特别关注于某个学科？是否希望在某个领域有所建树？是否有些问题在不断地吸引你的注意力？是否由于事情本身就会全身心地投入其中？如果你不是这样的，那么你就要改进，你要记住：一定要培养自己的热忱。如果你是这样的，那么你就是一个潜在的成功者。

在交往中，每个人都喜欢谈论自己所擅长的东西，展现自己的魅力所在。所以你与他人友好交往、建立良好人际关系的前提是尊重并倾听他人所谈论的话题，因为这些话题往往更能体现他的优势与价值，但这对你来说，往往又是个汲取知识的大好机会。你要对任何人感兴趣，而不只是在你现在看来重要的人物，而且最好能一直保持下去，如果你无法做到这一点，那么你在其他方面的优势就要大打折扣。你真正注意别人，比对他说些恭维的话要来得有效果。你要学会去关心别人正在做的东西，这对他人来说，意味着你很重视他的工作与成就，而且对你本身来说就是一个学习新知识的机会。

培养热忱的一个重要方面是对事物的兴趣。但如果是你本身缺少热忱，这就是一个更大的问题了，你一定要培养对事情的热忱。当你每天起床的时候，你是怎么想的呢？“新的一天开始了，我又可以做更多事情了。我很高兴。”还是“一天又开始了，又要去上班了。真烦！”如果你长期处于第二种状态，你的成功几乎就没有什么希望。你之所以讨厌上班，可能是因为你不喜欢现在的工作，也可能你完全缺乏做事的热忱。如果是第一种情况，你就应该换个喜欢的、能调动你热忱的工作了，即便新的工作给你带来的直接收人要少，你还是要这样做，因为你会在这样的工作职位上不断长进，直达成功。

除此之外，对事物的热忱往往还有助于你激发其他人，使他人觉得你是一个精力充沛、充满活力的人，这也可以大大地提升你的形象与魅力。所以拿破仑·希尔经常告诫人们：“要控制你的热忱。”热忱是令人愉悦的个性的一部分，热忱可以改变你的人生。

2. 亲切随和

很多关于领袖魅力的书籍都强调神秘感与保持威严，这有一定道理。威严固然令人敬畏，但亲切随和更令人喜欢。因此，在某种程度上，这种说法更适合一个等级社会或专制社会。随着社会的演进、教育的普及、身份的平等化，这种个性成功的可能性越来越小。而在一个较为自由的社会，让他人喜欢你远比让他人敬畏你更有价值。让别人喜欢你，可以为你带来合作机会，为你带来一笔交易，为你带来商业利益，但让别人敬畏你，能给你带来什么呢？

威严也许是专制社会的成功个性，但自由社会的成功个性是亲切随和。亲切随和的最大好处是对人平等，给人以尊重感。如果你不尊重别人，又想与别人建立起一种良好的关系，这几乎是不可能的。尊重他人是人际关系的第一条原则。亲切随和的人往往更能广结人缘，获得他人的好感与认同。

"你为什么喜欢与他在一起？""他很随和，与他在一起让我感到很轻松。"我们经常听到这样的对话。这就说明亲切随和是令人愉悦的个性。所以，如果你希望自己培养令人愉悦的个性，就要做个亲切随和的人。

3. 温和谦恭

我们在生活中经常遇到一些人，他们对他人的看法很尖刻，容易急躁，有了怒气则暴跳如雷，或者是在很多时候都咄咄逼人、盛气凌人。而自己所持的意见、立场不容他人辩驳。我们恐怕很难喜欢这样的人，更谈不上感到愉悦了。这种做法的共同特征是缺乏温和的性情与谦恭的心态。

温和的性情表明一个人极富涵养，非常成熟，对人和物都有全面的看法。而与之相反的品质，比如急躁、易怒、不安、尖刻、锋芒毕露等等，都说明一个人离高尚的境界还有很大的距离，也很难获得他人的助益，从而也较难获得成功。成功者在性格上的特点往往是心平气和，他们在任何复杂问题面前都能保持清醒的头脑，不被烦躁不安的情绪所支配。即便受到了恶意的攻击，他们也能心情自然，因为他们知道温和与泰然是对付恶意攻击的最好办法。当他们的观点和看法被人彻底否定时，他们也能耐心地听取别人的看法，而同时保持一种友好的姿态。

在一切场合，都要做到性情温和、彬彬有礼，这会为你奠定成功的基础。在令人愉悦的个性中，我们绝对找不到傲慢、自大和惟我独尊的影子。愤怒没有任何价值，任何时候都不要愤怒。在任何时候都不要急躁不安，急躁不安不会给你任何助益。成功者有一颗充满信心的头脑，但他们一般也有一颗谦恭的心。在任何社会，我们都找不到全智全能的人。在现代社会，个人的知识与社会生活的复杂相比，尤其微不足道。所以，每个人都会在很多领域是知识上的盲人，而谦恭使得你无须掩饰你的无知与缺陷，它反而又会使你学到很多更有价值的东西。

4. 富有感染力

如果你做到了以上三条，你就是一个很受欢迎的人了。但如果你还能做到这一条，就会使你更具魅力。你有没有注意到，成功者的重要特点是他的个性富有感染力。每到一处，他容易用自己的行动和语言打动别人，否则他怎么给别人留下深刻的印象呢？所以，你要努力培养你的感染力。

那么，怎样才能培养感染力呢？是什么构成感染力的基础呢？是什么东西感动你自己？你要观察那些使你深受感动的人，观察他们的一举一动、一言一行。这里既有性格的因素，又有语言的技巧。但是有一点是相通的，感染力的基础是共鸣，是功能因素或情感因素的相通。

他们之所以有感染力是因为他们懂得大部分人所关心的东西，他们能细心地观察每个人的利益、态度与感受。如果你是一个公司老总，你能不能通过一次讲话来鼓舞人心？有的人就很擅长这样做。他们在讲话中除了关于公司的现状问题外，往往还要谈到员工与公司的关系，员工对公司具有的价值，员工将从公司的增长中获得的收益。这样，他往往是通过功能性的诉求，通过讲话、神态与表现力来使员工们感动。

一个人的正义感、同情心往往是感染力之源。在日常生活中，一个人的感染力更多是来自于情感方面。所以，一个具有感染力的人，也是一个具有道德影响力的人，一个正直善良的人，一个对他人的痛苦有发自内心的同情的人。

“性格塑造人”，同样也是性格塑造成功。热忱、亲切、随和、谦恭、温和、宽容、富有感染力这些优秀的品质构成了你令人愉悦的个性，从而有助于你获得成功。

【感悟箴言】

人格魅力首先在于德，其次在于才！

师表的魅力首先在于和，其次在于正！

工作的魅力首先在于纲，其次在于行！

尊严的魅力首先在于理，其次在于威！

语言的魅力首先在于精，其次在于感！

气质源于陶冶

大部分轻人对自己的容貌都不满意，认为自己是丑小鸭，在社交场合黯淡无光。其实即使比较丑陋，如果你干干净净，让自己保持整洁卫生，只要个性上没有大的瑕疵，一样可以成为有风度的人。干净整洁有两个主要含义：身体的清洁和衣着的美观。通常这两个方面如影随形。

外表被认为是内在的反映。高尚的理想、活泼健康的生活。工作本身与个人卫生的不整洁都是势不两立的。一个忽视清洁的年轻人也会忽视他的心灵，这是一个统一的整洁。一个不注意仪表的年轻人很快就无法让他人喜欢你，一步步堕落成一个不思上进的人。

出于审美和道德的考虑，去遵守清洁的原则，这对于维护自身利益也相当必要。许多人因为个人形象不好而好运成空。要保持良好的仪表和风度，最重要的一点就是要经常照顾自己的个人形象。对头发、手和牙齿的护理也相当重要，一定要细致周到，不能马虎草率。修剪指甲的用具很便宜，人人都用得起。如果你实在买不起一整套用具，你可以只买一把指甲刀，把指甲修剪得光滑干净。护理牙齿是件简单的事，然而，我们在牙齿卫生上犯的错误可能要比在其他方面犯的错误更糟，一些年轻人，他们衣着考究，对自己的仪表非常得意，但他们却忽视了自己的牙齿。他们没有意识到，人的仪表中没有比脏牙、蛀牙或是缺了一两颗门牙更糟糕的缺陷了。呼吸当中的恶臭更令人无法忍受。如果知道有这种后果，就没有人会忽视他的牙齿了。

一位资历相当高的银行总裁，就规定男性员工不可以穿白袜子，所有员工的制服均为统一订制可以表现出专业性的合身西装与套装。因为外表是给别人的第一印象，而超过九成的人会以第一印象来判断是否与这个人有进一步的交往。

对于那些在社会上谋生的人来说，关于衣着的最佳建议可以概括为一句话："让你的衣着得体，但不需要昂贵。"衣着朴素具有最大的魅力，现在市面上有大量物美价廉的衣物可供选择，大部分人能买到好衣服穿。但是如果条件所限，不能买到更好的衣物，也不必为一套寒酸的衣服害羞。穿一件花钱买的旧外套，比穿一件不花钱的新外套更能赢得别人的尊敬。不可避免的寒酸不会让人产生反感，但是邋遢却使人一见之下顿生厌恶之心。只要你量入为出地打扮自己，不管多穷，你都可以穿得很得体。应该有意识地尽量拿出最好的仪表，注意干净整洁，竭力保持自尊和真诚，这样才能帮助你渡过重重难关，带给你尊严、力量和魅力，使你赢得别人的尊敬和钦佩。

衣服不能造就一个人，但好衣服能使人找到一份好工作。如果你有 1000 元钱，又需要一份工作的话，最好花 200 元买一套衣服，花 150 元买双鞋，剩下的钱买一个刮胡刀、一条干净的领带，然后去找工作。千万不要带着钱，穿着一身破旧西装去应聘。

多数大公司规定不雇用衣衫褴褛、邋里邋遢，或是应聘时衣冠不整的人。一家零售商店的招聘主管说："招聘的原则必须严格遵守，对于一个应聘者来说，经受住考验的最重要条件就是他的仪表。"

一个应聘者具备多少优点和能力没有关系，但他必须重视自己的仪表。璞玉浑金的价值不知要比抛光的玻璃高出多少倍，但是有时候就是明珠暗投。有些应聘者凭借良好的仪表获得了一份工作，虽然很多被拒之门外的人要比他们优秀得多。得到工作的人的能力可能还不及那些被拒之门外的人的一半，但是既然有了工作，他们就会设法保住这个饭碗。这毕竟是为了自己的目标，目标是你的总指挥。如果一个好的、有风度的个人形象能有助于你走向成功，那就应该全力塑造你的个人魅力。这是对自己的尊重，也是对别人的尊重。

越是注意个人清洁卫生和衣着整洁的人，就越能仔细地完成工作。个人生活邋遢的人工作也会马马虎虎。而关注仪表的人也同样在意工作的效果。时髦的女售货员一定很讲究穿着，她会厌恶肮脏的衣领、磨破的袖口和皱巴巴的领带。事实上，关注个人习惯和整体仪表，就会对邋遢散漫的习惯产生警觉。

此外，一个人的形象，除衣装外，更需“心装”，也就是内心要有足够专业广博的知识来支撑个人魅力，这就是所谓的“知识美容”。否则，很容易被人看清在精致的外表下包装的只是一个“侏儒”的心灵。

通常，一个人最吸引我们的，不是容貌的美丽，而是风度。风度美就像艺术美一样，在于它没有棱角，线条始终保持连续、柔和的弧形。有很多人的心灵之所以不能更上一层楼，向世人展示更优美的品质，正是由于个性中存在的棱棱角角。无论有什么样出色的品质，一旦表现出粗暴、唐突、不合时宜，其价值自然而然就会受损。而实际上，只要我们多加修饰，注意举止文明，往往可以事半功倍。良好的风度可以替代财富。对于有风度的人，所有的大门都向他们敞开。他们即使身无分文，也随时随地会受到人们热情的接待。一个言行得体、谦和友善、助人为乐、举手投足无不具有绅士风范的人，在成功的道路上将会畅通无阻。

有一个故事，说的是有一次伊丽莎白女王在和她的丈夫阿尔伯特亲王说话的时候，流露出了居高临下的语气，伤了亲王作为男人的尊严。亲王就一个人进了自己的房间，把门锁起来。过了大约 5 分钟左右，有人过来敲门了。

“谁？”亲王问道。

“我，给英国女王开门。”女王傲慢地回答。

但没有丝毫动静，隔了许久，又响起了敲门声音，但温柔多了，还听见一个轻轻的声音说道：“是我，维多利亚，你的妻子。”不用我再多说什么，大家都能猜到门会不会打开，两个人是否会重归于好。

有一个贫穷的牧师，他的经历也非常奇特。一次，他在教堂门口看到几个痞子在嘲笑、捉弄两个老妇人。这两个妇人身上穿着样式很古旧的衣服，遭到众人的哄笑，一下子显得非常窘迫，都不敢进教堂。牧师看见这种情形，过去推开众人，带头领着她们沿中央过道一直走到教堂里面，又帮她们找到座位。两个老妇人虽然和这位牧师素不相识，但在去世的时候，却把一大笔财产留给了他，善心终有好报。

良好的风度足可以替代金钱的作用，有了它就像有了通行证一样，可以畅通无阻。拥有良好风度的人，他们即使身无分文，也随时随地会受到人们热情周到的接待。他们不用付出太多就可以享有一切，他们在哪里都能让人感到阳光一样的温暖，到处受到人们的欢迎。因为他们带来的是光明一样的温暖。

一切妒忌、一切卑劣的心思，遇到他们自然就会举手投降，因为它们肯定也会受到他们那种翩翩风度的感染。

这正像英国政治家柴斯特菲尔德所说的："一个人只要自身有教养，具有良好的风度，不管别人举止多么不适当，都不能伤他一根毫毛。他自然就会给人一种凛然不可侵犯的尊严，会受到所有人的尊重。而没有风度的人，容易让人生出侮慢的心理。"

报复心理、憎恶、怨恨、嫉妒等等一类的心理特征都是败坏精神生活的毒药，是伤害灵魂的凶手。所以，若要让自己真正变得有风度，那么就应该把自己的慷慨无私、温和善良给予每一个人。

早在两千年前，亚里士多德就曾描述过一个真正有风度的绅士应该是什么样子："无论身处顺境、逆境，一个宽宏大量的人都会追求行事适度。他不期望人们的欢呼喝彩，也不让别人对他嘲弄贬低；成功的时候不会得意忘形，遭受了失败也不愁眉苦脸。他不会去做无谓的冒险，不会随随便便谈论自己或者别人；他不在意别人的诽谤，也不会对人求全责备。"

【感悟箴言】

如果说气质源于陶冶，那么风度则可以借助于技术因素，或者说有时是可以操作的。风度总是伴随着礼仪，一个有风度的人，必定是知礼仪的，既彬彬有礼，又落落大方，顺乎自然，合乎人情——这便是现代人的潇洒风度。

风度要表里如一

宝石上了光之后虽然更亮，但首先它必须是宝石。一个真正的有风度的人举止温文尔雅、谦逊知礼，不会轻易动怒，更不会主动挑衅。他从不恶意猜度别人，至于自己去作恶，那更是想都没有想过的事情。他努力克制自己的欲望，提高自己的品位，出言谨慎，尊重他人。真正有风度、有教养的人应该像瓷器一样，上釉之前就把图案画好。再怎样煅烧也不会有任何改变，以后即使沾染了什么，也很容易擦去。他们可能会失去一切，但不会丢掉他的勇气、乐观、希望、德行和自尊。这样，即使他失去了一切，但他实际上仍然很富有。风度就是心灵的风向标。一个有良好风度的人心灵也是美丽的、健康的。“性情豪爽”不等于“态度随便”。性情豪爽是一件好事，但是态度过于随便的人却难以获得别人的尊敬，而且这种性情的人还会给自己的生活增加一些麻烦。比如，他们由于说话不注意分寸而常常会惹长辈生气；不顾场合地开玩笑，无意间会伤害朋友。另外，对待身份和地位比你高的人采取这种毫无顾忌的态度，则会使对方觉得你没有涵养，不值得重用；对待身份和地位比你低的人时态度过于随便，也容易使对方误解，让他以哥们义气相待，甚至提出不当的要求。开玩笑的情形也是如此，如果你凡事都喜欢开玩笑，即使在讲正经话的时候，也很难叫人相信。

个性豪爽的人虽然比较好相处，但要受人尊敬，你就应该善于利用这种豪爽。以我们自己的生活体验，在一些娱乐性的场合，我们经常会想起这类人的加入。比如因为那个人歌唱得很好听，我们感觉和他相处得很愉快；或者因为某人舞跳得很好，所以我们乐意找他去参加舞会；或者因为他喜欢讲笑话，非常有趣，所以我们高兴约他一起去吃饭。

人们之所以乐意在这些场合找他，主要是为了娱乐的需要，但是，如果人们只是在这种时候才想到他，这并不是一件什么好事，也不是在真正夸赞一个人，反过来有可能是在贬损他。至少一个只有娱乐这方面“优势”的人，是不会被他人委以重任的，因而也不会受到人们发自内心的尊敬。

如果一个人仅以一方面的特长去获得别人的友谊，这样的人其实是没有什么价值可言的。由于他不具备其他特长，或者不懂得如何来发挥其他方面的优点，他也就很难得到别人的尊敬。记住：一个重要的处世原则就是，不论在任何时刻、任何境地，都要保持一种“稳重”的生活方式和处世态度。

那么，到底怎样才是具有稳重的态度呢？所谓具有稳重的态度，就是在待人接物中要保持一定的“威严”。当然，这种带有一定威严的态度与那种骄傲自大的态度是完全不同的，甚至可以说是与之完全相反。这种反差就如同鲁莽并不是勇敢的表现，乱开玩笑并不是幽默一样。我们这样说，并无意去贬低那些具有骄傲自大态度的人，但是傲慢、自负的人确实很容易惹人生气，甚至让人嘲笑或轻蔑。

你可能同那些故意将物品价格抬高的商人打过交道吧！对待这样的商人，我想你也会绝不心软地把价格杀低，这与我们在对待喊价合理的商人的态度截然不同，对待后一类商人，我们是绝对不会刁难他们的。同购物的情形类似，我们对待那种傲慢自负的人，要么会将他自我标榜的“价码”拉下来,要么轻蔑地看他一眼，然后离他而去。

一个具有稳重态度的人，是绝对不会随便向别人溜须拍马的；他也不会八面玲珑，四处去讨好他人；更不会去任意滋事造谣，在背后批评别人。具有这种态度的人，不仅会将自己的意见谨慎清楚地表达出来，而且还能平心静气地倾听和接受别人的意见。如此待人处世的态度，则可以说是一种具有稳重的威严感的态度。

这种稳重的威严感也可以从外在表现出来，即在表情或动作上表现出郑重其事的模样。当然，如果你能在此基础上再加上生动的机智或高尚的气质这种内在的东西，就更能增进你的威严感。相反，如果一个人凡事都采取一种嘻嘻哈哈、对任何事都无所谓的态度，在体态上总是摇摇晃晃，显得极不稳重，就会让人觉得你十分轻浮。如果一个人的外表看上去非常威严，但在实际行动上却草率之至、做事极不负责任，这样的人也仍然称不上是一个具有稳重威严感的人。

【感悟箴言】

稳重作为一种优点，似乎已经很少被人提起。

稳重是一个男人的魅力所在，也是女人的优秀品质。

有了稳重，事业就有了柱子。有了稳重的人，事业就有了精神领袖。有了稳重，事业成功就有了最重要的保障，即清醒的判断和不间断的努力。

用谈吐展现你的风度

一个人说话是否具有魅力，直接影响到他是否对对方具有吸引力，关系到他是否具有良好的人际关系；同时，还影响到他在与别人说话时能否表现出自信，能否具有说话自如的勇气。所以，我们在训练自己说话的自信心时，要注意增强自己说话的魅力。

每个人说话的内容，说话时选词造句与构思的材料、手段，说话的语气、语调，说话时的身姿、手势、表情等等，都可以折射出他是否具有说话的魅力。当然，限于篇幅，我们不可能对说话魅力的方方面面都详加叙述，现只择其要者加以介绍。这里先谈谈说话的风度。

所谓风度，是指美好的举止、姿态及表情等。说话的风度，是一个人内在气质的言语表现，是一个人的涵养的外化。使自己说话具有风度，是增强自己说话魅力的重要途径。良好的说话风度，往往具有很大的吸引力。无论是男士说话中刚毅稳健的气质，还是女子说话中风姿绰约的魅力，不论是外交官彬彬有礼的谈吐，还是政治家稳重雄健的言论，都会令人仰慕不已、倾心无比。正如德国戏剧家莱辛所说："风度是美的特殊再现形式。"

孔子说："文质彬彬，然后君子。"风度正是外存语言和内在气质的恰当配合。首先，风度是一种品格和教养的体现。如果一个人没有高尚的道德情操，没有一定的文化教养，没有优雅的个性情趣，其说话必然粗俗鄙陋、琐秽不雅。其次，风度是一种性格特征的表现。比如性格温柔宽容、沉静多思的人，往往寥寥无几的轻声细语就能包含浓烈的感情成分，而粗犷豪放、性情耿直者，则开门见山、直来直去。再次，风度是一种涵养的体现。这主要表现在处理人际关系时不卑不亢、雍容大度。最后，风度是一个人说话选词造句、语气腔调、手势表情等的综合表现。如法官在法庭说话时，则正襟危坐，不苟言笑，咬文嚼字，逻辑缜密。

说话的风度是多种多样、丰富多彩的。洋洋洒洒、侃侃而谈是风度，只言片语、适时而发也是风度；谈笑风生、神采飞扬是风度，温文尔雅、含而不露也是风度；解疑答难、沉吟再三是风度，话题飞转、应对如流也是风度；轻声慢语、彬彬有礼是风度，慷慨陈词、英风豪气也是风度。每个人在培养自己的说话风度时，应根据自己的性格特征、情趣爱好、思维能力、知识结构等有所选择。另外，同样一个人，在不同的场合、不同的环境下，其说话的风度也是有所不同的，比如教师在课堂上讲课与在家里跟家人闲聊时，则表现为两种相差甚远的风度。

说话的风度是人的特色，是与时代相吻合的。我们反对脱离时代追求风度，我们也反对脱离自己的个性、身份去讲究风度。任何东施效颦、搔首弄姿、没有个性的说话，都毫无风度可言。

在日常的说话、判断或讲座中，我们可能会遇到这种情形：同样的话，这个人说，我们就很愿意接受，而换成那个人说，我们就不但不愿接受，而且还产生一些反感情绪。为何会出现这两种截然相反的结果呢？这实际上牵涉到一个说话人的态度问题，而说话态度又是说话人风度的最直接体现。

下面再来谈谈说话的效果。我们说话的目的，是为了把自己要表达的意思告诉他人，让他人明白、了解、信服或同情我们。如果说了话，别人没什么反应，不信服或产生反感，这就没有意义了，说了还不如不说。那么，怎样才能锻炼出一种说一句是一句的理想口才呢？这就要求说话者既要了解自己又要了解对方，力争培养出一种相互了解与同情的气氛。

也许，人人都懂得，对方无论讲什么都无关紧要，最重要的是他的态度。如果态度好，大家都愿意跟他谈，即使他不同意我们的意见，不满意我们的行为，我们也仍然愿意跟他谈。如果态度不好，就是再好的话题也无法顺利进行下去。

那么，究竟什么才是良好的态度呢？这就是，对人要有正确的了解和充分的同情。此两点是良好态度的基本内容。然后，如何使我们对人的了解与同情让对方感觉到呢？态度良好重要表现正体现于此，如果我们不注意这种表现，即使我们是很有同情心的人，也可能会被他人认为是冷漠、骄傲、自私的。这正如我们很喜欢和关心自己的朋友，而朋友却全然不知，结果会受到朋友的误解与埋怨一样，这是一种很普遍的社会现象，而且很使人痛心。因此，我们要注意一下在别人的心目中我们究竟是什么样子，而且要设法了解在别人的心目中希望我们是什么样子，喜欢我们是什么样子。

那么，在一般的情形下，即在日常生活中，在与一般朋友的正常交际场合中，别人希望我们有什么具体的表现呢？

别人希望我们对他的态度是友好的，希望我们愿意和他做朋友；别人希望我们能体谅他的困难，原谅他的过失；别人还希望我们能关心他，帮助他，思考他的问题，并对他提供有用的建议，与他成为友好的、忠实的、热心的朋友。别人希望我们对他本人，对他所做和所讲的事情感兴趣。每个人都有此希望，包括我们对别人也是如此。

因而，我们最好能做一个对什么都感兴趣的人。本来，我们的兴趣也跟一般人一样，常常容易被有兴趣的人物、有兴趣的谈话所吸引，而忽略不太吸引人的人和事。如果我们是同情心很强的人，就不该如此，而应该学会顾及全体，并且要特别照顾那些不被注意的人。当我们谈话时，我们要看到在场的每一个人。我们的眼睛，要随时在每一个人的脸上停留片刻，对于那些没有讲什么话的人，和那些看似不太自在的人，特别要注意，要设法用些话题跟他们交谈，以便解除他们的紧张和不安。

总而言之，别人希望我们对他讲的东西感兴趣，并希望我们的态度是友善的、良好的。作为一个成功的说话者，我们要力争做到如此。说话时给人良好的态度，是展现你说话魅力的保证。

【感悟箴言】

风度与谈吐是紧密联系在一起的。

豪放的人，语言多激扬而不粗俗；

潇洒的人，言谈风雅而不随便；

谦逊的人，含蓄蕴藉而不猥琐；

博学的人，旁征博引而不芜杂；

只图虚名的人，往往最好浮词。

风度并离不开语言美，而语言美则包含四个要素：言之有据，言之有理，言之有物，言之有味。

培养优良的个性

作为人，你如果没有个性，你就不复存在；你的个性如果受到压抑、得不到发展，你的灵性就得萎缩，人格就得苟且。这样，你虽然变得柔弱温顺，但却降低了创造的能力，丧失了竞争的能力。你也许会以最漂亮、最新款式的衣服来装扮自己，并表现出最吸引人的态度。但是，只要你内心存在着贪婪、妒忌、怨恨及自私，那么，你只能吸引和你同类的人，永远无法吸引其他人。物以类聚，人以群分。因此，可以确定，被吸引到你身边来的，都是与你相同的人。

你也许可以做出一个虚伪的笑容，掩饰住你真正的感觉；你也许可以模仿表现热情的握手方式，但是，如果这些“吸引人的个性”的外在表现，缺乏热忱这个重要因素，那么，它们不但不会吸引人，反而会令人逃避你。一般说来，优良的个性具有如下特征：

1. **诚心诚意**

一般是指由热情、热心和兴奋等糅和而成的感情状态。一个对工作、学习和他人抱有诚意的人，往往能弥补个性上的一些缺点。

2. **友爱**

友爱可以使你交游广阔，建立充满善意和体贴的良好的人际关系。但切记勿把友爱与亲昵混为一谈。友爱是一种互助的关系，它能激发朋友之间相互尊重。

3. **理智**

这就要开动人的思维机器——大脑，要多读、多听、多思，凡事都能以明确而理智的行为来进行。在处理事情的过程中，不随意埋怨、轻视别人，即使发生在你面前的是重大事件，也能冷静理性地应变、渡过难关。

4. **英俊、潇洒、魅力**

这和个人风采有关。清洁、整齐、英俊、潇洒的风采，使你保持自然可亲的个性，再加上良好的教养，确能助人事业成功。

受欢迎者的个性特征表现为：尊重他人，关心他人，富有同情心；热心于集体活动，工作可靠、负责；持重、耐心，忠厚老实；热情、开朗、喜欢交往，待人真诚；聪颖，爱独立思考，成绩优良，乐于助人；独立、谦逊；兴趣和爱好广泛；温文尔雅，端庄，具有仪表美。

受排斥者的个性特征表现为：自我为中心，不考虑他人处境和利益，嫉妒心强；对集体的工作缺乏责任感，敷衍、浮夸、不诚实；虚伪、固执，吹毛求疵；不尊重他人，操纵欲、支配欲强；淡漠、孤僻、敌意、猜疑、行为古怪、喜怒无常，粗鲁、粗暴、神经质；狂妄自大、自命不凡；成绩好，但不肯助人或小看他人；自我期望极高，小气，对人际关系过分敏感；势利，巴结领导；工作不努力、无纪律，不求上进，兴趣贫乏；生活放荡。

优良的个性能为你的魅力增添无形的美。你梳起最新潮的发式，穿上最时髦的新装，再加上身材窈窕、巧施脂粉，但如果没有魅力，你的身体也只是徒有躯壳。魅力不是一个东西，随你用的时候便拿出来，不用的时候便收起来，这不行。魅力就像明媚的春天，它的影响会注入到生命的每个瞬间。

【感悟箴言】

没有个性的生命是黯然失色的生命。没有个性的人生，也是缺乏生命力的人生。我们的祖宗在造字的时候，就向后人预示了这个道理：框子里的树木，便为“困”字，突破框框的树木，便成了“杏”字；框子里的人，成为“囚”徒，而突破框框的人，便是“央”字。

第一印象很重要

“良好的开端是成功的一半。”人际交往的开端——第一印象，同样会决定一个人的交往“命运”。第一印象是在人际交往中得到的关于对方的最初印象，第一印象的好坏往往决定交往的成败。成语“先入为主”就是对第一印象所起作用的最好概括。要好好装扮自己，因为第一印象是没办法重来一次的，这话不无道理。

第一印象为什么会有“先入为主”的作用呢？因为第一印象一经形成，就等于给这个人贴上了一个标签，我们以后再看到他的时候，就不会像第一次看见他的时候那样不带任何偏见，而是有了一定的倾向性。我们也不会去注意所有的信息，而是倾向于寻找那些与我们已经形成的第一印象相符合的信息，即使碰上与之相矛盾的信息，我们也往往会寻找借口，“自圆其说”。因此，如果一位老师的第一节课讲得很成功，以后即使讲得不太好，我们也会为他寻找借口，比如“没有时间备课”等等；而如果这位老师第一节课上得很糟糕，以后他讲得再好，学生也有可能认为是“碰巧而已”。

虽然人们都知道“路遥知马力，日久见人心”的道理，也知道仅凭第一印象来判断一个人，难免会出现错误，尤其当对方为了某些目的而刻意掩饰的时候更是这样。但即使如此，人们在人际交往过程中却总也免不了要受第一印象的影响。《三国演义》中风雏庞统当初准备效力东吴，于是去面见孙权。孙权见庞统相貌丑陋，心中先有几分不悦，又见他傲慢不羁，更觉不快。最后，这位广招人才的孙仲谋竟把与诸葛亮比肩齐名的奇才庞统拒之门外，尽管鲁肃苦言相劝，也无济于事。而孔门弟子子羽也曾因为其貌不扬而被有“圣人”之称的孔子视“才薄”、“不堪造就”。后来子羽离鲁南游，讲授儒学，从学弟子达300人，声名大噪。孔子才感叹不已：“以貌取人，失之子羽。”众所周知，礼节、相貌与才华绝无必然联系，但是礼贤下士的孙权和素以善于识人而著称的孔子尚不能避免以貌取人这种偏见，可见第一印象的影响之大。新官为什么总想烧好上任之初的“三把火”？想要树立威信的人为什么也总是喜欢给别人来个“下马威”？不为别的只因为第一印象所具有的“先入为主”的作用！我们在人际交往过程中，如果希望获得友谊、取得成功，就千万不要忘了照照镜子，留心自己的举止，给别人留下一个良好的第一印象！

第一印象都是来自外貌，也就是指个人的容貌、衣着、动作、表情等外观，所以纵使你才华出众，也不可时常只是以一副恃才傲物的面孔展露于人前，必须具备以下的性格才会给别人留下深刻的印象：

1. 笑脸迎人

笑脸迎人的人，谁看见都会喜欢。人际关系是相对的，如你沉默不语、板着脸孔，惜字如金，连最起码的友善也没有，又怎能给人留下好印象呢？

如你能经常微笑，心情也自然愉快起来，整个人亦显得神采奕奕、容光焕发。

2. **整洁干净**

第一印象全是“以貌取人”是不争的事实。正所谓“人靠衣装”，就算你才华横溢又如何，蓬头垢面有人喜欢才怪呢。不是鼓吹大家要满身名牌，即使穿得平实朴素，也可给别人干净、舒服的感觉，对方就自然加以亲近。请谨记：纵使穿再好的衣服，一旦鼻头污黑、牙齿黄斑点点，也会令人敬而远之。

3. **留意体味**

自己对本身体味的感觉较为迟钝，但其实对方却可轻易感受到，因此对于袜子、口腔，甚至身体等的味道，必须格外小心注意。否则，无论你是如何友善，但体味浓郁，对方也只想尽快离开。

4. **注意动作**

人的脸部表情和肢体动作，有些会给人留下负面的印象。例如：双手环抱、手抚触嘴唇、抿嘴、愁眉苦脸、吐舌头、舌头发出声音等，平日应尽量避免做出这些举动，坐姿和走路姿态也必须留意。

5. **介绍自己**

不妨先从一些问候语作为自我介绍的方式，如“我是×××，请多多指教”、“早晨好”、“你好”，就可与对方自然地打开话匣子，你在对方的心目中亦留下良好的印象。

6. **说话幽默**

说话幽默时常逗得人满心欢喜，试问有谁不爱“开心果”呢？虽然幽默感好像是天生的，但不可忽视后天的培养。因此你可参考市面上一些指导如何发挥幽默感的书籍，来补救天生的不足。另外，说话技巧方面，如你愿意说些家常话，表现出亲切的态度，往往使人乐于接近，增添不少印象分呢！不过，幽默感要适可而止，闲话家常也不等于“查户口”，别忘记最重要的还是初次见面哦！

【感悟箴言】

要树立形象，印象是最重要的。如果你能给某个群体留下根深蒂固的印象，那么，在这个群体中，你就可以基本决定你以后的发展走向了！人是通过信息回忆去判断和衡量事物的，而深刻的印象通常是被我们的脑袋保存着的，在深刻的印象中，第一印象又是占第一位的，是最容易让人留下深刻印象的。而且，第一印象一旦在人的脑海中定格，以后是很难改变的，就好比一个人给别人的印象是恶贯满盈的，你要别人改变对他的看法是不可能的！所以我们在做事的时候都应该先考虑一下给人的第一印象会是怎样的，这是判断你办事成败与否的不可忽略的因素，也是判断你人生哲学是否成功的标志！在第一印象上应该尽量做到一锤定音的作用，这样在你以后的生活中就会有更多的时间去处理别的事务，就能更主动有利地展示你的个人魅力！

羊皮卷之八　拥有助人宽容之心

人脉资源是一种潜在的财富。即使你拥有很扎实的专业知识，却不一定能够有很好的发展前景，但如果你人缘好，那么你就可能比别人更容易成功。

做人的互助原理

一个暴风骤雨的夜晚，一对上了年纪的夫妇来到一家旅店。他们的行李非常简陋，身无长物。

年老的男人对旅店伙计说：“对不起，我们跑遍了其他的旅店，里面住客满了。我们想在贵处借住一晚，行吗?”

年轻的伙计解释说：“这两天，有三个会议同时在这个地方召开，所以附近的旅店会家家客满。不过，天气这么糟糕，你们二位一把年纪，没个落脚处也不方便。”

伙计一边说一边把两位老人往里边请：“我们的旅店也客满了，要是你们不介意的话，你们就睡我的床吧!”

“那你怎么办呢?”那对夫妇异口同声地问。

“我身体很好，在桌子上趴一会或者在地上搭个铺都不碍事的。”

第二天早上，老人付房钱时，伙计坚持不要，说：“我自己的床铺不是用来赢利的，我怎么能要你们的钱呢?”

“年轻人，你可以成为美国第一流旅馆的经理。过些日子兴许我要给你盖个大旅馆。”

伙计听了，只当是一个玩笑，畅怀大笑起来。

两年过去了。一天，年轻人收到了一封信，信里附着一张到纽约的双程机票，约请他回访两年前在那个雨夜借宿的客人。

年轻人来到了车水马龙的纽约，老人把他带到第五大街和第三十四街的交汇处，指着一幢高楼说：“年轻人，这就是我们为你盖的旅馆，你愿意做这个旅馆的经理吗?”

不错，这位当年的年轻人就是如今大家都熟识的纽约首屈一指的奥斯多利亚大饭店的经理乔治·波尔特，那位老人则是威廉·奥斯多先生。

【感悟箴言】

做人的互助原理是：你在关键的时刻帮人一把，别人也会在重要时候助你一臂。初看起来这似乎是等价交换，然而，不管你是一个什么样的人，都不可能孤独一人打拼天下，尤其是要使自己的人生局面推广开来，更离不开与各种各样的人打交道。要想让别人将来帮助你，你就必须先付出精力去关心别人、感动别人，这样才能赢得别人的回报。因此，高明的为人技巧就是急人之难，解人于危难之中。

另一种被人尊重的形式

吉姆·佛雷 10 岁那年，父亲就意外丧生，留下他和母亲及另外两个弟弟。由于家境贫寒，他不得不很早就辍学，到砖厂打工赚钱贴补家用。他虽然学历有限，却凭着爱尔兰人特有的热情和坦率，处处受人欢迎，进而转入政坛。

他连高中都没读过，但在他 46 岁那年就已有四所大学颁给他荣誉学位，并且高居民主党要职，最后还担任邮政首长之职。

有一次有记者问起他成功的秘诀，他说：“辛勤工作。就这么简单。”记者有些疑惑，说：“你别开玩笑了！”

他反问道：“那你认为我成功的原因是什么？”

记者说：“听说你可以一字不差地叫出1万个朋友的名字。”

“不，你错了！”他立即回答道，“我能叫得出名字的人，少说也有5万人。”

这就是吉姆·佛雷的过人之处。每当他刚认识一个人时，他定会先弄清他的全名，他的家庭状况，他所从事的工作，以及他的政治立场，然后据此先对他建立一个概略的印象。当他下一次再见到这个人时，不管隔了多少年，他一定仍能迎上前去在他肩上拍拍，嘘寒问暖一番，或者问问他的老婆、孩子，或是问问他最近的工作情形。有这份能耐，也难怪别人会觉得他平易近人、和善可亲。

吉姆很早就已发现，牢记别人的名字，并正确无误地唤出来，对任何人来说，都是一种尊重、友善的表现。

【感悟箴言】

人们大多希望别人记住自己的名字，好像这也是一种被人尊重的形式。所以，记住别人的名字是通向良好人际关系的开始。在公众场合，如果能够记住别人的名字并轻松地叫出来，就等于巧妙而有效地恭维了别人。如果忘记或者叫错了人家的名字，你便把自己放到了十分不利的位置。

一杯牛奶

罗伊小的时候家里很穷，为了攒够自己上学的学费，就去挨家挨户地推销商品。一天，罗伊十分劳累，已经一整天没有吃东西了，感到十分饥饿，可是摸遍全身，只找到一角钱，这点钱根本不够吃饭，怎样办？他决定向下一户人家讨口饭吃。为他开门的是一位美丽的姑娘，他看到这位年轻美丽的女子时，却有点不知所措了。为了维持自己仅剩的一点尊严，他没有要饭，只是要了一杯牛奶。女子看到他十分饥饿的样子，就送他一大杯牛奶喝。罗伊慢慢地喝完牛奶，问道："我应该付多少钱?"年轻女子回答："一分钱也不用付。因为妈妈从小就教导我，要对所有的人都充满关爱，做力所能及的事，并不图回报。"

罗伊说："既然你这么说，那么，就请接受我由衷的感谢吧。"说完罗伊离开了这户人家。走出门来，他感到自己浑身充满了力量，上帝好像正朝他点头微笑，一股男子汉的豪气顿时迸发出来。本来，他是想退学的，但他现在改变了看法。

数年之后，那位年轻美丽的女子患了一种十分罕见的疾病，当地的医生对此束手无策。她被转到大城市医治，由专家会诊治疗。如今，那个小罗伊已是一位大名鼎鼎的医生了，他也参与了这次医治，当看到病历上所写的病人的经历时，很是佩服这位患者。面对这种令人难以忍受的痛苦，常人很早就放弃了，而她从未放弃过希望。这个女孩顽强的求生欲望感染了他，一个奇怪的念头霎时闪过他的脑际，他马上向病房奔去，来到病房，他一眼就认出在床上躺着的病人就是曾经帮助过自己的恩人。

回到办公室，罗伊暗暗下了决心："我一定要竭尽所能治好恩人的病!"从那天起，他就特别关照这个病人。经过努力，手术成功了。但却花去了巨额的医疗费用，他毅然在高额的医药费通知单上面签下了自己的名字。

当医药费通知单送到这位特殊的病人手中时，她不敢看，因为她确信，治病的费用将会花去她的全部家当。最后，她还是鼓起勇气，看了医药费通知单，发现旁边写着一行小字："医药费是一杯牛奶。"

【感悟箴言】

帮助别人，有的时候就是帮助了自己。善良是可以储存的，付出多少，就能回报多少，甚至还有利息。与人方便，自己方便。当然，帮助别人如果是抱着贪图回报的目的，那么也肯定事与愿违。

幽默的哲理与启迪

在南部非洲发展共同体首脑会议上，曼德拉出席并领取了“卡马勋章”。接受勋章的时候，曼德拉发表了精彩的讲演。在开场白中，他幽默地说：“这个讲台是为总统们设立的，我这位退休老人今天上台讲话，抢了总统的镜头，我们的总统姆贝基一定不高兴。”话音刚落，笑声四起。

笑声过后，曼德拉开始正式发言。讲到一半，他把讲稿的页次弄乱了，不得不翻过来看。这本来是一件尴尬的事情，但他却不以为然，一边翻一边脱口而出：“我把讲稿的次序弄乱了，你们要原谅一个老人。不过，我知道在座的一位总统，在一次发言中也把讲稿页次弄乱了，而他却不知道，照样往下念。”这时，整个会场哄堂大笑。

结束讲话前，他又说：“感谢你们把这枚用一位博茨瓦纳老人的名字（指博茨瓦纳开国总统卡马）命名的勋章授予我这位老人。我现在退休在家，如果哪一天没有钱花了，我就把这个勋章拿到大街上去卖。我敢肯定在座的一个人会出高价收购的，他就是我们的总统姆贝基先生。”这时，姆贝基情不自禁地笑出声来，连连拍手鼓掌。会场里掌声一片。

【感悟箴言】

笑是人类具备的一种特殊的本能。但任何一个人都不可能随时在笑，笑只是在一定条件作用下才会发生的，而幽默正是引发笑的动力。但如果目的仅是逗大家一笑，那这不算真正的幽默，因为幽默还要使人们在笑过之后能够得到某种哲理和启迪。

学会宽容

一天，美国特级试飞员胡佛驾驶着一架新式战斗机，在升空的刹那间，他猛然感到机身有异样的抖动。尽管这个“庞然大物”还是在惯性的作用下慢慢钻进了云层，但这位王牌飞行员心中出现了不祥的预感。他有过几千次的试飞经历，非常相信自己的直觉。

不出所料，仪表盘上一盏盏醒目的红灯亮起，飞机突然变得悄然无声并急速下坠。刚刚还是宛如飘带的河流，现在能看到河水在翻滚；刚才还酷似火柴盒的建筑物，现在似乎伸手可及……情况万分危急，可怕的空难顷刻间就会发生。

面对死神，胡佛心中默念着两个字——冷静。作为肩负重任的试飞员，他深知新战机是投资上亿美元、耗费无数人智慧和心血换来的成果。凭着令人难以置信的镇静和丰富的经验，胡佛在千钧一发之际扭转了乾坤。奇迹终于发生，漫长的几秒钟后，已经停止工作的发动机再次响起轰鸣声。在引航员的指挥下，胡佛化险为夷，驾驶战机迫降成功。

胡佛稳步地从舷梯上走下，地勤人员奔了过去。一个名叫戴维的机械师跑在最前面，他泣不成声地拥抱着自己的老伙计。原来是因为他一时疏忽，在这架新式战斗机里错误地加进了轰炸机的油料，差一点酿成机毁人亡的悲剧。

知道事情的经过后，胡佛没有对与自己合作了10余年的战友多加指责。“老伙计，一切都过去了，振作起来，不要为无意的过错责怪自己了。”他亲切地拍拍戴维的肩膀，说：“我完全相信你，以后只要是我飞行，一定继续请你‘加油’!”

拥有助人宽容之心

【感悟箴言】

人在社会交往中，吃亏、被误解、受委屈一类的事总是不可避免的。面对这些，最明智的选择是学会宽容。宽容不仅仅包含着理解和原谅，更显示出气度和胸襟，坚强和力量。愈是睿智的人，愈有宽广的胸怀。不肯原谅别人的人，就是不给自己留有余地。须知每一个人都会有需要别人原谅的时候。

要善于给别人面子

沃恩每年都会受邀参加某学会的杂志评审工作，这个工作虽然报酬不多，但却是一项荣誉，很多人想参加都找不到门路，也有人只参加过一两次，就再也没有机会了！沃恩年年有此“殊荣”，让大家都羡慕不已。

他在年届退休时，有人问他其中的奥秘，他微笑着向人们揭开谜底。

他说，他的专业眼光并不是关键，他的职位也不是重点，他之所以能年年被邀请，是因为他很给别人“面子”。他在公开的评审会议上把握一个原则：“多称赞、鼓励，而少讲批评非难之言。但会议结束之后，他会找来杂志的编辑人员，私底下告诉他们编辑上的缺点。”

因此，虽然杂志有先后名次，但每个人都保住了面子。也正是他顾虑别人的面子，因此承办该项业务的人员和各杂志的编辑人员，大家都尊敬他，喜欢他，当然也每年找他当评审了！

【感悟箴言】

年轻人容易犯的毛病是：自以为有见解，自以为有口才，逮到机会就大发宏论，把别人批评得脸一阵红一阵白，他自己则大呼痛快。其实这种举动正是为自己的麻烦铺路，他总有一天会吃到苦头。

事实上，给人面子并不难，大家都在社会丛林里讨生活，给人面子基本上就是一种互助。尤其是一些无关紧要的事，你更要善于给人面子。

学会体谅别人

康娜的弟弟杰恩斯是初出茅庐的画家，居住在西班牙的马约尔加岛。那是康娜母亲到西班牙看望弟弟要返回美国那天发生的事情。

一大早，母亲和弟弟气喘吁吁地把两个大旅行箱从那座具有200年历史的古老公寓的四楼搬下来，他们把旅行箱放在几乎无人通过的路边，坐在箱子上等出租车。

马约尔加岛不是大城市，出租车不会经常往来，当然也无法通过电话叫车，只能在路边等着。谁也不知道出租车何时能来。

康娜的弟弟因为已在岛上住了3年，很了解这种情况，所以显得坦然自在。马约尔加岛的生活与华盛顿快节奏的生活截然不同。

大约过了20分钟，从相反车道过来一辆出租车，杰恩斯立即起身招手，但他看到车内有乘客时就放下手，出租车缓缓地驶去。

然而，那辆车驶了30米左右就停住了，那位乘客下车了。

“噢，真幸运，那人在这里下车呀。”

从车内走出的是一位看起来颇有修养的老绅士。杰恩斯对这个偶然感到很高兴，并迅速把旅行箱装进车的后备箱。坐进车后，杰恩斯告诉司机：“去机场。”并说：“我们真幸运，谢谢你。”

司机耸了耸肩膀说：“要谢，你们就谢那位老先生吧，他是特意为你们而早下车的。”

杰恩斯和母亲不解其意，于是司机又解释道：“那位老先生本想去更远的地方，但是看到你们后就说，我在这里下车，让两位乘客上车吧。这么早拿着旅行箱站在路边，一定是去机场乘飞机的。如果是这样，肯定有时间限制。我反正没什么急事，我在这里下车，等下一辆出租车。所以，你们要谢就谢那位老先生吧。”

杰恩斯很吃惊，他恳请司机绕道去找那位老先生。当车经过老先生身边时，杰恩斯从车窗大声向那位悠然地站在路边的老先生道谢。老人微笑着说：“祝你们旅途愉快。”

后来杰恩斯在给康娜的信中这样写道：“我对他人的体谅与那位老先生相比程度完全不同。我即使体谅他人，自己在心里也会想：能做到这点就不错了……”

【感悟箴言】

爱包含两方面：给予他人你的爱和接受他人的爱。一旦你只接受不付出，这架爱的天平就会失衡。其实在生活中，默默地为别人端一杯水，递一本书，多做一些力所能及的事，这个世界就会成为爱的海洋。

让善良永驻

克鲁斯的姑妈有一个名叫奥黛丽太太的敌人。克鲁斯的姑妈和奥黛丽太太都还是在做新娘的时候就搬到了这座小镇的主街上，她们成了隔壁邻居，都想在这条街上住一辈子。

克鲁斯不知道她们之间“战争”开始的原因是什么——那是在他出生之前很久的事情了——但克鲁斯多次目睹她们进行激烈的“战斗”。

在一个没有风的洗衣日，晾衣绳被神秘地弄断了，那些床单在泥地上打滚，只好重洗。这些事有些时候是上帝干的，但更多时候都能认定是奥黛丽家孩子们干的。

克鲁斯简直不知道姑妈怎样才能受得住这些骚扰——如果不是她每天读的《旧金山新闻报》上有一个家庭版的话。这页家庭版很精彩，除了日常的烹饪知识和卫生知识以外，它还有一个专栏，由读者间的通信组成。方式是这样的：如果你有问题，或者只是想发发怨气，那么你写信给这家报纸，署上一个化名，例如草莓，这就是姑妈的化名。然后另一位与你有同样烦恼的女士会回信给你，并告诉你她是如何处理此类事情的。署名为“你知道的人”或者“泼妇”之类。常常是问题已经处理掉了，你们仍然通过报纸专栏保持数年的联系，你对她讲你的孩子、你如何做罐头食品乃至你卧室里的新家具。

克鲁斯的姑妈因此遇到了一件意想不到的事情。她和一位化名海燕的女士保持了10年的通信联系，克鲁斯的姑妈曾把从没对第二个人讲过的东西都告诉了海燕——例如那回她想再要个孩子，却没有要成的事，以及那次她的孩子把“笨蛋”一词放到头发上带到学校里，令她感到很丢脸，虽然事情在引起镇上人们的猜测之前就已经被处理掉了等等。总之，海燕是克鲁斯姑妈真正的知心朋友。

在克鲁斯16岁的时候，奥黛丽太太因病去世了。按当地的风俗，同住在一个小镇上，不管你曾对你的隔壁邻居有多么憎恶，从道义上讲还是应当过去看看能不能帮死者家属做点什么。

克鲁斯的姑妈穿了一件干净的棉花围裙，以此表明她想要帮助做点事情。穿过了两块草坪来到奥黛丽家，奥黛丽家的女儿让她去打扫本来已经很干净的前厅，以备葬礼时占用。在前厅的桌子上，有一个巨大的剪贴簿，在剪贴簿里，整整齐齐贴在并排的栏目里的是多年来克鲁斯的姑妈写给海燕和海燕写给她的回信。克鲁斯姑妈的死对头竟也是她的好朋友！

那是克鲁斯惟一一次看到姑妈放声大哭。当时，他还不能确切地知道她为什么哭，但是现在他知道了，她在哭那些再也不能补救回来的，被浪费掉的没有和朋友好好相处的时光。

【感悟箴言】

人大多有善恶两面，没有十足的坏人，也没有十足的好人。善于发现别人善良一面的人，自己也就是善良的人。而善于发现别人邪恶一面的人，自己也逐步滑向邪恶的边缘。所以，试着打开心窗，让更多的善良进到自己的心里。

有一种品质叫胸怀大度

切忌做一个心胸狭小之人。心胸狭窄、目光短浅的人是难以成大事的。人生的许多大问题之一就是“性格”问题，由于不合群性格的存在，使得人与人之间产生了许多困扰及难题。一个能成就一番事业的人，一定是一个心胸开阔的人。

胸襟是否开阔是衡量一个人能否成就大事的重要方面，因为胸襟越开阔的人，往往眼光高远，不计小利，以大局为重；相反，胸襟狭小，只会看重蝇头小利。

“大丈夫行不更名，坐不改姓，行得正，走得端”，这是俗话，但也体现了一个人的胸襟如果足够开阔，那么他所做的事情和他的做人原则，一定是很有特点的。青年人，就应有这种习惯，这种特点。

小事情会使人偏离自己本来的主要目标和重要事项，因此，有积极心态的人不会把时间花在这些小事上。如果一个人对一件无足轻重的小事情做出反应——小题大作的反应——这种偏离就产生了。以下这些小事情的荒谬反应值得参考。1654 年的瑞典与波兰之战仅仅是因为在一份官方文书中，瑞典国王的附加头衔比波兰国王少了一个。大约 900 年前，一场蹂躏了整个欧洲的战争竟然是因桶的争吵而爆发的。有人不小心把一个玻璃杯里的水溅在托莱侯爵的头上，就导致了一场英法大战。一个小男孩向格鲁伊斯公爵扔鹅卵石，导致瓦西大屠杀和 30 年战争。

虽然由一件小事引发一场战争在我们的身上发生的可能性不大，但我们可能会因小事而使周围的人不愉快。因此说，一个人为多大事发怒也就说明了他的心胸有多大。拿破仑·希尔认为，在人生的舞台上，选择做一名焦点人物，扮演重要的角色，把自己的性格塑造得更得人心，也就更接近成功。

由于彼此个性的冲突，造成了多少家庭的破碎、友谊的决裂、劳资的矛盾等等，甚至国与国之间也因为观点未能一致而演变成干戈相见。

在这个问题上，我们有最大选择，再度扮演着一个最重要的角色。你可以让自己做一个友善的人，也可以去做一个难处的人；你可以热心助人，也可以拒人于千里之外；你可以与人虚心合作，也可以固执己见；你可以使自己激动，也可以要自己冷静；你可以让自己发脾气，也可以使自己对那些原本会使你生气的事淡然处之；你可以去做一个和蔼可亲的人，也可以做一个尖酸刻薄的人；你可以信任别人，也可以对谁都不信任；你可以自以为人人都与你为敌，也可以自信大家都喜欢你；你可以干干净净、清清爽爽，也可以邋邋遢遢、不修边幅；你可以蹉跎、怠惰，也可以雄心勃勃……难道你不能自己做选择吗？这，不用想，你当然能。

一个能成就一番事业的人，定是一个心胸开阔的人。

青年人要成大事，一定要有一个开阔的胸怀，只有养成了使自己的胸襟开阔，坦然面对、包容一些人和事的习惯，才会在将来取得事业上的成功与辉煌！你要想拥有宽容忍让的习惯——做一个胸怀大度的人，坦然面对，养成包容一些人和事的习惯。

【感悟箴言】

纵观古今中外，大凡有所作为的人，除自身才智卓越和执著追求外，还有一个共同的秉性，就是胸怀大度。他们能以自己开阔的胸襟去对待世间万物，用那颗博大的心去宽容世间的冷嘲热讽。

胸怀大度是一种高尚的品质。它容万物于胸襟，藏和善于心田，在博大中显出深沉与完美。在沧海桑田的世上，胸怀大度者在宽容别人的同时也开发了自己，世间也因他们多了祥和与宁静。

小事之中体现修养

一件小事，往往能体现出一个人的修养和水准。以偏概全，就会抓不住要害，就会因小失大，失去成功的机会。用人就是要用他的大才干，不要纠缠于他的小过失。

对于成大事者而言，他们通常的做法是：把眼光放在远处，从长远利益考虑问题，力戒因小失大。

青年人一定要牢记这样的例子，在生活、工作、事业之中善忍小节的习惯，从而成就一番事业。

《三国演义》中说张飞闻知关羽被东吴所害，下令军中，限三日内制办白旗白甲，三军挂孝伐吴。次日，帐下两位将士范疆、张达报告张飞，三日内办妥白旗白甲有困难，须宽限方可。张飞大怒，让武士将二人绑在树上，各鞭五十，打得二人满口出血。鞭毕，张飞手指二人："到时一定要做完，不然，就杀你二人示众！"范疆、张达受此刑责，心生仇恨，便于当夜，趁张飞大醉在床，将张飞一刀刺死。时年五十五岁的张将军，就这样因一件小事而结束了叱咤风云的一生，值与不值，后人自有评论。只希望大家以此为鉴，该忍则忍，顾全大局。既然木已成舟又何必再去做那些图一时痛快而损害了长远利益的事情呢？

"尖锐的批评和攻击，所得的效果都是零。批评就像家鸽，最后总是飞回家里。我们想指责或纠正的对象，他们会为自己辩解，甚至反过来攻击我们。"

人有七情六欲，喜怒哀乐是人与生俱来表达情感方法，一个人在这世上，难免会遇到令人高兴或气愤的事。兴奋的事可以使人心情愉快，精神奋发，并使生活充满无限的希望。而令人气愤的事往往就会使人义愤填膺，怒火中烧，很可能使人丧失理智，做出不可收拾的不良举动。

我们都知道，当一个人气上心头时，意气用事是在所难免的，因此，不论所说的话或所做的事，总是超出人所能想象的。在这个时候，即使平常说话非常谨慎的人，也会因丧失考虑而祸从口出。

然而，尽管生气是人之常情，但一个人生活在世上，若能高高兴兴地过一生，那不是一件很美的事？所以，我们应尽量以愉快的心情来处理生活上的各种问题。即使一旦发怒，最好能尽量忍在心里，不要爆发，用理智来抑制激情，才能使大事化小，小事化无。

一件小事，往往能体现出一个人的修养和水准，在小节上，能够表现得很好的人，他的成功之路上，定会少去许多漏洞。能忍小节的人，才能够经过千折百转之后成就一番大事业。青年人要从小事做起，牢记着忍小节才能成就大事的道理。

处理事情的时候，一味地强调细枝末节，以偏概全，就会抓不住要害，没有重点，头绪杂乱，不知从何下手。因此无论是用人还是做事，都应注重主流，不要因为一点小事而阻碍了事业的发展。须知金无足赤、人无完人，我们要用的是一个人的才能，不是他的过，那为什么还总把眼光盯在那过失上边呢？忍小节，就是不去纠缠小节、小问题，要宽容待人。顾全大局的人，不拘泥于区区小节；要成就一番大事的人，不追究一些细碎小事；观赏大玉圭的人，不细考察它的瑕疵；得木材的人，不为其上的囊蛀而怏怏不乐。因为一点瑕疵就扔掉玉圭，就永远也得不到完美的美玉；因为一点囊蛀就扔掉木材，天下就没有完美的良材。

对于一个几乎把自己射死，又曾经保护和追随自己政敌的人，你敢用吗？春秋五霸之一的齐桓公就大胆地使用了这样一个与自己有“仇”，但确实能辅佐自己的良才——管仲。正是由于齐桓公能够忍住个人的恩怨，不拘小节，大胆任用人才，才使他在春秋战国时代首先称霸。而齐桓公称霸，全靠他的参谋管仲。

齐桓公名小白，原是齐国公子。管仲原本是小白之兄公子纠的师傅。齐国的君主僖公死后，各公子争夺王位，到最后剩下公子小白与公子纠。管仲为替公子纠争王位，还曾用箭射伤公子小白。最终结果是小白回到齐国继承了王位，是为齐桓公。帮助公子纠争王位的鲁国在与齐国的交战中大败，只得求和。桓公要求鲁国处死纠，并交出管仲。

消息传出后，大家都同情管仲，因为被遣送到敌方去无疑是要被折磨致死。有人建议说："管仲啊！与其厚着脸皮被送到敌方去，不如自己先自杀。"但是管仲只是一笑了之。他说："如果要杀我，当该和主君一起被杀了，如今还找我去，就不会杀我。"就这样，管仲被押回齐国。

到了齐国，桓公马上任用管仲为宰相，这连管仲自己都没有想到。

齐国在今山东半岛一带，从整个周朝来看，只不过是东边的一个小国。如何使这个小国登上天下霸主的地位，这是管仲日夜思索的问题。

他决心要先整顿"法制"，谋求中央集权的强国富民政策。人性本是趋利避害的，因而必须实行以法为基准、赏罚分明的政治以达成严格的君民统治。而富足民生，拉拢人心更是明君之道。此外，还需同时致力于远播威名于四海的工作。这些不只是强国思想，也是称霸天下的统治思想。

齐国与鲁国相邻，由于国界绵延相连，武力冲突不断。齐桓公五年，齐国打败鲁国，鲁国只得割让自己一块土地求和。鲁王与将军曹沫一起前往齐国谈和。议谈中，曹沫突然站起来举起短剑抵在齐桓公胸前，以必死的眼光逼视着桓公说："我鲁国是个小国，如今由于大王的侵略，国土越发狭小，无论如何请齐王退回所夺去的土地。""我答应。"桓公只得听命。

"那么，就在这里订下归还土地的盟约吧！"

由于短剑抵在桓公胸前，谁也不敢插手，于是签订了归还土地的盟约。

桓公为了保命才归还土地，并非真的要归还，他在鲁王离去后，立即向群臣说："盟约另行书写，绝不退出占领地，原来盟约无效。"此时管仲劝谏桓公道："君主的心情我理解，但那样做必定因小失大。轻易破坏既定的法则，失信于诸侯，将会失去得天下最重要的后盾，千万不要迷恋于这样的一小块土地。"

桓公立刻冷静下来，接受管仲的建议，收兵而返。这件事很快传到邻近诸侯的耳里，大家传颂齐王的果断，更敬畏桓公的英勇，齐国的信誉大大提高了。

齐国北方的燕国受到周边少数民族——山戎的攻打，求救于齐国。齐桓公出兵征讨山戎，燕王为了表示感谢，亲自把桓公送回齐国境内。桓公便在自己与燕王之间挖了一道鸿沟，把燕王所到之齐地都给了燕国。

桓公赠给燕王一小块领土，小小的恩惠却被广为传诵，诸侯听说桓公所为，均归顺齐国，齐桓公霸业乃成。

“一年之计如植谷，十年之计，如植树。”

“一分耕耘一分收获是为谷，一分耕耘十分收获是为树，一分耕耘百分收获是人才。”这是管仲留给后世的著作《管子》中的一节。管仲之所以能够当上宰相，这与他的好朋友鲍叔牙有很大关系。他们年轻时曾秘密约定辅佐齐建立霸业。当时在公子纠处当师傅的管仲对当小白师傅的鲍叔牙说：“齐国必定是由纠或小白当君主，其他公子不配继承。很幸运，我们在这两个优秀的公子旁边当师博。不管谁继承王位，我们都要合力辅助君主。”结果，公子纠失败，桓公继位，因此鲍叔牙召来管仲，救了他的命，并且推荐他为宰相，遵守了彼此的约定。

鲍叔牙年轻时就发觉了密友管仲卓越超凡的才智，彼此建立了深厚的友情。有一次。两个人一起去做买卖，鲍叔牙将所得利益的三分之二送给管仲。因为管仲穷困，所以鲍叔牙认为这是应该的。又有一次，管仲为鲍叔牙做了一件事，反而使鲍叔牙陷入窘境，然而鲍叔牙并没有怨恨管仲。

由这些事，可以看出鲍叔牙对管仲有如家兄一般。而鲍叔牙本身也是个有才略的人，深谋远虑，处事恰如其分，正确无误，推荐管仲为相只是自己策略的转嫁而已。在他们的共同努力之下，齐桓公平定乱世成为开创霸业的先驱。

桓公在位 43 年，管仲在桓公死后两年也去世，这期间管仲一直担负着重大的责任。“你无须负起任何责任，却把你的理想通过我来实现，你没有性命之忧就实现了理想。但是我能为天下做点事，也是该无悔了。”管仲临终时对最好的朋友鲍叔牙说。“我感谢你所做的一切，因为你使我没有性命之忧就实现了理想!”鲍叔牙如此回答。

鲍叔牙不因为管仲贪小财而看不起他，知道他是一个有大才干的人，而齐桓公也是任人唯贤，不计较他曾射了自己一箭的小仇。正是这样，管仲才发挥了他的才能，齐国也得到了治理，成为强国。如果只是一味地考虑这个人的小毛病，那么这世界上哪有完人呢？用人就是要用他的大才干，不要纠缠于小过失，否则天下就没有真正的能人可用了。

【感悟箴言】

其实我们在日常生活中，也都常在做这种因小失大的傻事。我们不是常因觉得东西便宜，所以就大量采购，以至用不完而浪费掉。我们不也常为了芝麻小事，和多年好友闹翻，甚至于老死不相往来，却还洋洋得意的吗？夫妻之间不也常为了小事冷战多日，而失掉家居乐趣还不自知吗？如果把那些为了小利或贪一时之快，而赔上名誉、生命甚至灵魂的人，都一并算上那人数就更多得数不清了。耶稣说：“人纵然赚得了全世界，却赔上了自己的灵魂，为他有什么益处?”

所谓经路窄处，留一步与人行；滋味浓的，减三分让人尝。一个人如果能做到这样就不太容易会因小失大。

忍一时的委屈会换来成功

忍一时的委屈，才会有将来的成功。不能忍耐的结果，往往是不得不更长久的忍耐。学会忍耐，就是学会不做蠢事。就是学会不做那些一时痛快，后来又终身懊悔不已的事。

在成大事人的眼中，任何委屈都不足以让人心灰意冷，相反更加能鼓舞士气，激发出一定要做成事情的欲望。

在成大事的过程中，一个人难免会有受委屈的时候，而如何以柔克刚，尽显本色，则是值得我们学习的。青年人是否可以成大事，也看你在这样的时候是否以一种良好的习惯来控制自己，是否能够以柔克刚。

能忍一时的委屈，才会有将来的成绩。

唐代武则天专权时，为了给自己当皇帝扫清道路，先后重用了武三思、武承嗣、来俊臣、周兴等一批酷吏。她以严刑厉法、奖励告密等手段，实行高压统治，对抱有反抗意图的李唐宗室、贵族和官僚进行严厉的镇压，先后杀害李唐宗室贵戚数百人，接着又杀了大臣数百家。至于所杀的中下层官吏，就多得无法统计。武则天曾下令在都城洛阳四门设置“匦”（即意见箱）接受告密文书。对于告密者，任何官员都不得询问，告密核实后，对告密者封官赐禄；告密失实，并不反坐。这样一来，告密之风大兴，不幸被株连者不下千万，朝野上下，人人自危。

一次，酷吏来俊臣诬陷平章事狄仁杰等人有谋反行为。来俊臣出其不意地先将狄仁杰逮捕入狱，然后上书武则天，建议武则天降旨诱供，说什么如果罪犯承认谋反，可以减刑免死。狄仁杰突然遭到监禁，既来不及与家里人通气，也没有机会面奏武后，说明事实，心中不由焦急万分。审讯的日子到了，来俊臣在大堂上读武后的诏书，就见狄仁杰已伏地告饶。他趴在地上一个劲地磕头，嘴里还不停地说：“罪臣该死！罪臣该死！大周革命使得万物更新，我仍坚持做唐室的旧臣，理应受诛。”狄仁杰不打自招的这一手，反倒使来俊臣弄不懂他到底唱的是哪一出戏了。既然狄仁杰已经招供，来俊臣将计就计，判他个“谋反是实”，免去死罪，听候发落。

来俊臣退堂后，坐在一旁的判官王德寿悄悄地对狄仁杰说：“你也要再诬告几个人，如把平章事杨执柔等几个人牵扯进来，就可以减轻自己的罪行。”狄仁杰听后，感叹地说：“皇天在上，后土在下，我既没有干这样的事，更与别人无关，怎能再加害他人？”说完一头向大堂中央的顶柱撞去，顿时血流满面。王德寿见状，吓得急忙上前将狄仁杰扶起，送到旁边的厢房里休息，又赶紧处理柱子上和地上的血渍。狄仁杰见王德寿出去了，急忙从袖中抽出手绢，蘸着身上的血，将自己的冤屈都写在上面，写好后，又将棉衣撕开，把状子藏了进去。一会儿，王德寿进来了，见狄仁杰一切正常，这才放下心来。

狄仁杰对王德寿说："天气这么热了，烦请您将我的这件棉衣带出去，交给我家里人，让他们将棉絮拆了洗洗，再给我送来。"王德寿答应了他的要求。狄仁杰的儿子接到棉衣，听到父亲要他将棉絮拆了，就想：这里面一定有文章。他送走王德寿后，急忙将棉衣拆开，看了血书，才知道父亲遭人诬陷。他几经周折，托人将状子递到武则天那里，武则天看后，弄不清到底是怎么回事，就派人把来俊臣叫来询问。来俊臣做贼心虚，一听说太后要召见他，知道事情不好，急忙找人伪造了一张狄仁杰的"谢死表"奏上，并编造了一大堆谎话，将武则天应付过去。

又过了一段时间，曾被来俊臣妄杀的平章事乐思晦的儿子也出来替父伸冤，并得到武则天的召见。他在回答武则天的询问后说："现在我父亲已死了，人死不能复生，但可惜的是太后的法律却被来俊臣等人给玩弄了。如果太后不相信我说的话，可以吩咐一个忠厚清廉，你平时信赖的朝臣假造一篇某人谋反的状子，交给来俊臣处理，我敢担保，在他酷虐的刑讯下，那人没有不承认的。"武则天听了这话，稍稍有些醒悟，不由想起狄仁杰一案，忙把狄仁杰召来，不解地问道："你既然有冤，为何又承认谋反呢?"狄仁杰回答说："我若不承认，可能早死于严刑酷法了。"武则天又问："那你为什么又写'谢死表'上奏呢?"狄仁杰断然否认说："根本没这事，请太后明察。"武则天拿出"谢死表"核对了狄仁杰的笔迹，发觉完全不同，才知道是来俊臣从中做了手脚，于是，下令将狄仁杰释放。这是一个典型的以柔克刚，忍一时委屈，而最终达到目的的例子。狄仁杰的做法告诉我们，有时候忍耐住刚强直率的性格与对手周旋，是斗争中的良策；相反以硬碰硬，会让自己吃大亏，这样做无论从哪方面来讲都是不明智的。青年人一定要记住这一点，在事业的开创中，以此为鉴，学会耐住委屈的习惯，记住柔亦可克刚。

做人要懂得以退为进之道，因为以退为进，不但不会减缓成功的脚步，反而还会给它增加动力。忍人所不能忍，这需要勇气和毅力，需要青年人拥有良好的宽容与忍让的习惯和作风，同时，更需要一种成事者的大家风范。青年人要成大事，这种习惯和作风是必不可少的，惟有如此，才会在关键时刻显出英雄的宽宏大量的风范，才赢得人心，从而成就大事。

【感悟箴言】

当我们面对纷至而来的各种压力时，不妨学习一下雪松的精神。当大雪来临时，不一会儿，树上就落了厚厚的一层雪。不过当雪积到一定程度，雪松那富有弹性的枝条就会向下弯曲，直到雪从枝上滑落。这样反复地积，反复地弯，反复地落，雪松完好无损。可其他的树，因为没有这个本领，树枝被压断了，只有雪松因为特殊的本领，才度过了大雪纷飞的寒冬。对于外界的压力要尽可能地去承受，在受不了的时候，学会弯曲一下，像雪松一样让一步，这样就不会被压垮。确实，弯曲不是倒下，也不是毁灭。它是一种生存方式，也是人生的一门艺术。

以退为进，由高到低，这既是自我表现的一种艺术，也是生存竞争的一种策略。有时候，不刻意地追求反而有所得，追求得太迫切、太执著反而只能徒增烦恼。以退为进，这种曲线的生存方式有时比直线的方式更有成效。面对压力、障碍，后退几步，再加上冲力，成功的希望可能更大。

成大事者善让

一个心胸狭窄、处处提防别人的人，是不可能有真正的伙伴和朋友的。宽以待人，就是将心比心，推己及人，真诚待人，就能赢得别人的好感、依赖和尊敬。

拥有助人宽容之心

成大事者善让，即遇事不与人无谓地争高论低，而是通过退让的办法，去专注地做自己的事情。很多人之所以不能成大事，其中要害之一就是无谓地好争而不好让。君子坦荡荡，这是千百年来流传下来的一种品德。做人要胸襟宽广，要有宽容平和之心，这不仅是一种魅力，更是事业有成之中的必备习惯。青年人要培养主动让道的精神从而为将来成大事奠定良好的基础。

宽容是人格魅力中的要点。一个人以敌视的眼光看人，对周围的人戒备森严，心胸窄小，处处提防，就不会有真正的伙伴和朋友，只会陷人孤独和无助中；而宽宏大量，与人为善，宽容待人，能主动为他人着想，肯关心和帮助别人的人，则讨人喜欢，被人接纳，受人尊重，具有魅力，因而能更多地体验成功的喜悦。

主动让“道”是一种宽容，即在人际交往中有较强的相容度。相容就是宽厚、容忍、心胸宽广、忍耐性强。人们常说这样一句话：“大海是广阔的，比大海更宽广的是天空，比天空更广阔的是人的胸怀。”也有人把忍耐性比作弹簧，具有能伸能曲的韧性。有人说过这样一句话：“谁若想在困厄时得到援助，就应在平时待人以宽。”就是说，相容接纳、团结更多的人，在平常的时候共奋斗，在困难的时候共患难，进而增加成功的力量，创造更多成功的机会。反之，相容度低，则会使人疏远，减少合作力量，人为地增加阻力。

主动让道，要求青年人首先要学会宽以待人。宽以待人，就是将心比心，推己及人。孔子早就告诫人们：“己欲立而立人，己欲达而达人。己所不欲，勿于人。”意思是自己不愿做，不能接受的事情一定不能推给他人，而要将心比心。在人际交往中，记住“己所不欲，勿施于人”的教诲是大有裨益的，它可以避免提出人们难以接受的要求，避免由此而来的难堪局面，建立和维持良好的人际关系。推己及人，是以自己为标尺，衡量举止能否为人所接受，其依据是人同此心，心同此理。将心比心，还可以用角色互换的方法，假设自己站在对方的位置上就能够设身处地地体会到对方的感受，从而谅解别人。

要成大事的青年人还要明白，宽以待人，要有主动“让道”精神。在与他人交往中常常会因为对信息的意义理解不一，个性、脾气、爱好、要求不同，价值观念的差异产生矛盾或冲突，此时我们应记住乔西·布鲁泽恩的话：“航行中有一条规律可循：操纵灵敏的船应该给不太灵敏的船让道。”所以我们在遇到分歧或是争执时，一定要注意他人的建议是否有合理性，绝不能一棍子打死，主动“让道”，而不应争先“抢道”。“礼让三分”能确保“安全”，于己于人都有利。

人往往能够将别人的缺点看得一清二楚，但这并不意味着你可以因此严厉地指责别人。在与人相处时，要懂得体谅他人，在不伤害人的前提下，适当地帮助别人。如果以严厉的态度对待别人，容易遭致他人的怨恨，反而无法达到目的。避免遭受困扰的关键就在于你能否以宽容的态度对待他人。

主动让道的宽容，还包括对爱情观点的处理。我们不应用苛刻的标准去要求别人，要尊重人家的自由权利，爱情之所以可以成为催人上进的力量，不是由于严厉，而是由于宽容。爱情使人原谅了爱人的种种缺点、毛病，能使爱人“旧貌换新颜”。因此，做一个肯理解、容纳他人的优点和缺点的人，才会受到他人的欢迎。而对人吹毛求疵，又批评又说教没完没了的人，不会有亲密的朋友，人家对他只有敬而远之。

有这样一件事：一个年轻人抱怨妻子近来变得忧郁、沮丧，常为一些鸡毛蒜皮的事对他嚷嚷，甚至会对孩子无缘无故地发脾气。这都是以前不曾发生的。他无可奈何，开始找借口躲在办公室，不愿回家。一位经验丰富的长者问他最近是否争吵过，青年回答说，为了装饰房间发生过争吵。他说：“我爱好艺术，远比妻子更懂得色彩，我们为了各个房间的颜色大吵了一场，特别是卧室的颜色。我想漆这种颜色，她却想漆另一种颜色，我不肯让步，因为我对颜色的判断能力比她要强得多。”长者问：“如果她把你办公室重新布置一遍，并且说原来的布置不好，你会怎么想呢？”“我绝不能容忍这样的事。”青年答道。于是长者解释：“你的办公室是你的权力范围，而家庭及家里的东西则是你妻子的权力范围。如果按照你的想法去布置‘她的’

厨房，那她就会有你刚才的感觉，好像受到侵犯似的。当然，在住房布置问题上，最好双方能意见一致，但是要记住在做出决定时也要尊重你妻子的意见。”青年人恍然大悟。

【感悟箴言】

正所谓：忍一时风平浪静，退一步海阔天空。对于别人的过失，必要的指责无可厚非，但能以博大的胸怀去宽容别人，就会让世界变得更精彩。以宽容之心度他人之过，做世上精彩之人。

有容德乃大

“己欲立而立人，己欲达而达人；己所不欲，勿施于人。”宽容待人，是成功者的风度，这种风度不是装出来的。宽容不但表现为一种胸怀，也表现为一种睿智。做人，尤其是做能成大事的人，必须信守“惟宽可以容”的原则，这好比海是宽广的，做人应该有海一样的胸怀，可以纳百川之水。这也应是青年人倡导的一种精神：宽厚平和、虚怀若谷。用宽以待人的习惯与品行成大事。

古人说：“江海所以能为百川王者，以其善下之。”“有容德乃大。”“惟宽可以容人，惟厚可以载物。”“君子不责人所不及，不强人所不能，不苦人所不好。”从社会生活实践来看，宽容大度确实是人在实际生活中不可缺少的素质，能像海一样容纳许多东西——不仅有好的，还有不好的。的确，在人生旅途上，人们经常会遇到毁誉问题。如何正确对待毁誉，反映了一个人的精神境界和道德修养水平。历来高尚的人都主张要注意个人品行和道德的修养，注意声誉。

一个人的声名往往容易毁于其他人的议论。“人言可畏”，蔡元培先生主张用“不必计较”来对待毁坏人名声的“人言”，要求人们不必把个人的名声看得过重。没有事实根据的人言，总是“腿短”的，不会长久站得住脚，毁人名声的人也许得逞于一时，但终会败露，一个人的品行是客观存在的，它最有说服力。俗语说：“身正不怕影子斜。”古人也说：“人言不足恤。”对待毁人名声的流言蜚语，无言是最好的轻蔑，“模糊”些可以省却许多解释和精力。对于那些无中生有、信口雌黄、不负责任的“人言”，只当耳旁风，就像鲁迅先生对待这种“人言”一样，连眼球都不转一转！“走自己的路”，用自己的行动将“人言”打个粉碎。还是蔡元培先生说得好：“是毁是誉，无甚价值，万勿因人毁誉而忧喜。”因“毁”而忧会失去信心，为“誉”而喜会停步不前。与其因毁而忧，不如自强不息，坚定信心，走自己的路；与其因誉而喜，不如谨慎谦虚、不骄不躁，更上一层楼。先哲们谆谆教诲我们：“不以己悲，不以物喜。”是我们做人处世应该牢牢记住的。

青年人要想成就事业，首先要有宽以待人的处世习惯。反之，一个以敌视的眼光看人，对周围的人戒备森严，心胸狭小，处处提防，不能宽大为怀的人，必然会因孤独而陷于忧郁和痛苦之中：一个宽宏大量、与人为善、宽容待人，能主动为他人着想，肯关心和帮助别人的人，肯定讨人喜欢、被人接纳、受人尊重、具有魅力，因而能更多地体验成功的喜悦。

宽以待人，就是在交际交往中有较强的相容度。相容就是宽厚，容忍，心胸宽广，忍耐性强。人们往往把宽广的胸怀比作大海，能广纳百川之细流，也不拒暴雨和冰雹；也有人把忍耐性比作弹簧，具有能伸能曲的韧性。就是说，相容能接纳、团结更多的人，在顺利的时候共奋斗，在困难的时候共患难，进而增加成功的力量，创造更多的成功的机会。反之，相容度低，则会使人疏远，减少合作力量，人为地增加成功的阻力。

唐代文学家韩愈说：“古人君子，其责己也重以周，其待人也轻以约。”古代有修养的人，待人很宽厚，而要求自己则十分严格和全面。只有严于律己，才能更有感召力和吸引力。在工作中，兢兢业业、一丝不苟、精益求精；在日常生活中，以礼待人，遵守信约，多为他人着想，遇到危险时勇敢无畏、挺身而出，发生摩擦冲突时主动退让。“礼让三分”，宽容让人。

还有，生活中常会遇到一些令人讨厌的事情，这就要求我们凡事想开些。不要以为这是陈词滥调。这句话的确极为平凡，说是老生常谈也可以。但是我们不能不承认，经过无数人传诵的名言谚语，聚集了许多智慧。有句名言："事情既然已是这样，就不会成为别的样子，勇于承认事情就是这样的情况，平心静气地接受已发生的事情，是克服更多不幸的第一步。"凡事要想得开，对于一些无可避免的事实，更要提得起、放得下、接得住、受得了。只有这样，人生才能潇洒倜傥。要勇敢地面对不幸、灾难和挫折，用平静的心态去承受不可改变的事实，再重新开始。

人一生有无数件小事，为这些鸡毛蒜皮小事伤脑筋，实在是耗费人生，请不要为小事生气。我们可以开阔胸襟，忘却许多不愉快的经历。不要为一些不令人注意、也是应当迅速忘掉的微不足道的小事所干扰而失去理智。我们生活在这个世界上只有几十个年头，却因纠缠无聊琐事而白白浪费我们许多宝贵的时间，实在不值。

【感悟箴言】

当你伸出一个手指去谴责别人时，有三个手指恰恰是对着自己的。

我们总是拿放大镜对着别人的过失与缺点，不断地对别人加以指责和埋怨。而对自己的错误，我们总是抱着宽容的态度，导致了我们曾经有过的错误一犯再犯。由于对别人的埋怨，对自己的宽容，我们的周围再也看不到真诚的笑脸，再也交不到知心的朋友，生活变得冷漠乏味且沉重不堪。

学会宽容吧，互相宽容的朋友一定百年同舟，互相宽容的夫妻一定千年共枕！

要学会控制自己

人总是很难控制自己的各种情绪。漫不经心是人最大的弊病，它能使人蹉跎一生，无所成就。从身边的小事做起，练就做大事的本领。你播种了宽厚，你就会赢得别人的宽容；你播种了忍让，你就会赢得更广阔的天空。

一个不能控制自己的人，往往情绪激动，指手划脚，就会把本来可以办成的事办不成。这是成大事者一大戒，他们的习惯是：先控制自己，再控制别人。

1. 最难控制的是自己

世界上，惟有自己最可怕，也惟有自己最难以对付。

那些体悟佛理的人都知道，佛学的道理并不高深，也不需要特别地去做。这样说起来似乎得道成佛很简单，可实际上却几乎没有人能做得到。原因在于，没有人能够把自己完全控制住。人们免不了放纵自己，一任自己个性的发展。青年人处于激情旺盛的年龄，控制自己则更需要一番功夫。

人的本能，不是一件可以轻易抛却的小事！

人总是很难控制自己的各种情绪。在法庭上，一些犯人对于对方律师的质问通常会以“我不记得了”或“我不知道”来回答。所以聪明的律师就会用尽各种可能的办法来套取证人的供词。有时甚至故意想方设法让证人控制不了自己的情绪。一旦证人上了钩，被律师的话刺激得怒不可遏，就会失去自制说出他在冷静的情况下不会说出的证词。

一生的时间，有的人能够成就一番事业，有的人却一事无成。除了机遇不同外，有的人勤奋，有的人懒惰。有些人虽然勤奋，注意力却不集中，老是漫不经心，朝秦暮楚。漫不经心是人最大的弊病，它使得人蹉跎一生，无所成就。而克服漫不经心，就必须得有一定的意志力来约束自己，让自己一次只完成一件事。控制好自己，养成这样的习惯，循序渐进，慢慢培养自己的性格，也就获得了通向成功大门的钥匙。

2. 有自制力才能控制别人

人们常说以身作则，只有自己做好了，才能让别人信服。同样，只有有自制力的人，才能很好地控制其他的人。有这样的例子：

有一次，小江和办公大楼的管理员发生了一场误会，这场误会导致了他们两人之间的彼此憎恨，甚至演变成激烈的敌对态势。这位管理员为了表示他对小江的不悦，在一次整栋大楼只剩小江一个人时，他就立即把整栋大楼的电灯全部关掉。连续发生了几次同样的事情后，小江终于忍不住要还击了。

周末下午，机会来了。小江刚在桌前坐下，电灯灭了。小江跳了起来，奔到楼下锅炉房。管理员正若无其事地边吹口哨边添煤。小江一见到他就不由得破口大骂，直到把所有能想到的骂人的话全骂完了这才停下来。这时候，管理员站直身体，转过头来，脸上露出开朗的微笑，他以一种充满镇静与自制力和柔和的声调说道："呀，你今天晚上有点儿激动吧？"

你完全可以想象小江是一种什么感觉，面前的这个人是一位文盲，有这样那样缺点，况且这场战斗的场合，以及武器都是小江挑选的。

小江非常沮丧，甚至恨这位管理员恨得咬牙切齿，但是没用。回到办公室后，他好好反省了一下，他感觉没有什么其他的办法了，他只能道歉。

小江又回到锅炉房。轮到那位管理员吃惊了："你有什么事？"

小江说："我来向你道歉，不管怎么说，我不该开口骂你。"

这话显然起了作用，那位管理员不好意思起来："我道歉，刚才并没有听见你讲的话，况且我这么做，只是泄泄私愤，对你这个人我并无恶感。"这样一来，两人竟互生敬意，一连站着聊了一个多小时。

从那以后，两人居然成了好朋友。小江也从此下定决心，以后不管发生什么事，绝不再失去自制。因为一旦失去自制，另一个人——不管是一名目不识丁的管理员还是一名有教养的人——都能轻易将他打败。

从这里可以看出，人要想能控制住别人，首先要学会控制住自己。青年人只有驾驭了自己才能去征服世界。

3. 自制才有可能成功

自制不仅仅是青年人的一种习惯，同时也是青年人获得成功所必备的素质之一。

有七情六欲，乃人之常情，但人也有些想法超出了自身条件所许可的范围。自制，就是要控制住自己的各种欲望。食色美味，高屋亮堂，凡人即所想得，但得之有度，远景之事，不可操之过急，欲速则不达也，故必须控制自己。否则，举自身全力，力竭精衰，事不能成，耗费枉然。又有些奢华之事，如着华衣，娱耳目，实乃人生之琐事，但又非凡人所能自克，沉溺其中而不能自拔，就不是力竭精衰的小事了，人必然会颓废不振，空耗一生。

古语说得好："历阅前贤家与国，成由勤俭败由奢。"对人也是这样，要取得成功，务必要戒奢克俭。

自制不仅仅是在物质上克制欲望，对于一个想要取得成功的人来说，精神上的自制也是重要的。衣食住行毕竟是身外之物，不少人都能克制，但精神上的、意志力上的自制却非人人都能做到。

青年人应该从身边的小事做起，练就这种本领。如果你今天计划做某件事，但早上起床后，因昨晚休息得太晚而困倦，你是否还能坚持着离开那温暖舒适的床呢？

如果你要远行，但身体乏力，你是否要停止旅行计划？

如果你正在做的一件事遇到了极大的、难以克服的困难，你是继续做呢，还是停下来等等看？

诸如此类的问题，一定要处理得干脆利落。不要因为不能控制自己而影响一生的事业。一个成功的人，其自制力表现在：大家都做但情理上不能做的事，他自制而不去做：大家都不做但情理上应做的事，他强制自己去做，正如"众人皆醉而我独醒"一般。做与不做，克制与强制，超乎常人性情之外，就是取得成功的因素。

4. 青年人要培养自制力

青年人如何培养自制力，从而养成自制的习惯呢？下面介绍几种培养自制力的方法。首先，是掌握自己的思想。这一点可以说是与国人的传统认识相吻合，没有意识作为先导，人就不可能有具体的行为。控制思想，要知道自己需要的是什么，怎样获得，有什么样的影响。然后再弄清楚，怎样拒绝不能做的事，强制自己专做该做的事，这是方法的问题。最后再掂量一下，自己做了该会如何，不做又该如何，这是建立毅力的前提，是由控制思想向控制行为过渡的问题。青年人要能够掌握自己的思想及发展变化，从而准确地控制自我的人生目标。目标是思想的核心，更是行动的指南，也是取得成功的法宝。人不可能无为而治，都要有一定的目的。做事一定要有明确的目的，绝不能朝三暮四，变来变去。目标可以帮你做很多事。你想成功？你想取得什么样的成功？你想怎样达到成功的目的？你的长期计划？中期计划？短期目标？如何去修正你的目标？

需要强调的是，控制好目标也是取得成功的一种重要方法。而且控制目标，还应该制定十分详细的计划。目标有长期的、中期的，也要有短期的。像我们买衣服一样，买皮衣，要考虑到这皮衣要能穿三五年，买袜子时，只须想着能穿五月即可，可买鞋子时，要想着这鞋得穿一二年。不同的衣服，穿着年度不同，就要在价格、质量等方面做不同的考虑。再如高中生参加高考，在复习阶段，他就应制订类似这样的目标：五个月之内，我要怎么复习，近一二月之内，我该重点攻克哪一门课程？而每一个星期我又需要完成哪一部分任务？如此，中长期目标与短期目标并举，做起来就心中有数，忙而不乱了。

人是不断进步的，身边的一些小目标也要随时地修订。目标永远是超前的考虑，因此人们常说："计划没有变化快。"在做到某一步时，一些意料不到的事情就会出现。在这个时候，如果不对目标进行及时地修订，那么这目标甚至会使你的计划变得不切实际从而影响你的成功。修订目标就像整理自己的衣柜，到一定时候就要看看，哪些衣服还能穿，哪些衣服不能穿，哪些衣服需缝补改装，哪些又要添置新的。不断整理，才能让衣柜里的衣服随时能满足自己的衣着需要。

目标是这样，你所相处的人群也应该是有这样一种选择的。

人们不可能没有自己的关系群。关系群就是与你保持一定联系与友情的有关系的人群。一个人不可能与他遇到的每个人都建立较为亲密的关系；同时一个人也不需要从太多的人那儿学到一定限度或说一定范围的东西，所以，必须有所选择。

"近朱者赤，近墨者黑"，你接触的人对你的影响非常大，一定程度上决定了你会吸纳什么样的知识和概念，在头脑中构建起什么样的理念，这些会极大地影响一个人的处世态度与行事方式。因此，要注意多接触那些优秀、出色的人。

这样你与你所接触的人群，相互之间了解了，在做事上也靠近了，于是便有了合作的意向，托付的意向，他人的这些意向在你身上付诸实施，你就从中获得了一个机会。

【感悟箴言】

只有先控制自己才能控制别人，只有先制约自己才能最终制约别人。有自制力才能抓住成功的机会。你付出的终会回到你身上。成功的最大敌人是缺乏对自己情绪的控制。

忍是成功的基础

忍耐可以促使一个人的身心成熟。只有能忍心中傲气，才能得到无限的收益。善忍是成大事者必备的习惯之一。我们常说"忍一时风平浪静，退一步海阔天空"，可是，又有几个人真正做到。一旦真正做到的人，也就是一个"长大了"的人了。

"忍"其实就是一种自我控制，也是成功的基础，更是经过千锤百炼而形成的一种习惯。青年人只要在遇事时，多一点忍让，少一点争执，多一点自制，少一点冲动，那么就能找到人生的真谛。

"忍"是一些有修养的人的一种品质。不仅对他们，对于每一个人，"忍"字都有着它特定的意义。

人生道路既有顺境，也有逆境，而且逆境往往多于顺境。这样的时候，青年人应该怎样积累自己的才智并战胜它呢？世界是多彩多姿的，每个人的人生道路也是不同的。人生道路多有坎坷，因此没有谁能一生中都是一帆风顺，毫无波折。俗话说：“人生不如意事十之八九。”因此要想生存在这个变化无常的世界里，必须学会而且要善于“忍”。

《涅槃经》云：昔有一人，赞佛为大福德，相闻者，乃大怒，曰：“生才七日，母便命中，何者为大福德?”相赞者曰：“年志俱盛而不卒，暴打而不嗔。骂亦不报，非大福德相乎?”怒者心服。佛者认忍之性，使怒者心服，不也说明了忍的功用吗?

忍有其功用，但也有其缺点，我们要学会活用一个“忍”字。其实人生并不能一味忍，如果人一味忍那就毫无生气可言。那忍气吞声的原因是什么呢？俗话说：天有不测风云，人有旦夕之祸福。“十年河东，十年河西”，事物是不断发展变化的，因此，绝不能被眼前的痛苦与困难吓倒，而要能忍受住它们的考验，以待机会的来临。所以，要“忍”，也要“会忍”。

忍可以促使一个人的身心成熟，以便大展鸿图。许真君曾说：“忍难忍事，顺自强。”昔日韩信受“胯下之辱”的时候显示了巨大的忍耐力，尔后才官拜淮阴侯。司马迁受宫刑，但他显示出了超人的忍耐力，经受了生理上与心理上的双重打击，终于完成了旷世之作《史记》。

老子曰：“大直若屈，大智若拙，大辩若讷。”因此身处逆境之时，应通晓时事，沉着待机，这才是智者的做法。“伏久者飞必高，开先者谢独早。”只有长久潜伏下去，才能成就大事，才能一鸣惊人。如果不能控制住自己情感的冲动而鲁莽行事，就可能会进一步陷入苦痛与困难中去，懂得了这个道理，也就通晓了“忍”的功效。杜牧之《题乌江为庙诗》对此可说很有见解，“胜负兵家不所期，包羞忍辱是男儿，江东子弟多豪俊，卷土重来未可知。”此诗是婉转地批评了项羽，这位大英雄如果当时知“忍”能“忍”，只要抱定这种信念，忍而后发，卷土重来未必不成。

漫漫人生路，忍乃胸中博闳之器局，忍之义，大矣。逆境当中固然要忍，韬光养晦以待时机。然忍之妙用，并非仅在于此，生活中万事皆不可离开忍。酒、色、欲、满、危……如若有忍相伴，便可进退相宜，不失其正。

历史上，有多少名人志士的“忍”之习惯、“忍”之功夫为我们做出榜样。

唐代娄师德与其弟初入仕途都只是小官，但不久两人都被提升重用了。娄师德对他说：“兄弟享受荣华富贵，这是人们所嫉妒的。你怎样才能避免呢?”他弟弟回答说：“从今以后，即使有人向我脸上吐唾沫，我把它擦去罢了。”娄师德伤心地说：“你这样做还不够啊。人家往你脸上吐唾沫，是怨恨你，你擦它，正违反他的意愿，加重了他的怒气。往你脸上吐唾沫，不擦它，让它自己干好了，应当笑着接受下来。”正因娄师德的“忍”术高强，他才安安稳稳地做了三十年的宰相。

这段故事告诉我们，人必须具有宽容的胸襟，不要凶小而失大。谚语说：“得忍且忍，得戒且诫，小事成大。”这样才能成就大事，古语云：“木秀于林，风必摧之。”一味趾高气扬，定无好果子吃。

而胸怀宽广者，定能走过大风大浪，最终成就大事。

青年人应抱定成功的信念，用良好的习惯培养自已的性格与才智，能忍才能笑到最后。

“忍”也是一种感情，人有七情六欲、喜怒哀乐，人之常情，然而情感这东西也需要调节，如果事事均由一时冲动而起就有可能酿成大错。《孙子兵法》云：“主不可以怒而兴兵将不可以愠而致战。”因此发挥理智的作用，避免感情用事才能避免“冲冠一怒为红颜”的鲁莽举动。

齐国攻打宋国，燕王派张魁作为使臣率领燕国士兵去帮助齐国，齐王却杀死了张魁。燕王知道后火冒三丈，认为齐国是恩将仇报，就召宋有关官员说：“我要立即派军队去攻打齐国，给张魁报仇。”

大臣凡繇得知后立刻拜见燕王：“从前以为您是贤德的君主，所以我愿意当您的臣子。现在看来你不是贤德的君主，所以我希望辞官不再做您的臣子。”燕昭王说：“您为什么这样说呢?”凡繇回答说：“天下之乱，我们的先君不得安宁被俘，您对此感到痛苦，但却侍奉齐国，是因为不足。而今张魁被杀死，您却要攻打齐国，难道张魁比先君还重要吗?”凡繇请燕王停止出兵。燕王说："你认为该怎么办？"凡繇回答说："请您穿上丧服离开宫室到郊外，然后另派一使臣以客人身份前去齐国谢罪道歉。说'这都是我的罪过。大王您是贤德的君主，哪能全部杀死诸侯们的使臣呢？只有燕王的使臣独独被杀死，这是我国选择人不慎重啊，希望您能让我换使臣以表请罪'。"

燕王接受了凡繇的意见，又派了一个使臣到齐国去。

使臣到了齐国，齐王正在举行盛大宴会，参加宴会的近臣、官员、诗人很多，齐人让燕王派来的使臣进来禀告，使臣说："燕王非常恐惧，因而派我来请罪。"齐王听后十分得意，还让使臣又重复一遍，好向各国的使者、臣子炫耀他的强大。

于是齐王派出地位低微的使臣去告诉燕王，让燕王返回宫室居住。

这样由于燕王忍怒而委曲求全，从而保全了国家，战胜了齐王的阴谋。这为后来攻打齐国，准备了充分的条件。试想假如燕王逞一时之怒，匆忙去攻打齐国，恐怕不仅国破家亡，连自己都有可能成为齐王狱中的俘虏了。"匹夫见辱，拔刀而起，挺身而斗"，不如忍怒待机，克敌于无形。

纵观历史，有容德乃大，有忍事乃济。所以，大凡心志高远，胸怀韬略的明达贤哲，都能够保持一种平静的心态，养成"忍"的习惯，养成"忍"字功夫，从容不迫地处理各种难题。

三国时期，魏蜀对峙五丈原，诸葛亮为求速战速胜，大用激将法，骂城未已，又派人送妇女首饰、衣物给敌帅司马懿，嘲其怯懦，激其出战。但司马懿老谋深算，不为所激。他审时度势，看准了诸葛亮劳师伐远，粮草不足，宜速战不宜久持的弱点，采取了老虎不出场的方法，任你叫骂连天我也忍而不发。

《呻吟语》中说"忍激二字，是祸福关"。可见忍和激这两种情绪的选择，就成为幸与不幸的分界点，司马懿一例中获胜的关键就在于这个"忍"字。古人若此，如今又何尝不是这样呢？

青年人，傲气难免会有的。只有能忍心中傲气，才能得到无限的收益。

我们常听人说：骄傲使人落后，虚心使人进步。这是前人在长期实践中的历史结论。谚语说：骄必败。骄傲使人易狂，过分的骄傲使人狂怒，从而犯下罪恶。因此应避免骄傲，时刻提醒自己要谦虚。养成谦虚勿傲的习惯，这样一来，既能不触怒伤害他人，也可以保证自己安全地发展进步。

《战国策》记载：魏文侯太子击在路上碰到了文侯的师傅田子方，击下车拜见田子方，子方却似乎不理不睬，没有还礼。击大怒说："不知道是富贵者可以对人骄傲，还是贫贱者可以对人骄傲？"子方说："贫贱者才能对人骄傲，富贵者怎么能？国君对人骄傲，就会失去他的政权，大夫对人骄傲，就会失去他的领地，只有贫贱者，他的计策不被采用，行为与当权者不合，他就穿起鞋子走了，到哪里去还不是贫贱，他还有什么东西会因此而失去呢？"

这段故事告诉我们骄傲的危害是巨大的，它能使人失去很多东西。"魏武一矜，天下三分"。苏轼说："一生喙硬眼无人，坐此困穷今白首。"陈毅说："历阅古今多少事，成由谦逊败由奢。"这都是骄傲的后果。但如果我们能虚心谨慎从事，则对人对己都有益而无害了。

唐太宗昔年征战疆场，后来做了皇帝，可谓是功名赫赫，然而他时常告诫自已，一定不要骄傲，而且还时常对手下人说："天下太平，骄傲奢侈就产生；骄傲奢侈一产生，死亡马上就到。"正是由于他认识到了骄傲的坏处，因而处理政务尽量做到戒骄戒躁，能够成为一代明君，有了"贞观之治"的盛世局面。

所成大事者，定是能忍之人，只有忍过你的对手的蛮横，才能静心看着风平浪静的结局。

"忍"字不仅对于普通人处理日常事物十分重要。对于做官的人来说，更是一切好处的关键所在。当官不自忍，必败。有时不仅如此，而且危及性命，因此欲成大事，必有小忍。青年人要记住养成"小忍"的习惯，才不会乱了你事业之"大谋'。春秋时，越王勾践被吴王夫差打败，退守在会稽山上，越国要求跟吴国讲和，吴国条件是要勾践夫妇到吴国给夫差当仆役，这对曾经贵为国王、王后的他们来说是多么大的耻辱，但勾践"忍"住了，他离开王宫，前往吴国。

勾践将国事委托给大夫文种，让大夫范蠡随他夫妇前往吴国。到了吴国，他们住在山洞的石屋里。夫差每外出，勾践亲自为他牵马。对他人的冷嘲热讽，嘲笑怒骂，他一概视而不见，整天都是规规矩矩的，很得夫差的欢心。

一次夫差病了，勾践在背地里让范蠡预测一下，知道此病不久就会好，他就亲自去见夫差，探问病情，甚至不惜亲自去尝夫差的粪便来为他观察病情，并装模作样地恭贺吴王并无大碍。夫差问他怎么知道，勾践就胡编说："我曾跟名医学医道，只要尝一尝病人的粪便，就能知道病的轻重。刚才尝了大王的粪便，味酸而稍微有点苦，用医生说法，是得了'时气之症'，所以病不久会好，大王不必担心。"果然不几天，夫差的病就好了。

勾践饱受三年屈辱后，终被放回越国。

回国后越王深为会稽之耻而痛苦，一心伺机报仇，他睡不好觉，吃不好饭，不亲近美色，不看歌舞。他苦心劳力，对内爱抚群臣，对下教养百姓，三年后民心稳定了下来。紧跟着，国力逐渐强盛起来。

后来越国终于与吴国在五湖决战，吴国军队大败，越国包围了吴王的王宫，攻下城门，活捉了吴王夫差，杀死了吴国宰相。灭掉吴国二年后，越国称霸诸侯。

越王勾践忍辱负重，抑制自己的愤怒和情欲，卧薪尝胆十年，终于战胜了吴王夫差。孔子诫子路曰："齿刚则折，舌柔则存。柔必胜刚，弱必胜强。好斗必伤，好勇必亡。百行之本，忍之为上。"说的正是这个道理。一个人在大事业之前若小事无法忍受，将无法成就伟大的理想，如果当时勾践忍受不了那般耻辱而欲一逞匹夫之勇，说不定只能一世为奴甚至性命不保，哪还有日后的"苦心人，天不负，三千越甲可吞吴"呢？一个忍字，不仅保全了自己，而且成就了丰功伟业。

鸡毛蒜皮可谓小，从这"小"开始，养成忍之习惯，对青年人来说，应该是必须的。

《列子·杨朱》篇说：成大事者不能一味拘于小细节，“当扫天下而非扫一屋”。孔子云：“大礼不辞小让。”也是这个意思。成就大事业的人，不考虑琐碎。其实人非圣贤，孰能无过，如若求全责备，恐怕世人无一可用之人，也无一可做之事。

庸人刘晏，唐代宗时任转运租庸盐铁使，曾经建工场造船，给钱一千缗。有部下建议说费用不需要这么多，有五百缗就足够了。刘晏说：“不行。要办大事，就不应吝惜小的费用。如果一点点地计较，怎么可能长久地进行生产呢?”后来果然像其所说的那样。

司马光曾说：“当大官的人，应该着眼于全局，从大处出发，不能老是关注着细枝末节。”

子思住在卫国时，向卫君推荐苟变说：“他的才能可能可以带五百辆战车打仗，可任为军队的统帅，如果得到这个人，就会无敌于天下。”卫君说：“我知道他的才干可以胜任大将，但他在当小官的时候，品行不好，去老百姓家里收租时吃了人家两个鸡蛋，这种人恐怕不能重用。”子思说：“英明的人选用人材，就好比高明的木匠用木材，用它可用的部分，抛开它不可用的部分。所以杞树、樟树有一围之大，但有几尺腐烂了，没有经验的工匠可能会放弃它们，但好的工匠却不会这样，区别在哪呢？知道没有用的部分是非常微小的，有用的部分最后用来做成了非常珍贵的器具。现在您处在列国纷争的时代，需要选择可用的人才，而因为两个鸡蛋就不用栋梁之材，这种事千万不要让邻国知道了。”卫君一听连连点头称是，马上召见并重用了苟变。

能够容忍别人的小节，避其短处，用他长处，惟此才能干大事。如果一个人做事斤斤计较，抓住别人的缺点不放手，那他就犯了与卫君同样的错误。忍让是一种美德。容忍小节才能量才而用。忍让是一种品质，能小忍才可成大事。

青年人若能在生活中做到忍无端争执，求彼此相安，并使之成为一种习惯，那么你的事业道路上将省却很多烦恼。

拥有助人宽容之心

唐朝时，有个大臣叫子弘，他学识渊博并且气度不凡，因此皇帝对他大为称道，屡次重用。但子弘依然车服卑俭，对人忠厚谦让。因此他不但官场上交际得心应手，而且家庭也十分和睦。他家庭中发生的一件事，更充分说明了他的为人。

他的弟弟子丑，为人凶悍，经常酗酒闹事。一次子丑喝醉了酒，酒后将子弘的马给射杀了。他的妻子很不高兴，一等他回到家就说："叔叔酒醉后耍酒疯，将马射死了。"

子弘听了，什么也没说，只是让家人将马弄去卖了。子弘的妻子却不满意，老是唠叨不停。这时子弘说道："我已清楚了。"此时他一点也没显出生气的样子，脸色温和，手拿书卷，继续读书。

妻子见丈夫如此大度，感到很渐愧。从此以后不再提子丑杀马之事。

从此，家中人再也不提起此事，弟弟也自感渐愧再也没犯过类似的错误。

据《易经》记载："同一家之中，丈夫应该像个丈夫，妻子应当像个妻子，这样才能治家。"子弘妻子能忍受丈夫的大量，而子弘又能忍受其弟的粗鲁，都可谓具有忍的度量，就是这个"忍"字，才带来了他的家中上下和睦、亲密无间的局面，俗话说："忍一时风平浪静，退一步海阔天空"，的确在理。

能忍的人，必定是个胸怀宽广的人，青年人要成大事，须有宽大的胸襟，只有养成了小忍的习惯，成为有海量的忍者，人心自会归服于你，事业也定然会有成功之时。

魏国公韩琦度量过人，生性浑厚纯朴，从来都不暗中伤他人，行事光明磊落。他的功劳为天下之最，在大臣中地位最高，但从未见过他为此感到高兴。担负巨大的责任，濒临难以预料的祸事也从未见他忧愁过。他做事为人，上朝以后站着对其他官员说话，回来以后休息时与家里人的谈话，都是出于真心。有一个跟随韩琦几十年的人，记下了韩琦的言行，反复对照，发现说的与做的都十分吻合，没有不相应的地方。这说明了他宽广的心胸与不凡的气量。

韩琦镇守大名府时，有人献上两只玉杯，说："这是种田人在破坟中找到的，里外都没有瑕疵，真是好的宝玉啊。"韩琦用白金装饰，更漂亮了。韩琦十分喜爱这对杯子，每逢开宴会招待客人，都用绸绵盖上它，放在桌子上。

这天，韩琦宴请管理水运的官吏，于是又拿出那对酒杯招待客人。客人都到了，然而在这时候，一位侍从不慎撞倒了玉杯，两只玉杯俱碎。客人都很吃惊，那位侍从跪于地上等候惩罚。韩琦脸色不变，笑着对客人们说："天下的东西是坏还是不坏，都有其自己的命运。"过了一会儿对那个侍从说："你是失误造成的，并不是故意的有什么过错呢？"客人对他的宽容与气量都赞叹不已。

"小不忍则乱大谋"其道理是：生活中，有些东西需要我们去忍一时，才会有成功在后面等着你。

如果能忍这一时，能将痛苦忍一忍，能将小事忍一忍，那么就不会有"小不忍则乱大谋"这样的失败之事了。

能够忍让，事情一般都能够做好；至于别人是否正确，那也是无所谓的事。谨慎而忠厚，不怕容忍坏事，又有什么妨碍呢？宽容待人，这是古人的经验也是今人欲成大事需养成的习惯之一。我们要拥有宽容忍让的习惯，做一个胸怀大度的人，忍一时风浪，迎来广阔天空。

【感悟箴言】

我们生活在这样的世界里，只要有人存在的地方，就会有争吵的存在，无时无刻都需要我们的忍耐。

忍耐是一种修养，既可以体现出人性的宽容，又可以反映一个人的素质高低。"小不忍则乱大谋"与"该出手时就出手"其实说的是两种境况，忍耐的限度很难界定，有时候，忍与不忍仅仅是一瞬间的选择。

拥有助人宽容之心

忍耐受到时间、场合、自身修养和人为因素的影响，忍耐程度只有依靠个人把握。学会忍耐，我们就懂得宽容；学会忍耐，我们就懂得了尊重；学会忍耐，我们就理解奋斗的意义；学会忍耐，我们就看到成功的曙光！

以德待人，依德而行

中国人注重“德”，一个人有“德”才会服人，有才无德，这样的人也许可逞一时之势，却不能把握历史的方向，最终还是会被时间所摒弃。正是本着中华民族的这种“德”而行，多少中华名士，用他们身上的美德征服了世人，用他们的宽容征服了世界。

有位先生，正是这样一个以宽容的美德而征服他人成就事业的人。他平时行事，总是一团和气，以德待人。他对于来访者也是一律不拒，客气接待，与来客对坐在椅子上，不忙不迫，细声微笑地说话，几乎没有人见过他横眉竖目，高声呵斥，尽管有些事情足可把普通人的鼻子都气歪。据说有个时期，他家有个下人，负责里外采购，此人手脚不太干净，常常揩油。当时用钱，要把银元换成铜币，时价是1银元换460铜币。一次他与同事聊天谈及，坚持认为是时价200多，并说是他的家人一向就这样与他兑换的。众人于是笑说他受了骗。他回家一调查，不仅如此，还有把整包大米也偷走的事。他没有办法，一再鼓起勇气，把下人请来，委婉和气地说：“因为家道不济，没有许多事做，希望你另谋高就吧。”不知下人怎么个想法，忽然跪倒；求饶的还话没出口，他大惊，赶紧上前扶起，说：“刚才的话算没说，不要在意。”

任大官时期，他的一个旧学生穷得没办法，找他帮忙谋个职业。一次去问时，恰逢他屋有客，门房便挡了。学生疑惑他在回避推托，气不打一处来，便站在门口耍起泼来，张口大骂，声音高得足以让里屋也听得清清楚楚。谁也没想到，过了三五天，那位学生得以上任了。有人问他，他这样大骂你，你反用他是何道理。他说，到别人门口骂人，这是多么难的事，可见他境况确实不好，太值得同情了。

正是这种胸怀，正是这样的品德，为他赢得了无尽的声誉，为青年人养成这样的做事习惯树立了榜样。

人生在世，总会有许多风雨坎坷，怎样活得痛快、活得潇洒也是我们面临的一个问题，其实，只要你豁达些、宽容些，有许多问题就会迎刃而解了。宽容豁达，是人生的奥秘。

宽容豁达是一种超脱，是自我精神的解放。人要是整天被名利缠得牢牢的，得得失失算得精精的，那还何谈宽容豁达。宽容豁达就要有点豪气，乍暖还寒寻常事，淡妆浓抹总相宜。凡事到了淡，就到了最高境界，天高云淡，一片光明。人肯定要有追求，追求是一回事，结果是一回事。你就记住一句话：事物的发生发展都必须符合时空条件，如果条件不符，那你就得认了。人活得累，是心累，常唠叨这几句话就会轻松得多："功名利禄四道墙，人人翻滚跑得忙；若是你能看得穿，一生快活不嫌长。"与其悲悲戚戚、郁郁寡欢般地过一辈子，不如痛痛快快、潇潇洒洒地活一生，难道这不好吗？

宽容豁达代表的是一种自信。人要是没有精神支撑，剩下的就只是一具皮囊。人的这个精神就是自信，自信就是力量，自信给人智勇，自信可以使人消除烦恼，自信可以使人摆脱困境，有了自信，就充满了光明。宽容豁达的人，必是一个敢作也敢为的人，而决不是那种佝偻着腰杆，委曲求全的"君子"。

宽容豁达不是盲目的自我表露，它是一种修养、一种理念，是一种至高的精神境界，说到底是对待人世的一种态度。沈从文也好，马寅初也好，一些伟人的跌宕起伏也好，对于人生的种种不平、不幸，都以其博大胸襟和知识学问所涵盖，以及由善良忠直道义所孕育的不屈不挠的生命力所战胜！"卒然临之而不惊，无故加之而不怒"。如此的生命，还会有什么样的火焰山过不去呢！

宽容豁达是一种博大的胸怀、超然洒脱的态度，也是人类个性最高的境界之一，也是一种“德”。一般说来，豁达开朗之人比较宽容，能够对别人不同的看法、思想、言论、行为以至他们的宗教信仰、种族观念等都给予理解和尊重。不轻易把自己认为“正确”或者“错误”的东西强加于别人。他们也有不同意别人的观点或做法的时候，但他们会尊重别人的选择，给予别人自由思考和生存的权利，他们会以德服人。有时候，往往是豁达产生宽容，宽容导致自由。记得胡适先生说过，如果大家希望享有自由的话，每个人均应采取两种态度：在道德方面，大家都应有谦虚的美德，每人都必须持有自己的看法，不一定是对的态度；在心理方面，每人都应有开阔的胸襟与兼容并蓄的雅量来宽容与自己不同甚至相反的意见。换句话说，采取了这两种态度以后，你会容忍我的意见，我也会容忍你的意见，这样大家便都享有自由了。这不仅是自由，更是开阔了我们的生存空间。

豁达是一种宽容，恢弘大度，胸无芥蒂，吐纳百川。飞短流长怎么样，黑云压城又怎么样，心中自有一束不灭的阳光。以风清月明的态度，从从容容地对待一切，待到廓清云雾，必定是柳暗花明的全新世界。豁达的人，心大，心宽，悲愁的，痛苦的，都在嬉笑怒骂、大喊大叫中撕个粉碎。你说，世界上的事都公平？不公平的有的是，你能让它都变公平？我们要按生活本来的面目看生活，而不是按照自己的意愿看生活。风和日丽，你要欣赏；光怪陆离，你也要品尝，这才自然。这样你就不会有太多牢骚，太多的不平。不过，“月有阴晴圆缺”对谁都一样，“十年河东，十年河西”，一切随着时间的推移都在变。用积极乐观的人生态度去对待这一切，你的心胸也就随之宽广起来，你的人生也就会变得豁达起来。

当然，宽容并非等于无限度地容忍别人，开朗并不等于对已构成危害的犯罪行为加以接受或姑息。但对于个人而言，宽容往往会有更好的人际关系，自己在心理上也会减少仇恨和不健康的情感；对于一个群体而言，宽容开朗，无疑是创造一种和谐气氛的调节剂。因此，宽容是建立良好的人际关系的一大法宝，以德服人是你有凝聚力的重要武器。只有用“德”去治人，治你的事业，你才会信心百倍地走向成功，同时也是一个人完善个性的体现。

宽容是能够让人养成品德高尚的习惯，青年人应该拥有这个习惯，从现在开始，让宽容、豁达主宰你的品行，开创你的美好人生。

【感悟箴言】

古人云：冤冤相报何时了，得饶人处且饶人。这是一种宽容，一种博大的胸怀，一种不拘小节的潇洒，一种伟大的仁慈。

宽容是一种豁达的风范，对于人生，也许只有拥有一颗宽容的心，才能面对自己的人生。

宽容也是一种幸福，我们饶恕别人，不是给了别人机会，也取得了别人的信任与尊敬，我们也能够与他人和睦相处。宽容，是一种看不见的幸福。

羊皮卷之九　重诚信会沟通

一个不讲诚实、不守信用的人，最后吃苦头的是自己。成大事者崇尚以诚信待人，才能赢得人心，把自己的人生品牌做大。

信用是一种现代社会无法或缺的个人无形资产。诚信的约束不仅来自外界，更来自我们的自律心态和自身道德力量。

诚信的价值

养成诚实守信的习惯，方可在事业上有所成就，才能在竞争中取得胜利。守信，会使人对你产生敬意，也会使人愿意公平地与你合作。

以诚待人，是成大事者的基本做人准则，道理很简单：诚信为天下第一品牌！青年人做人做事，也要讲“诚信”二字。

魏晋时有个叫卓恕的人，为人笃信，言不食诺。他曾从建业回上虞老家，临行与太傅诸葛恪有约，某日再来拜会。到了那天，诸葛恪设宴专等。赴宴的人都认为从会稽到建业相距千里，路途之中很难说不会遇到风波之险，怎能如期。可是，“须臾恕至，一座皆惊”。由此看来，诚是一个人的根本，待人以诚，就是信义为要。精诚所至，金石为开，诚能化万物，也就是所谓的“诚则灵”，正说明了诚的重要性。相反，心不诚则不灵，行则不通，事则不成。一个心灵丑恶，为人虚伪的人根本无法取得人们对他的信任。所以，荀子说：“天地为大矣，不诚则不能化万物：圣人为智矣，不诚则不能化万民；父子为亲矣，不诚则疏；君上为尊矣，不诚则卑。”明人朱舜水说得更直接：“修身处世，一诚之外更无余事。故曰：‘君子诚之为贵。’自天子至于庶人，未有舍诚而能行事也。今人奈何欺世盗名矜得计哉?”所以，诚是人之所守，事之所本。只有做到内心诚而无欺的人才是能自信、信人并取信于人的人。

中国人特别崇尚忠诚和信义，因为诚信是为人处世的根本。而“信、智、勇”更是人自立于社会的三个条件。诚信是摆在第一位的。“信”是一个会意字，“人、言”合体。《说文解字》把信和诚互为解释，信即诚、诚即信。古时候的信息交流没有别的方式，只能凭人带个口信，而传递口信之人必须以实相告。这就是诚或信的本义。“言必信，行必果，诺必诚”。这是中国人与他人、与社会的交往过程中的立身处世之本。靠这样一个道德原则来规范自己的言行，这和西方的契约精神有所区别。在中国古人的观念中，法和刑是同义的，因此遇到问题不是靠打官司去解决，而是靠协商解决，在相互谦让的基础上通过调解达到一致，不希望闹到“扯破脸皮”“对簿公堂”的状态。有些受骗上当的人往往在事后是采取忍让和不再交往的办法，因为他们对自己的要求并未改变，依然坚持用诚信的态度处世为人。靠道德的约束而忽视法制的作用，在现代社会已被证明是不可行的。然而，“诚信”在法律化的前提下随着社会的文明的发展而被推进，而在人们相互的交往和所发生的关系中发挥着愈来愈大的作用。

青年人要成大事，就要做到诚挚待人，光明坦荡，宽人严己，严守信义。只有这样，才能赢得他人的信赖和支持，从而为事业发展打下良好的基础。

孔子的弟子曾子有句话：“吾日三省吾身。为人谋而不忠乎？与朋友交而不信乎？传不习乎?”作为一个有德行而对社会有责任心的人，在社会交往中诚信是做人的美德。与朋友交要诚信。“君子养心莫善于诚，至诚则无它事矣。”为官从政要“谨而信”，“敬事而信”，“言而有信”。孔子说：“信近于义，言可复也。”一个做事做人均无信的人，是很难在社会上立足的，因为人们均不齿于那些言而无信的人。所以，孔子说：“言而无信，不知其可也。”信是离不开诚的，诚是信的基础和保证，诚挚待人，就能严守信义。《庄子·盗跖》上讲有个青年叫尾生，与某女子相约于桥下，女子未来，大水突泄，这青年竟抱梁柱而死。

范式字巨卿，山阳金乡人也，一名汜。少游太学，为诸生，与汝南张劭为友。劭字元伯。二人并告归乡里。式谓元伯曰：“后两年当还，将过拜尊亲，见孺子焉。”乃共约期日。后期方至，元伯具实告母，请设馔以候之。母曰：“两年之别，千里结言，尔何相信之审邪?”对曰：“巨卿信士，必不乖违。”母曰：“若然，当为尔酝酒。”至其日，巨卿果到，升堂拜饮，尽欢而别。

真理、正义和公平亦是诚信的原则和标准。朱熹说，人与人要约“合义则言，不合义则不言。言义，则其言必可践而行之矣!”这就是说“轻诺寡信则殆”。在动荡的社会中，人心叵测，因而背信弃义的事也是经常发生。食言而肥的人，所在多有，又如张仪苏秦的故事。又如春秋战国的“盟誓”之风，其无信义可说是朝令夕改，一日三变。因此，“求事”、“要约”、“做人”，信与不信，当看合不合理、合不合义，就如孔子所说：“好信不好学，其蔽也贼”。轻言寡信，如苍梧浇娶妻而美，让于其兄；尾生笃信，水至不去而死，这种不合理义的迂腐诚信，只能是有害无益，连古人也已有非议，今人又何足取？在解决民族、国家、社会政治、经济、军事、外交、文化、生活等方面的矛盾，协调人与人之间的各种关系，提高民族凝聚力，振兴国家，安定社会，亲睦家庭方面，诚信美德均起了非常积极的作用。如周公恪守臣道，匡扶幼主，忠诚不渝，虽有流言，诚信不惧；齐桓公夹谷之会，许返鲁地，信及诸侯，因而成就霸业；晋文公楚地得信，遵守诺言，退避三舍，成为千古美谈；邓训、钟世衡以诚信抚慰诸羌，诸葛武侯鞠躬尽瘁，并七擒孟获安抚南方，边疆的稳定和民族的安居乐业均是由诚信取得的：陆抗、羊祜，互为敌国，而能以诚相待，各自保境安民；朱晖、范式、卓恕一诺必践，不让季布。至于曾子杀猪取信于6岁儿子的故事，更是家喻户晓，人人皆知。

这些是人人传颂的美德，也是青年人应该养成的习惯，继承和发扬这些优秀的东西，并在自己的前进之路上运用起来，对待身边的人和事，相信这样的青年人定是人群中的佼佼者。

青年人要成为事业中的先锋、领头人，就要有过人之处，不但智慧上如此，胸襟上品德上更要如此。只有襟怀坦荡，光明磊落的人才会以诚信为本，做一个正直的成功者。

做这样的人，首要的是敢于直言，有一说一、有二说二，不夸大、不缩小，不隐瞒自己的观点。”见人只说三分话，不可全抛一片心”，是世故圆滑，近似虚伪。说空话，说假话，骗人，说奉承话，是诡诈阿谀。这些都是与坦率直言相对立的，是为人所不齿，所厌恶的。

坦荡磊落，本于正、本于诚。坦率诚直的准则是公正，而正直的保证亦是坦诚。在公正忠诚基础上的直言、争鸣、劝谏，才能直而不狡、鸣而不诡、劝而不害，才能起到坚持真私情。西汉时期大将军卫青的姐姐是皇后，汲黯见他时也不下拜。有人劝他：“大将军这样尊贵，你不可不拜。”汲黯就说：“就因为大将军有一位见着他不下拜的客人，他便不尊贵了吗？”让劝他的人听了也感到很难堪。武帝常常召集文学儒者，在一起说一些仁义道德的话。有一次朝会时，汲黯对武帝说：“你内心里有那么多满足不了的欲望，口头上却说什么要行仁义，像你这个样子难道也想象唐、虞那样使天下大治吗？”这一番话弄得武帝不仅无话可说，而且连脸色都变了。在场的所有人不禁暗暗地替他捏了一把汗，幸而武帝没说话。下朝后，武帝对身边人说：“真厉害呀！汲黯这股子憨劲。”有人责备汲黯不该这样做。他说：“天子设置公卿大臣辅佐他治理天下，难道是希望大家都唯唯诺诺，唯命是从，只会阿谀奉承，把他往错路上引吗？我们这些人既已就其位，就应尽职尽责，如果人人明哲保身，国家会是个什么样子？”所以，连武帝也说：“古代有所谓社稷之臣，像历史上的先人们为青年人做出了榜样，我们不能丢弃这样的美好品质。”所以要养成诚信的习惯，坦荡做人，在追求理想和事业的道路上，襟怀坦白，做事光明磊落，严于律己宽以待人，为自己营造良好的发展空间。

孔子说：“躬自厚而薄责于人，则远怨矣。”即多检查自己而少指责他人，从而远离怨恨，这句话是相当有道理的。唐武则天时，狄仁杰应召回京，被任命为宰相，与当朝宰相娄师德共同辅政。他本人并不知道自己是由娄师德全力举荐的。相反，他老觉得娄师德事事从中作梗，甚至怀疑前一时期自己遭受了政治暗算也与娄有关。因此他常在武则天面前指责娄师德的不是。对此武则天大大不解，终于有一天，她向狄仁杰询问道：“娄师德的品行究竟如何?”狄仁杰嘲讽道：“他带兵戎边时倒有过战功，其品行好不好我不好说。”

“那么他有没有善于发现和举荐人才的能力呢?”武则天又问。狄仁杰干脆地回答：“我和他一起共事，完全没有感觉到这一点。”对此，武则天微笑地拿出一份东西给狄仁杰看。看完后，狄仁杰不禁面红耳赤，原来那是娄师德的奏折。狄仁杰感叹道：“娄师德度量这么宽厚，我还处处疑心他，真是惭愧。”此后他主动接近娄师德，两人关系日见亲密，共同辅政，相处得很好。甚至有一年武则天告诉狄仁杰有人告了他的状，问他愿不愿意知道是谁告的。狄仁杰回答：“愿闻臣之过，其他的是不该我知道的。”武则天对他这样宽以待人的胸怀很感动，所以就一直很重用他，信任他。而狄仁杰也常注重向朝廷举荐人才，如恒彦花、敬晖、窦怀贞、姚崇、张柬之等人，位至公卿宰相者有数十人之多。

人与人之间的交往以及解决人与人之间交往中出现的矛盾的道德准则之一是宽人、容人。人非圣贤，孰能无过，容人就要容人之过。人们在日常工作、生活、学习以及交往中，只有相互协调、宽容，才能很好地相处。诚然，每个人身上均有优点，但不可否认有些人的毛病是非常令人讨厌的。这时如果能够待人以诚、待人以宽，充分发挥每个人的长处，就会把工作做得更好。切不可争一时之短长，俗话说：紧逼半尺山穷水尽，后退一步海阔天空。刘邦曾在不同的场合中对他的大臣们说这样的话：论领兵打仗，我不如韩信；论运筹帷幄决胜于千里之外，我不如张良；论休养生息、转运粮草，萧何功劳最大。然而就是这么一个在前方不会打仗，在军中不会出奇制胜，在后方亦不会搞后勤的人却驾驭着一帮具有雄才大略的英才成就了帝业。“宽则得众”，假如他没有宽广的有容乃大的胸怀，也许他将一事无成。相反项羽的本事很大，万人不敌，自称“力拔山兮气盖世”，可说英雄盖世。但他有一谋士范增却不重用，气量小耶，只能“无颜过江东”，自刎于乌江。还有《西游记》里的唐僧，除了会念经外什么本事也没有，但他的诚心和宽厚却使三位本领高强的徒儿慑服于他，并完成了去西天取经的大业。

荀子说过，人“力不若牛，走不若马，而牛马为用，何也?”人的力气不如牛大，跑起来没有马快，但牛和马却被人役使，为什么呢?“人能群，彼不能群也。”能够合作是荀子认为的根本原因。说得理论一些，社会是由各种人和人之间各种关系组成的，孤立的个人是不可能存在的，也做不成任何事。移山填海，上天入地，创造出许多伟大业绩只因为人能“群”而造成的。人的这种善于合作、善于协调的特性是人类社会发展的一种必然结果，就个人而言，个人事业成功的重要因素是能否与人合作。曾有人提出过这样的观点：“合作就是守信用。”

我们要与别人合作，一个基本前提就是要守信用。假如甲有管理才能，乙有一笔资金，有了这两个条件，两人就有合作可能了。但是两人未必就能合作成功，还必须有一个信任关系。比如甲拿了钱，得让乙相信他不会挪做它用，更不会逃之夭夭。所以我们东方最早的信贷关系是发生在本家族之内，且需要有可靠的保人。

守信之人，别人就愿意与他合作。有一个美国孩子，他父亲早逝。他父亲去世时留下了一堆债务。若按常规，欠债人已去，把他的商品拍卖分掉，其余债务差不多也就算了。但这个孩子一一拜访债主，希望他们宽限自己，并保证父亲留下的债务分文不少地还掉。后来这孩子竟然历20年之功，把父亲留下的债务连本儿带息，分文不落地全还了。周围的人都非常感动，知道他是一个可靠之人，也就都非常愿意和他做生意。结果这孩子不但同别人建立了合作关系，也赢得了他人的尊敬。

与人合作，守信是第一大原则。守信，会使人对你产生敬意，也因此会使人愿意公平地与你合作。和一个不守信用的人合作，考虑到失信的危险，人们通常会把合作的费用提高，以防万一。比如你是一个信用度不是特别高的人，那你要拉别人的货物，一般是要先付款，但是如果别人知道你很讲信用，或者另一个商界同行出面说你非常可信，那么打交道的对方就可能很放心地让你把货先拉走，卖完货后再付款。一个要占大量资金，另一个几乎等于白手赚钱，这中间的出入，就是信用的价值。

随着现代社会的发展，人们在智力上的先天差距已经随着教育的普及和知识的提高而日益缩小了。非智力因素在一个人的成功因素中所占比重越来越大，而一个人的成功率亦是与其协作精神成正比的。在相同的专业技术水平竞争中，谁更具备与不同的人进行合作的能力，谁就更容易成功。我们在日常生活中总能见到，有的人一肚子才学，但往往因为不易与人合作，而失去机会，最后一事无成。一些看似无本事毫无夸耀本钱的人却有着他人所没有的与不同的人相处的本事，这种人成功的机会就比较多。一般说来，具有合作精神的人，都是有胸怀的人，能够严于律己，宽以待人，从大处着眼，不斤斤计较，并且能发现别人的长处。古人讲：“泰山不避细壤，故能成其大；河海不择细流，故能成其深。”得人宽待自宽待他人，就像得到他人的帮助是由于他能容人一样。战国时蔺相如与廉颇之将相和的故事便是很好的例子。

但需明白，我们所指的容人不是要毫无原则的迎合与奉承。宽容是有限度的，既要宽以待人又要守住做人做事的原则：既要讲合作，又要承认差别、矛盾，善于处理；容人不是容“过”，是容有过而改过或愿意改过之人。并且还要对“过”分清是非，这是容的前提。容是容忍，不是赞同，不是同流合污。这是做人应把握的准则。

我国古代的又一杰出道德思想是“严于律己”。“君子求诸己，小人求诸人。”有道德的人要求自己，缺乏道德的人则要求别人。个人道德修养的出发点是约束自己，这也是做人之根本。因为中国人非常重视自律。“道也者，不可须臾离矣；可离，非道也。是故君子戒慎乎有所不睹，恐惧乎有所不闻，故君子慎其独也。”这段话所包含的思想就叫“慎独”。即达到一种在别人看不到（其所不睹）、听不见（其所不闻）的地方亦警惕自己，谨慎从事的较高的道德境界，说到底就是表里如一，有人在无人在一个样。人的一举一动、一言一行都和道德紧密关联，因而做人就要按道德标准严格要求自己。“慎独”强调的是自律，是自我约束，古人理想的人生是道德人生，不断修养自己，以求高尚。所以，古代诸如“洁身”、“省身”、“正身”、“诚身”等修身的词始终是贯穿自我约束的意义。不允许做任何违犯道德的事情，一旦做了，就要严于责已，积极纠正。严于律已一般有这样几种要求：慎独是其一，日三省吾身，就是检讨一下自己每天的行为，另外还要“闻过则喜”，“过，则无惮改。”有了过错不怕改正。子路是孔子的弟子，为人诚实，刚直好勇，当他听到别人对自己的批评时，他总是很高兴地倾听，从不恼怒。孔子就夸他为“闻过则喜”。禹是古代的圣君，每当他听到别人对他善意的劝告时，总是感激得连连下拜。而舜，则把成绩优点看成是向群众学来的，他做农民，做陶工，做渔夫，直到做天子，所有的长处，都是通过向别人学习而得到的。二是要虚怀若谷。能做到听取别人的意见，自己就要有心胸，这就是虚。因为有如山谷般宽广胸怀的人，才能在心里有足够的空间容纳别人的意见。虚则实、满则空。这些格言，无论何时何地，都有着它们独特的教育意义。其中的感召力，正是对青年人发展事业最有利的启示之一。请记住这些格言，并在实际中发挥它们的作用，使自己成为一个有原则的人，一个有诚信的人，一个成功的人，这才是青年人的任务。守信，会使人对你产生敬意，也因此会使人愿意公平地与你合作。

【感悟箴言】

如今是信用抵万金的社会，没有信用，你将一事无成。信用的好坏已完全影响到一个人的工作、学习和生活的方方面面。如果说时间就是金钱，那诚信就是生命。

一个人拥有良好的信誉就如同拥有无价的财富。

惟有诚信才能取信于人

凡成就大事者都是能取信于人的人。不管面临什么样的情况，都是要克服困难，以诚信为重。忍住欺诈之心才能让人佩服你，倾其所有为你效力。

凡事要取信于人。评古论今，凡成就大事者都是取信于人的人。今天，青年人要成就大事，当然是不能例外。只有养成诚信的习惯，才会在事业合作中取信于人，才能够成就大事。

三国时，蜀汉建兴九年，诸葛亮用木牛运输军粮，再出兵祁山（今甘肃礼县东北祁山堡），第四次攻魏。魏明帝曹睿亲自到长安指挥战斗，命令司马懿统帅费曜、戴陵、郭淮诸将领，征费曜、戴陵二将屯扎，自己率大军直奔祁山。面对着兵多将广，来势凶猛的魏军，诸葛亮不敢轻敌，于是命令部队占据山险要塞，严阵以待。魏蜀两军，旌旗在望，鼓角相闻，战斗随时可能发生。在这紧要时刻，蜀军中有 8 万人服役期满，已由新兵接替,正整装待返故乡。魏军中有 30 余万，兵力众多，连营数里。蜀军会在这 8万老兵离开后更显单薄。众将领都为此感到忧虑。这些整装待归的战士也在忧虑，生怕盼望已久的回乡愿望不能立即实现，估计要到这场战争结束方能回去了。

于是不少蜀军将领进言希望留下这 8 万兵，延期一个月，等打完这一仗再走。诸葛亮断然拒绝道：“统帅三军必须以绝对守信为本，我岂能以一时之需，而失信于军民。”诸葛亮停了一停，又道：“何况远出的兵士早已归心似箭，家中的父母妻儿终日倚门而望，盼望着他们早日归家团聚。”遂下令各部，催促兵士登程。此令一下令所有准备还乡之人在意外的同时也是欣喜异常，感激得涕泪交流，纷纷说："丞相待我们恩重如山，我们要求留下参加战斗。"那些在队的士兵也受到极大的鼓舞，士气高昂，磨拳擦掌，准备痛歼魏军。诸葛亮在紧要关头不改原令，使还乡的命令变成了战斗的动员令。他运筹帷幄，巧设奇计，在木门道设下伏兵。魏军先锋张郃，是一员勇将，被诱入木门道埋伏圈中，弓弩齐发，死于乱箭之下。蜀军人人奋勇，个个争先，魏军大败，司马懿被迫引军撤退。犒劳三军之时，诸葛亮尤其褒奖了那些放弃回乡，主动参战的士兵，蜀营中一片欢腾。

诸葛亮取信于士兵，宁使自己一时为难，也要对士兵、百姓讲诚信。一次欺诈行为可能会解决暂时的危机，但是这背后所隐伏的灾患比危机本身更危险，对此，诸葛亮是深深了解的。

在商业活动中，欺诈的行为也许能为你获得一定的利益，但同时你也失去了他人对你的信任。没有信誉的人，在社会中难以立足，也不会有人愿意和你共同合作。

作为经商之本的信誉，就某一意义来讲，是一种无形的资产。从古至今凡是真正经商致富的人，都把信誉放在首位，信誉、诚实无欺一直被视为商业道德的重要内容和标志。

总之，诚实信用是青年人成大事的必备素质之一，是青年人在学习和工作中所必需的。你对别人怎样，别人就会对你怎样！

【感悟箴言】

"诚信比一切智谋更好，而且它是智谋的基本条件。"这是哲学家康德的一句名言。

我们无论从政还是经商，都要讲诚信。说实话，做实事，是中华民族的传统美德。孔子的为政志向是"老者安之，朋友信之，少者怀之"。他强调为政的一个要决，就是要取得朋友的信任和支持，不止于此，取得百姓的信任尤为必要。

人无信而不立

人无信而不立。人离不开交往，交往离不开信用。一个人守信是最可贵的品性，要成大事者，必须守信。

诚信之人都是讲信义的，也就是说，他们说过的话一定算数，无论大事小事，一诺千金。

青年人一定要记得中国人以信为本的做人处世之道，在你的事业中，要养成守信的习惯是非常重要的。只有守信的人，才会有人信任你。只有做到了一诺千金，你的事业才有望发展、壮大并蒸蒸日上。

所谓恪守信义，即对许诺一定要承担兑现。“人无信不立”，答应了别人什么事情，对方自然会指望着你：一旦别人发现你开的是“空头支票”，说话不算数，就会产生强烈的反感。“空头支票”不仅仅增添他人的无谓麻烦，而且也损害了自己的名誉。对别人委托的事情既要尽心尽力地去做，又不要应承自己根本力所不及的事情。华盛顿曾说过：“一定要信守诺言，不要去做力所不及的事情。”这位伟人告诫他人，因承担一些力所不及的工作或为哗众取宠而轻诺别人，结果却不能如约履行，是很容易失去信赖的。

在人与人的交往中，中华民族历来把信用、信义看得很重要。孔子说：“与朋友交而不信乎？”墨子说：“志不强者智不达，言不信者行不果。”还有“一诺千金，一言百系”、“一言既出，驷马难追”等都是强调一个“信”字。清代顾炎武更是以“生来一诺比黄金，哪肯风尘负此心”来表达自己坚守信用的处世态度。因此，中国人历来把守信作为为人处世、齐家治国的基本品质，言必行，行必果。自古以来，人们便欢迎和赞颂讲信用的人而斥责和唾骂无信用的人。

讲信用，守信义不仅是立身处世的一种高尚的品质和情操，更是在体现对人尊重的同时，尊重了自己。但是，我们反对那种“言过其实”的许诺，也反对使人容易“寡信”的“轻诺”，我们更反对“言而无信”、“背信弃义”的丑行！

讲信用是忠诚的外在表现。人离不开交往，交往离不开信用，“小信成则大信也”，无论是治国持家还是做生意，讲信用在其中必不可少。一个讲信用的人，能够前后一致、言行一致、表里如一，人们可以根据他的言论去判断他的行为，进行正常的交往。你无法对一个不讲信用、前后矛盾、言行不一的人判断他的行为动向。对于这种人，是无法进行正常交往的，更没有什么魅力而言。守信是取信于人的第一方法。信任是守信的基础，也是取信于人的方法。只有有魅力的人才是守信的人、诚实的人、靠得住的人。

卡耐基向人们讲述过一个故事，这个故事的中心是一篇文章，题目《把信带给加西亚》，这篇文章最先发表在1899年，被翻译成多国语言，为世人所知。纽约中央车站曾将它印了150万份，分送出去。

这篇文章叙述了这样一个故事：

当美西战争爆发后，美国必须立即跟西班牙的反抗军首领加西亚取得联系。但是无人知道加西亚在古巴丛林里的确切地点，所以写信、打电话均不可能。美国总统必须尽快地获得他的合作。

有人对总统说，“有一个名叫罗文的人，有办法找到加西亚，也只有他才找得到。”

他们把罗文找来，交给他一封写给加西亚的信。罗文把它装进一个油布制的袋里，封好，吊在胸口，乘小船，四天之后的一个夜里在古巴上岸，消失于丛林中，接着在三个星期之后，从古巴岛的那一边出来，又徒步走过一个危机四伏的国家，经历千难万险，终于把那封信交给了加西亚。卡耐基说：我要强调的重点是麦金利总统把一封写给加西亚的信交给了罗文；而罗文接过信之后，并没有问：“他在什么地方？”

卡耐基说：像他这种人，我们应该为其塑造不朽的雕像，放在每一所大学里。年轻人所需要的是加强一种敬业精神而非学习书本上的知识或聆听他人的谆谆教导。要像罗文那样恪守信义，对于上级的托付，立即采取行动，全心全意去完成任务——“把信带给加西亚”。卡耐基总结道：我佩服的人有很多，我钦佩的是那些不论老板是否在办公室都努力工作的人；我也敬佩那些能够把信交给加西亚的人；静静地把信拿去，不会提出任何愚笨问题，也不会存心随手把信丢进水沟里，而是不顾一切地把信送到。这种人永远不会被“解雇”，也永远不必为了要求加薪而罢工。这种人不论要求任何事物都会获得。他在每个城市、村庄、乡镇——每个办公室、公司、商店、工厂，都会受到欢迎。世界急需这种能把信带给加西亚的人才。

自古以来，讲信义的事为大家广为传颂，表明人类敬仰守信义的人，敬仰他们的高贵的精神品格，这种守信的品格，这种一诺千金的诚信，也正是人们所崇尚的。

在崇尚之余，我们都希望身边的人是这类人，那么青年人就从自己开始，养成守信的习惯，做一个讲信义的人吧。

【感悟箴言】

诚信是人类永恒的主题，是中华民族的传统美德。

只有一言九鼎的人，才能受人尊敬；同样，也只有一言九鼎的企业，方能问鼎天下。

真诚的力量

善的人格魅力，其基本点就是真诚，而真诚待人，恪守信义亦是赢得人心、产生吸引力的必要前提。要做到对人真心诚意并不难，重要的是要对人感兴趣并真挚关切，在别人需要的时候给予他真诚的帮助。

什么是“真”？就是不做假，不欺人，成大事者讲究人品之真、做事之真。真诚待人，真诚做事，这是一个青年人必备的品质之一。只有具备了这种品质，也只有这样品质的人，才会敞开心扉给人看，使人们了解他，接纳他，帮助他，支持他，使他的事业获得成功，使他受到人们的尊重和敬仰。青年人要有真诚待人的习惯，用真诚的心灵赢得事业上的成功。

美国前总统老罗斯福一直是个受欢迎的人，甚至于他的仆人都喜欢他这个主子，也正是因为这一点，罗斯福的黑人男仆詹姆斯·亚默斯，写了一本关于他的书，取名为《西奥多·罗斯福：他仆人的英雄》。在那本书中，亚默斯说出这个富有启发性的事件：

“有一次，我太太问总统关于一只鹑鸟的事。她从来没有见过鹑鸟，于是他详细地描述一番。没多久之后，我们小屋的电话铃响了。我太太拿起电话，原来是总统本人。他说，他打电话给她，是要告诉她，她窗口外面正好有一只鹑鸟，又说如果她往外看的话，可能看得到。他时常做出像这类的小事。每次他经过我们的小屋，即使他看不到我们，我们也会听到他轻声叫出：‘呜，呜，呜，安妮！’或“呜，呜，呜，詹姆斯！’这是他经过时一种友善的招呼。”

这样的一个人恐怕确实很难让别人不喜欢他。

罗斯福下台以后，一天到白宫去拜访，碰巧塔夫托总统和他太太不在。他真诚喜欢卑微身份者的情形全表现出来了，因为他向所有白宫旧识仆人打招呼，都叫出名字来，甚至厨房的小妹也不例外。

书中写道：“当他见到厨房的欧巴桑·亚丽丝时，就问她是否还烘制玉米面包，亚丽丝回答他，她有时会为仆人烘制一些，但是楼上的人都不吃。”

“他们的口味太差了，”罗斯福有些不平地说，“等我见到总统的时候，我会这样告诉他。”

亚丽丝端来一块玉米面包给他，他一直走到办公室去，一面吃，同时在经过园丁和工人的身旁时，还跟他们打招呼……他对待每一个人，都同他以前一样。

完善的人格魅力，其基本点就是真诚。而真诚待人，恪守信义亦是赢得人心，产生吸引力的必要前提。待人心诚一点、守信一点，能更多地获得他人的信赖、理解，能得到更多的支持、合作，由此可以获得更多的成功机遇。

我们主张知人而交，对不很了解的人，应有所戒备，对已经基本了解、可以信赖的朋友，应该多一点信任，少一些猜疑，多一点真诚，少一些戒备。你完全没必要对你的那些完全值得信赖的同学真真假假，闪烁其词，含糊不清，因为这种行为实在是不明智的行为。我国著名的翻译家傅雷先生说："一个人只要真诚，总能打动人的，即使人家一时不了解，日后便会了解的。"他还说："我一生做事，总是第一坦白，第二坦白，第三还是坦白。绕圈子，躲躲闪闪，反易叫人疑心；你要手段，倒不如光明正大，实话实说。只要态度诚恳、谦卑、恭敬，无论如何人家不会对你怎么的。"以诚待人是值得信赖的人们之间的心灵之桥，通过这座桥，人们打开了心灵的大门，并肩携手，合作共事。自己真诚实在，肯露真心，"敞开心扉给人看"，对方会感到你信任他，从而卸除猜疑、戒备，把你作为知心朋友，乐意向你诉说一切。其实，每个人的思想深处都有封锁的一面和开放的一面，人们往往希望获得他人的理解和信任。然而，开放是定向的，即向自己信得过的人开放。以诚待人，能够获得人们的信任，发现一个开放的心灵，争取到一位用全部身心帮助自己的朋友。在人们发展人际关系，与他人打交道的过程中，如果防备猜疑被诚信取代，就往往能获得出乎意料的好成绩。

青年人与人交往，一定要注意以下几点：

①以诚待人，要坦荡无私，光明正大，已发现对方有缺点和错误，特别是对他的事业关系密切的缺点和错误，要及时地指正，督促他立即改正。批评的确不讨人喜欢，但你不妨换角度去使他理解接受，从而沟通彼此心灵，发展友情。

②应当知人而交，当你捧出赤诚之心时，先看看站在面前的是何许人也，不应该对不可信赖的人敞开心扉。否则，适得其反。

③要想得到知己和朋友，首先得敞开自己的心怀。讲真话、实话，不遮掩，不吞吐，必然会换得朋友的赤诚和爱戴。正如谢觉哉同志在一首诗中写道："行经万里身犹健，历尽千艰胆未寒。可有尘瑕须拂拭，敞开心肺给

人看。”

英国一个名叫哈尔顿的作家为了编写《英国科学家的性格和修养》而采访了达尔文。达尔文的坦率是尽人皆知的，为此，哈尔顿不客气地直接问达尔文：“您的主要缺点是什么?”达尔文答：“不懂数学和新的语言，缺乏理解力，不善于合乎逻辑地思维。”哈尔顿又问：“您的治学态度是什么?”达尔文又答：“很用功，但没有掌握学习方法。”听过这些话的人无不为达尔文的真诚与坦率而鼓掌。按说，像达尔文这样蜚声全球的大科学家，在回答作家提出的问题时，说几句不痛不痒的话，甚至为自己的声望再添几圈光环，有谁会产生异议呢？但达尔文不是这样。一是一、二是二，甚至把自己的缺点毫不掩饰地袒露在人们面前。只有高尚的品德才能换来真挚的信赖和尊敬。朋友的交往亦是如此。你敢于说真话，说实话，肯让人知，朋友为你的诚实所感动，便会从心底深处喜欢你，他给你的回报，也将是说真话，说实话。

《晏子春秋·内篇》中就有“信于朋友”的话，把“信”看成是朋友之间的一个重要环节。在封建社会被视为五常之一的“信”是人的一种美德。过去小孩子的启蒙读物《幼学琼林》中，就有专门讲交友的章节，并有种种概括：“尔我同心日金兰，朋友相资日丽泽”，“心志相孚为莫逆，老幼相交日忘年”，“刎颈之交相如与廉颇，总角之好孙策与周瑜”，这里所指的都是来源于真诚待人的深厚友情。

青年人要懂得人与人的感情交流具有差异性。融洽的感情是心的交流。真诚待人，敞开自己的心扉，肝胆相照，赤诚相见，才会心心相印。然而真诚在友谊宫殿中的光泽不仅未因岁月流逝、时代变迁而减弱，反而随着社会的进步增添了光彩。

如果为人处世离开了真诚，则无所谓友谊可言，一个真诚之人的心声，才能唤起一大群真诚之人的共鸣。“投之以木桃，报之以琼瑶。”我们的生活中应充满真诚，养成真诚待人的习惯，也只有这样，每个人的心灵才会美好和快乐，才会在你的事业上获得更多真诚的帮助。

重诚信会沟通

人们常用“精诚所至，金石为开”来表达真心诚意可以解决很多难题。有一位出版商讲过一个故事：他刚出道时，一直希望能有个名作家的著作让他出版，但他没什么资本，一直不敢去和那些作家接触。可是他实在想极了，有一天，便抱着他从报上剪下来的某位作家的文章，硬着头皮去拜访那位作家。他坦然地说明自己的状况，也表明了出书的意愿，这位作家不置可否，但也没有给他坏脸色看。他无功而返，过了一个月，他又去看那位作家，诚恳地说明他的想法。就这样去了 10 次，前后经过了半年，他终于获得了这位作家一本新作。

精诚所至，金石为开。当你把你真诚的心扉敞开给别人看之后，真心诚意的力量是巨大的，这是无法用科学方法去加以分析的，我只能说，“真心诚意”是一个人真实内心的自然涌现，所以能直接感动对方，和对方内心的真实情感产生共鸣和交流，而且超越了现实利益的层次。“伸手不打笑脸人”、“见面三分情”，这是人都有的一种感情。真心诚意不仅可以解除对方的武装，还可以激起对方同情不忍之心，因而松懈了他自己的立场。“看他那么真心诚意，就接受他的要求吧！”——总是会这样想。因为如果拒绝，自己多少也会自责，认为自己太无情了，因而难过半天。这是人性中“善”的作用，是很奇妙也很微妙的现象。

不造作、不虚假，没有欺骗也没有心术的情感便是“精诚”，即“真心诚意”的本质。只有这种情感才能真正地感动对方，让对方接受你，认同你。用“真心诚意”做事，容易获得别人的合作，甚至和你吃亏也不在乎；用“真心诚意”做人，则容易获得别人的接纳。不过，很重要的一点是——如何让对方感受到你的“真心诚意”？

既然是真心诚意的，就要不怕困难，锲而不舍，敢于付出，用诚实谦和的态度去做事，去感动他人。

锲而不舍：换句话说，不计时间，不计次数地持续下去，因为时间也是一种“支出”，如果不是真心诚意，早就放弃了。

不惜工本：人都怕花无谓的钱，如果不是真心诚意，敢花这种钱吗？这么说，穷困的人就没希望表现出他的“真心诚意”了？那也不然，你大可坦白说明自己的情况，对方会针对你的状况另行考虑的，“诚于中，形于外”，对方是会感受到的。

态度谦和：十足的真心诚意也会被狂傲无礼抹杀，尤其是当你是有求于人时。

要做到对人真心诚意并不难，重要的是要对人感兴趣并真挚关切。这就需要下一番功夫了。

为发展人格起见，我们必须懂得，个人的性格魅力的产生是因为自己对他人感兴趣，是由发自内心的喜爱形成的。把这种魅力发展起来，待人接物既可处处制胜，对人的兴趣亦自然地滋长，同时，吸引人们的能力也随之增强起来。

有许多关于这方面的故事。你只要对别人真感兴趣，在两个月之内，你所得到的朋友就比一个要别人对他感兴趣的人在两年之内所交的朋友还要多。

查尔斯·伊里特博士之所以成为有史以来最成功的大学校长就在于他对别人的事情同样强烈地感兴趣。有一天，一名大学一年级的学生克兰顿去校长室去借50美元的学生贷款，这笔贷款获准了。克兰顿回忆道：“接着我感激万分地致谢一番，正要离去的时候，伊里特校长说，‘请再坐会儿。’然后他令我惊奇地说：‘听说你在自己的房间里亲手做饭吃，我并不认为这坏到哪里去，如果你所吃的食物是适当的，而且份量足够的话。我在念大学的时候，也这样做过。你做过牛肉狮子头没有？如果牛肉煮得够烂的话，就是一道很好的菜，因为一点也不会浪费。当年我就是这么煮的。’接着，他告诉我如何选择牛肉，如何用温火去煮，然后如何切碎，用锅子压成一团，放冷再吃。”校长如此地关心一个低年级的学生这使克兰顿非常感动。

卡耐基自己回忆道：从我个人的经验中发现，一个人对别人真诚地感兴趣的话，就可以从即使是极忙碌的人那儿，得到注意、时间和合作。卡耐基举例说：

“几年前，我在布洛克林文理学院讲授小说写作这门课，我们希望邀请凯萨琳·诺理斯、凡妮·何斯特、伊达·塔贝尔、哑勃·特胡、鲁勃·休斯以及其他著名和忙碌的作家们，到布洛克林来，把他们的写作经验告诉我们。因此我们写信给他们，说明我们钦佩他们的作品，深切地希望能得到他们的忠告以及获知他们成功的秘诀。

“每封信都由大约150名学生亲笔签名。我们说，我们知道他们很忙——忙得无法准备一篇演讲。因此，我们附上一串关于他们自己和写作方法的问题，请他们回答。这一方法他们显然是相当地赞成，因为他们从家里赶到了布洛克林来助我们一臂之力。

“以同样的方法，我劝罗斯福任内的要员以及许多其他的大人物到我的演讲班来，跟学生们谈一谈。花些时间、精力、诚心和思考事情，这些为朋友效力的事对于与他人交朋友是十分有利的。”好多年来，卡耐基一直都在打听朋友们的生日，怎样打听呢？他说：虽然我一点也不相信星象学，但是我会先问对方，是否相信一个人的生辰跟一个人的个性和性情有关系，然后我再请他把他的生辰月日告诉我。举例来说，如果他说11月24日的话，我就一直对自己重复地说，“11月24日，11月24日。”等他一转身，我就把人的姓名和生日记下来，事后再转记在一个生日本子上。在每一年的年初，我就把这些生日写在我的月历上，因此它们能够及时地引起我的注意。你可以想象此人在生日那天收到信或电报时会是多么惊喜！我常常是世界上惟一记得他们生日的人。

所以我们要以高兴和热诚去迎接别人同他人交朋友。当别人打电话给你的时候，同样要保持高兴与热诚，说话的声音，要显出你对他打电话给你是多么地高兴。纽约电话公司开了一门课，训练他们的接线生在说“请问您要拨几号”的时候，口气显出“早安，我很高兴为您服务”的感觉。

青年人在事业开创过程中可以通过对别人显出你的兴趣来结交更多的朋友，甚至增加客户对公司的信任感。

查尔斯·华特尔，受雇于纽约市一家大银行，奉命写一篇有关某一公司的机密报告。当他知道一个大工业公司的董事长拥有他非常需要的资料时，他便去见那人。当华特尔先生被迎进董事长的办公室时，一个年轻的妇人从门边探头出来，告诉董事长，她这边没有什么邮票可给他。

“我在为我那12岁的儿子搜集邮票。”董事长对华特尔解释。

然而这位董事长总是对华尔特先生的问话含糊概括，模棱两可。他不想把心里的话说出来，无论怎样好言相劝都没有效果。这次见面的时间很短，不切实际。“坦白说，我当时不知道该怎么办，”华特尔先生说，“接着，我想起他的秘书对他说的话——邮票，12岁的孩子……我也想起我们银行的国外部门搜集邮票的事——从来自世界各地的信件上取下来的邮票。”

“第二天早上，我再去找他，传话进去，我有一些邮票要送给他的孩子。我是否很热诚地被带进去呢？是的，老兄。在我看来，即使是竞选国会议员他也没有这种握手的热诚。他满脸带着笑意，客气得很。‘我和乔治将会喜欢这张，’他不停地说，一面抚弄着那些邮票。‘瞧这张！这是一张无价之宝’。

“我们花了一个小时谈论邮票，瞧瞧他儿子的一些照片，然后他又花了一个多小时，在我还未提议他时，他已经告诉了我所有我想知道的。他把他所知道的，全都告诉了我，然后叫他的下属进来，问他们一些问题。他还打电话给他的一些同行。他把一些事实、数字、报告和信件，一古脑地告诉我。如果从一个新闻记者的角度看我此行大有收获。”

要对别人表示你的关切是好的，但前提一定是真诚的，只有真诚的东西，才会为人所接受。

马汀·金斯柏曾经说他的一生实际上被一位护士给他的关切而深深影响的：

“那天是感恩节，我只有10岁，正因社会福利制度而住在一家市立医院，预定明天就要动一次很大的整型手术了，我知道以后几个月都是一些限制和痛苦了。我父亲已去世，我和我妈住在一个小公寓里，靠社会福利金维生。那天我妈刚好不能来看我。

“那天，我完全被寂寞、失望、恐惧所压倒，而我的妈妈此时应是在家中孤零零地一个人为我担心，甚至于她没钱吃一顿感恩节的晚餐。

“眼泪在我的眼眶里打转，我把头埋进了枕头下面，暗自啜泣，全身都因痛苦而颤抖着。

“一位年轻的实习护士听到我的哭声就过来看看。她把枕头从我头上拿开，拭掉了我的眼泪。她跟我说她非常寂寞，因为她必须在这天工作而无法跟家人在一起。她又问我愿不愿和她一同进晚餐。她拿了两盘东西进来：有火鸡片、马铃薯泥，草莓酱和冰淇淋当甜点。她跟我聊天并试着抚平我的恐惧。虽然她本应 4 点就下班的，可是一直陪我到将近 11 点才走。她一直跟我玩，聊天，等到我睡了才离开。

“我过过很多感恩节，但这个感恩节我始终不能忘记，我还记得一个陌生人的温情驱散了我那个感恩节中的沮丧、恐惧、孤寂。”

因此卡耐基郑重忠告说：帮助别人就是帮助自己。凭借这条原则，就应该可以使别人喜欢你或是培养真正的友情。

在别人需要的时候表达你真诚的帮助，你的举动才是明智的。青年人要记住这条原则，在今后的事业、生活中，养成真诚的习惯和生活态度，做一个真切关心他人的人。

【感悟箴言】

水草肥美的地方鸟儿多，心地真诚的人儿朋友多。交友其实就像人每天呼吸、休息、用餐一样，很平常、很必需，所以人与人之间只有以诚相见，不护短，在大是大非问题上不迁就，才能换得永久的信任和友谊。真诚的友谊和无瑕的信赖，是一曲从心弦深处弹奏出来的歌。可以说，天平的两头是砝码，友谊两头是真诚。

生活在真诚的环境中是一种幸福。真诚使人们对生活感到温暖，对具有美好人情的社会倍感可爱。只要我们敞开胸怀，真诚就如春风，既温暖了自己，也感染了别人；既滋润了心田，又浇灌了花朵。真诚是生活中的美，只有真诚才能永远。

有诚信，才能有真心朋友

只有用诚信建立起来的友谊，才是可靠的，才能在你需要的时候，给予你帮助和关怀。对于成大事者而言，诚信是交友的原则之一。青年人要掌握好这个原则，在诚信的习惯中结交朋友，扩展人际合作关系，从而为将来的事业打下基础。

《诗经·小雅·伐木》写友情以鸟作比喻："伐木丁丁，鸟鸣嘤嘤；出自幽谷，迁于乔木，嘤其鸣矣，求其友声。相彼鸟矣，犹求友声；矧伊人矣，不求友声？神之听之，终和且平。"其诗《序》曰："《伐木》燕朋友故旧也。自天子至于庶人，未有不须友以成者。亲亲以睦，友贤不弃，不遗故旧，则民德归厚矣。"所谓朋友，物以类聚，人以群分。有各种各样的人，也就有各种各样的朋友。有酒肉之交，也有生死之交；有势利之交，也有道义之交。但酒肉之交与势利之交不能算作朋友之交，而只能算作利害关系的暂时和松散的凑合。一旦发生利害冲突，他们就会反目为仇。只有用诚信建立起来的友谊，才是可靠的，才能在你需要的时候，给予你帮助和关怀，这也正是我们常说的君子之交。

所谓君子之交，其一重在道义。所谓道义，就是在共同道德理想的基础上，用信义原则凝结起来的友谊。孔子说："有朋自远方来，不亦乐乎？""朋友切切偲偲，兄弟怡怡。"志同道合者为"友"，同出一师之门为"朋"。古人一直以为人们在追寻知识、德行时，在情感契合的基础上，以及在思想和感情的交流、感应过程中自然而然地产生了友谊。千百年来脍炙人口的钟子期与俞伯牙高山流水遇知音的故事，说明了古人交友贵在相知、贵在真挚的原则。因此，死亦在所不惜。

周宣王时，大臣左儒就曾理直气壮地向君主宣称：“君道友逆，则顺君以诛友：友道君逆，则率友以违君。”结果他终于不屈服于宣王的淫威，以死来明君之过和友人“杜伯之无罪”。远在春秋时期，人们便以结交友情是否符合道义来作为其衡量标准了。在长期的封建社会里，虽然忠君的思想一直存在，但与此并行的同样也有许多为坚持正义和原则，宁肯得罪君王权贵也要救助支持友人的动人事迹。欧阳修说：“君子以同道为朋，小人以同利为朋。纣有臣亿万，惟亿万心，可谓无朋矣，而纣用以亡。武王有臣三千，惟一心，可谓大朋矣，而周用以兴。故为君但当退小人之伪朋，用君子之真朋，则天下治矣。”交友之道，还在于互补，人贵相遇、相知，双方的长短应相互补充。个人的情操在相互间的取长补短中得到砥砺，而学识的修养在其中得以培养。我国传统的砺行治学观点是君子以文会友，以友辅仁：学而无友则孤陋寡闻；行而无友则形单影只。李白赠友人诗云：“人生贵相知，何必金与钱。”他在赠孟浩然的诗里，又从另一角度表达了自己看重交友的心情：“高山安可仰，徒此挹清芬。”鄙薄金钱多利，交意气相投、操守高尚的朋友，这正是古人择友的标准。杜甫和李白亦是忘年之交。“寂寞书斋里，终朝独尔思。”在寂寞的冬日里，杜甫回忆着与李白论诗的情景，不觉深深感到“白也诗无敌，飘然思不群。”“故人入我梦，明我长相忆。”仰慕之情，不可名状。从这些诗句里，交友所追求的互为补充，互相学习，追求进步与提高的境界得以表达。

朋友，既然如此称呼，就要名副其实，真正的朋友之间是有着一种纯正的感情的。这种感情比亲情更理解人，比爱情更持久，这是一种情感中的深谷幽兰，散发着长久的清香。这就是友情，是朋友之间的真正情谊。为了朋友间的情谊，以实际行动去浇灌友谊之树，使之常青不败。为了友情，赴汤蹈火在所不辞，这都是古人们对待情谊的真挚态度。例如广为人知的李白与杜甫、韩愈与柳宗元、白居易与元稹等人之间的友谊故事，长久地在后人中间传为佳话。

青年人交友不仅注重情谊，还要看对方的志向和胸襟。目光远大、胸怀开阔的美德亦是古人看重情谊的表现，同时也应为今人所用。古人对朋友的称呼有“朋友”、“好友”、“益友”、“良友”、“死友”、“生友”、“文友”、“画友”、“诤友”、“畏友”等。这最末两个的意思就是能够直言规劝自己过错的朋友。

《资治通鉴》中记载，吴大司马吕岱，十分推重徐原（字德渊），推荐提拔他做了侍御史。性情忠直的徐原总是有什么意见就当面提出来。吕岱处理政事时常有失，徐原经常当面谏争，又在公开场合评论之，吕岱不仅不怪罪，反叹曰：“是我所以贵德渊者也！”后来徐原早逝，吕岱十分悲痛，说：“我以后再从何人处去听到我的过失呢?”古人为政立德的重要方面便是虚怀若谷，真诚欢迎和听取友人对自己的批评，用以不断改进、提高自己的政声和操行。唐代诗人王健曾作《求友诗》：“鉴形顺明镜，疗疾须良医。若无旁人见，形疾安自知。纵令误所见，亦贵本相规。不求立名声，所贵去瑕疵。”他运用比喻说明人要真正认识自己，了解自己的缺点和不足，必须依靠正直的朋友。通过朋友的规劝、勉励、指正，求得个人德行的提高。只有这样，才是“君子之交”。

青年人要交“君子”，在交友时要有选择，择善而交，择诚、择信而交。

孔子说：“三人行，必有我师焉，择其善者而从之，择其不善者而改之。”又说：“见贤思齐焉，见不贤而内自省也。”古人这种对待交友的主张，是和个人的德行、操守有关的。管宁、华歆共园中锄菜，见地有片金，管挥锄与瓦石不异，华捉而掷去之。又尝同席读书，有乘轩冕过门者，宁读如故，歆废书出看。宁割席分坐曰：“子非吾友也。”

华歆的世俗和浮躁，使管宁难以以其为友，这说明了“友者，友其德也”这样一个道理。欧阳修在其《朋党论》一文中说：“大凡君子与君子，以同道为朋；小人与小人，以同利为朋，此自然之理也……小人所好者禄利也，所贪者财货也。当其同利之时，暂相党引以为朋者，伪也；及其见利而争先，或利尽而交疏，相反相贼害，虽其兄弟亲戚，不能相保……君子则不然，所守者道义，所行者忠信，所惜者名节。以之修身，则同道而相益，以之事国，则同心而共济，始终如一。此君子之朋也。”宋人范仲淹曾以言事而遭到三次迁黜，他的朋友因此越来越少，只有王子野依然在范仲淹遭贬时还留他在京多居几日，“抵掌极论天下利病”。后来有人见了子野，害怕地告诉他，说如果有人告密朝里，要抓朋党的话，你将是第一人哩。子野却毫不在乎地说：“果得觇者录某与范公数夕之论进与上，未必不是苍生之福，岂独质之幸哉！’’这就是古人所推崇的以“同志为友”，也就是志同道合者方可称得上朋友。为了朋友，为了真理，一切都可以不顾。由于有人在朝中作梗，销烟英雄林则徐在虎门销禁鸦片，打击英人的猖狂气焰后被查办，遣戍新疆。清廷大学士王文恪在治理黄河时，朝廷又派林则徐一同协办。王、徐在一起成了好朋友。王深感朝廷不能用人，及完工之时，告诉林自己将极力向朝廷推荐。但是，朝廷始终不听，甚至有一次还说王是喝醉了，说了胡话。再谏，“上怒、拂衣而起”。王文恪回府之后，“归而欲仿史鱼尸谏之义，其夕自缢薨……”以死相荐友人，这需要多么大的勇气和力量！但要古人们看来，“士为知己者死”，是死得其所，死得有价值的。所谓的择善而交，尤其是“莫逆之交”“贫贱之交”往往是以同心相契，富贵不移，以道义为重的交往。历史上人们所最不齿的是那些以私利相媾和的“势交”、“贿交”，尤为痛恨那种卖友求荣的富贵易交之徒。晋嵇康与山巨源绝交书，表明了作者的志向和痛心于朋友的势利，其情其义跃然于纸上。汉朱穆《与刘宗伯绝交诗》中痛斥旧友刘宗伯嗜欲无极、见利忘义的行为，提出“永从此诀，各自努力”，与其分道扬镳，同样也体现了重道义交友的原则。古人在极力推荐那种不慕势利、道义为重的交友思想的同时，亦努力将其付诸实践，从而为后人既留下了极为丰富的精神遗产，又促进了今天我们人与人之间的交往。

青年人要摒弃自身的缺点，学习古人的优点，在为人处世、交友创业之中，以诚信为本，使自己成为一个有“信”有“义”的人。在朋友危难之际，能够伸出援助之手，济人于危难。

交友之道的另一方面是要能济人危难。朋友之间的道义往往以信诚为先，有危难总是能够帮一把。济人危难、助人为乐亦是一种社会功德。清人唐甄在《潜书·交实》中写明朋友在生活上应该互为关心。

范仲淹便是这样一个人。

范文正公在睢阳，遣尧夫于姑苏取麦五百斛，尧夫时尚少，既还，舟次丹阳，见石曼卿，问寄此久近，曼卿曰："两月矣。三丧在浅土，欲丧之西北归。无可与谋者。"尧夫以所载舟付之。单骑自长芦捷径而去。到家拜起，侍立良久。文正曰："东吴见故旧乎？"曰："曼卿为三丧未举，留滞丹阳。时无郭无振。莫可告者。"文正曰："何不以麦舟付之。"尧夫曰："已付之矣。"

德行，是一个人的名誉和今后的为人处世的资本，是身后与生前的美丽阳光。免人之死，解人之难，救人之患，济人之急，这是一个人德行的表现。德行通常并不是一种名声，而总是伴之以实际的行动。不仅仅拔刀相助见义勇为，其实倾囊相助、相济亦是见义而勇为。《水浒传》上讲宋江有一江湖名号"及时雨"，是说他在朋友有难时，不管认识与否，求到面前，尽力相助。我们民族得以凝聚起来的一个动力实质上就是互助义举。朋友相交，仅以势利为前提，总是不持久的；但若不求图报，而求相知，却是永恒的。钟子期与俞伯牙之间看似只是艺术爱好上的纯志趣相投与相知的故事一直为人津津乐道。但细细考究，这个故事说明的是崇高纯真心灵的撞击，是对重视情谊最生动的表现。这里所说的知音决非对音律的有所悟透，而是人品、道德的敬重，以及为使友谊长久所进行的不断培养，是诚，是信，是义，是一种优秀的品质。

在今天这个社会里人们的交往依然需要从我们的先辈那里汲取营养。在志向上互相勉励，事业上目标一致，沟通思想，取长补短，团结尊重，互相帮助，坚持原则，互相爱护是我们今天交朋友的友谊方面的基本道德规范。这种道德规范从其本质内容上和我们的民族文化、民族精神有着割不断的血脉联系。当我们摈弃所有的自私、愚昧、盲从之后，新型的朋友关系就应该兼具古老文明与现代文明的双重优点。在我们充分地了解、运用、发扬民族优秀传统的前提下，建立起真正平等、互爱、互助、无私的朋友关系和情谊。用你的真诚给你身边的人，带来欢乐，用你的诚信赢得你事业上的成功。

【感悟箴言】

诚实守信是中华民族几千年来源远流长的传统美德，民间的“一言既出，驷马难追”，都极言诚信的重要。几千年来，“一诺千金”“一言九鼎”的佳话不绝于史，广为流传。

生活中，诚信已经成为大家友谊的桥梁，人们都以诚信为最好、最珍贵的高尚品德：商人做生意需要诚信，朋友之间也要讲诚信，工作学习也需要诚信。

做个恪守诺言的人

对于成大事的人而言，手中都有一张“信用卡”——以诚信处世。诚信,不仅是做人的准则，也是处世的原则和方法。青年人要以诚信的态度处世，养成诚信的为人习惯。处世以“信”为原则，讲信义、重信义，这样的人才会为世人所接受，也才会在危难之时获得帮助，从而走到目的地。

“一诺千金”表明了古人相当看重信义，即一旦你答应的话就不能随易更改，一言既出，驷马难追。周文王演《周易》，其中有“天之所助也，顺也；人之所助也，信也。”由此可知，我们民族的行为准则——诚信可以追溯至殷商时代。孔子把“信”的位置看得很高，学生子贡向他请教治国之道，他讲了“足食、足兵、民信”三条。子贡问如果这三者只能做到两个，您先去掉哪一个呢？孔子想了想说：“去兵。”又问再去一个是什么？孔子说：“去食。自古皆有死，民无信不立。”当你的百姓已经不再对自己的国家心有信任时，这个国家继续生存的可能性也就不大了。周幽王为“千金买一笑，烽火戏诸侯”而失信，终至丧国，可说是最惨痛的事例了。而商鞅变法，立木为信以兴秦国的故事，也说明做事情必须先把信义摆在头里。项羽的大将季布是一个重友情守信义的男子汉，楚人有句谚语说他：得黄金百斤不如得季布一诺。诺，就是古人应答的声音，类似于现今的“可以”、“好的”意思。春秋时，晋文公重耳曾多年流亡国外，在他路过曹国时，曹共公对他很不礼貌。曹国大夫僖负羁的妻子对丈夫说，我看重耳的随从都是可任相国的人才，这位公子将来一定要回国称霸，对他无礼，我们会遭殃的。于是僖负羁派人送了一餐精美的饭食，并在饭食里暗藏一块玉璧。意思不仅是修好，而且暗指重耳是玉一样贵重的人物。重耳很感激，接受饭食而退还了玉璧，人称“受飧而返璧”。后来，当他们到达楚国的时候，楚王隆重地接待了他，但同时也询问他会如何报答自己。重耳说：“玉帛珍宝，楚国都有。倘若托您的福，将来回到晋国，万一楚晋发生战争，相遇中原，我一定避君三舍（古一舍为30里），以示感谢。如果你仍不肯罢休，我只好拿起弓箭，与君周旋。”过了两年，重耳做了晋国国君。隔了三年，晋楚果然交战城濮，晋文公遵守前诺，主动后撤90里。但楚王却不肯罢休，致使大败。

重信义能助人成功，同样不重信义，轻诺寡信的效果正好相反。轻诺寡信是处世的最大障碍。唐高宗李治死后，传位于太子李显。李显急着要给自己的岳父韦怀贞封官，为此大臣们持有各种不同见解。年轻气盛的李显不及思考说出了“不要说给个御史，就是把天下给他又有什么不可”的话。太后武则天听后大怒，当即决定废帝另立。君无戏言，天下社稷这样的大事，李显却敢随口乱许。战国时的张仪，由于年轻时很贫穷，常做出轻诺寡信、巧言令色的事，因此别人一直瞧不起他。有次在楚相府作客，大家传看的一块玉石找不到了，就以为是张仪偷的，把他捆起来拷打，抽了他几百鞭子。张仪获释后妻子劝他安分守己，不要再去游说骗人，他说：“只要我的舌头还在嘴里，这就足够了。”之后数年，张仪成为秦王的座上客，其以商於六百里为诱饵，欺诳楚怀王，破坏齐楚联盟，怀王最后找张仪要土地，张仪给他的只是六里地。张仪遍历楚、韩、齐、赵、燕诸国，或许诺，或信誓旦旦，或连哄带吓，使六国的“合纵”之策土崩瓦解，秦国得以各个击破。但靠轻诺寡信的作为是不得人心的。信任他的秦惠王死后，秦武王很不喜欢他，认为他是“左右卖国以取容”的娼妓行为。张仪只好回到了魏国，不敢再回到秦国。回国后的张仪因为惧怕遭人报复，因此一直过着大门不敢出、二门不敢迈的生活，直到在家里郁郁而死。春秋战国时期，正是一场社会政治、经济、文化和思想的大变动时期。这一时期有各种各样的思想派别产生，但似乎都十分推崇“义士”这样的人。因为讲信义的“义士”是值得信赖和托付大事的。

“荆轲刺秦王”的悲壮故事源自于燕太子丹憎恶秦王的暴虐，于是处士田光为他推荐了义士荆轲。田光告诉荆轲：“忠厚长者行事，是不应当引起别人怀疑的，但太子丹同我谈话后，特地嘱咐我不要泄漏，这分明是信不过我。不能使人无疑，这算什么节烈豪侠之士？请你转告太子，就说我田光已经死了，以显示我决不会泄露他人的机密。”说罢便自刎而死。

从这则故事，我们可以看到，由于田光对荆轲的器重，使荆轲不能不考虑信诺的问题。此时，虽然此行成功的机率不大，但荆轲依然受命去刺杀秦王，原因仅是由于一个“义”字。“士为知己者死”这是古代义士们的一句格言。今天看来虽然有很多值得商讨的成分，但古代人纯朴耿直忠烈的观念，忠诚和言行一致的做法，是值得今人去效法的。古人看重信义的核心是良知与德行。东汉人朱晖，有乡党张堪非常器重他的为人，有次说起闲话，张堪说万一我有什么不幸，我的妻子可托的人只有朱晖了。朱晖当时并没有答应什么。虽然后来二人长时间不往来，但是当朱晖知道张堪病死，且其遗孀非常贫困时，特地前往慰问照顾。朱晖的孩子很奇怪，说父亲和张堪并无深交，也没答应他什么，现在怎么要去照顾他的家小了。朱晖说：“堪尝有知己之言，吾以信于心也。”也就是说，张堪已经把他视为知己了，虽然他没有说什么，但在内心已经不能辜负人家对自己的信任和付托了。这种“信于心”是和田光、荆轲这样的人有异曲同工之处的。

“信”是如此重要，青年人一定要做诚信之人，而还有比“信”更重要的，那就是“义”，孟子说：“大人者，言不必信，行不必果，惟义所在?”这句话怎么理解？晋国的大臣赵盾是位贤相，因为多次劝谏晋灵公，灵公厌烦他了，便派力士鉏麑前去刺杀他。当鉏麑潜入赵盾住所时，赵家不但敞开着大门，连内室的门也是开着的，并无严密警卫，室内外陈设也很俭朴。当时天还未亮，赵盾却已经把衣帽穿戴得整整齐齐，端端正正坐在那里等着上朝议事。看到这种情景，鉏麑大为感动，叹息道：“杀忠臣弃君命罪一也。”遂取义而弃信（信在此处是为信于君命），说明了义之重要。还有民间流传陈世美负心的故事。当陈世美中了状元之后，被派去刺杀秦香莲母子的韩琦，就宁可取义而失信，也不杀无辜的母子，最后自刎而死，也说明了这个道理。所以，古人在取道时，常常把“信义”连在一起考虑，并非把它们割裂开来。任何社会中，一个人在思想上、品质及至能力等方面是否成熟的重要标志便是他是否信守诺言，是否轻易许诺。因此，“诺必诚”就包含了这样两层意思：一是说到做到，二是许诺前要三思而行。古人的经验值得我们学习，前车之鉴，青年人从中应该学到对自己有益的东西。在今后的事业发展中重“信”讲“义”，做一个值得他人信任，值得社会和家庭信赖的人，成为社会的中坚力量，无论行商还是为学，行商就讲商业信义，做学问就讲做学问的原则。

商业在中国古代的小农经济中虽然并不十分发达，但是却伴随了整个社会发展的始终。在今天我国实行改革开放和市场经济之际，探讨一下中国古代商人的诚信经商是有着积极意义的。

旧时的经商者们往往因某些人的关于经商的至理名言而将他们奉为自己的祖师。范蠡植农经商，很有办法，他主张“十分利只取一分”，被后人尊为文财神。于是，财神也就有不同的形象，如茶叶店挂陆羽像，绸布店挂嫘祖像，而一些大商店、大银号则高悬武财神关羽的像。这其中的含义除了桃园三结义般的精诚团结外，更重要的在于关羽是个忠诚侠义的汉子，为人做事诚信是放在第一的。

重诚信会沟通

明人张萱《西园闻见录》讲了这么一件事情：

郑金、吕荣年，顺昌人。自幼相友善，以鬻贩为生，所至，人推其诚。年三十，合赀仅百金，偶被盗去，郑曰："此金置吾舍，知者为盗，不知者谓吾匿。"遂称贷偿之。是岁获利大，人咸曰："天报善人如此。"一日，郑往水口贩盐，计所得，倍其值，今番清损。商人不信，郑无如之何。与吕公之初，不以吕之不知而私，凡所贮，一钥二匙，出入各不相问。

张萱讲的这些，说明了那时经商的人是非常看重德行的，毕竟一些农重商轻的传统意识认为"无商不奸"的观念只是社会的负面，而早在唐朝时，我国就已有了十分规范的商业发展了。

唐代商业一般都成立行会。行会是同业商人的组织，在行会中由大家推举出德高望重的人来担任"行头"、"行首"，负责对内对外的一切事务，并规定行德。各成员的地位在名义上都是平等的。1956 年在北京房山发现的唐代石刻佛经里，记载幽州（北京）的商行就有米行、肉行、油行、果子行、炭行、磨行、布行、绢行、丝绵行、生铁行、杂货行等。当更大规模的商行在宋代出现之时，商行也就制定了类似于划出会员营业范围，规定会员义务、货物价格，经商的商业道德和信义的规约。为了使人容易辨认，各行的衣服装束也不同，很有类似今天的场服、工作服。当时东京汴梁市上至少有 160 行，行户合 6400 多户，各行衣着不同，因此在街上行走，一看便知道是哪一行的。宋代的商行对外来散商管制很严，不经投行，不准上市。因此在排除同业竞争的因素之外，保护本地经商者的信誉也就成了另一十分关键的因素。到了明代中叶，商人的行会组织向会馆发展。这是一种团结同乡人，经商时相互帮助的乡土性的行会组织，台湾学者李亦园在分析晋商（乔家大院）的理财文化时这样说：

乔在中堂的人不但有现代企业经营理念，知人善用，而且懂得如何建立一套合理的制度，然后交给经营者去运作。乔氏商业行号中对职工的管理极严，不准接眷来店，不准娶妾、宿娼、赌博，不准自开商号、储私放款等等。但是对工作人员也有优厚的一面。他们行号中有所谓的"顶身股"的制度，也就是高级职员可以依其任职的年份取得不同程度的股权，每三年结账期可取得优厚的股份红利，这可以说已是现代企业员工参与经营的理念了。职工们视公司如自己的事业，能够尽心尽意去做，不仅结账期可分得应有的红利，逝世时也可以得到长期的抚恤。另有更特别的设计，那就是分红利也有一定限度，不是把所有盈余都照顾均分，而是保留相当分量作“厚成”，也就是增资之意，这样既可以扩大资本，又避免职工因红利分得多而私自发展自己的企业……乔家的人除去懂得建立经营制度之外，也有他们一套商业伦理，表现了相当细致而有长远眼光的经营精神，而不是现实、功利、巧取豪夺的作风；人弃我取、薄利多做；维护信誉、不为虚假；小忍小让、不为己甚；对待“相与”，慎始慎终等。其中所谓“相与”，也就是互有交往的行为，也许用现在台湾的术语，就是有“交陪”者，都给予非常宽容的待遇，对破产者有时不索赔且给予资助，最终得到的是大家一致的拥戴与赞誉。

诚与信是中国思想中的传统品德，是中国商人最崇尚的道德信条，也是他们得以发迹和发展的基础。在现代社会中，诚信具有更重要的意义。我们知道，人们之间的社会行为从功能上说，以合作活动和交换活动为主。例如工厂、农村、机关、公司中，人们的工作都是以合作的方式进行，甚至在一个家庭中也少不了合作。交换与传递在合作中必不可少，最典型的是在商业领域，买卖、委托、招聘、雇佣等，几乎每一种合作或交换都涉及到守信、守约。在个人与个人之间，群体与群体之间体现了守信守约的多层次性。现代社会，除以法律的硬性规定来保障交换行为的可信外，一个人只有靠长时期的立诚守信行为才能建立起信誉，信誉本身是有价值的，它是一个人、一个企业的通行证、信用卡，处世讲求诚与信，这是我们这个古老民族在现代社会的座右铭。

青年人要利用好这个座右铭，不断激励自己，鞭策自己，做一个讲诚信的信义之人，在事业发展中取得骄人的成绩。

重诚信会沟通

【感悟箴言】

诚信，一个亘古的话题，它贯穿于人类的历史，在其中占据了重要的一角，发挥了不可磨灭的作用。

诚信，即诚实，守信用。现代社会，在灯红酒绿中，在车水马龙中，在摩肩接踵时，许多欲望在或璀璨或幽暗的世界里潜滋暗长，喧闹与躁动似乎使我们失去了成长的方向，但诚信始终应是我们生活的信条、做人的准则。

真诚带来的温暖

美国前国务卿奥尔布赖特曾经是BON电影公司的公关部经理。她面临着巨大的职业挑战，同时又必须面对许多现实的东西，像人际关系的处理、家庭生活的和谐等，但她巧妙地使这些繁琐的事情顺畅起来。

比如，她的下属总会在某一个繁忙的下午突然收到一张上面写着诸如“你辛苦啦”、“你干得非常出色”之类的小卡片，或一份精致典雅的小礼物。而在她丈夫生日的那一天，她总会努力举办一个家庭小舞会，而且是一个人事先布置好，就这样，在繁忙工作的间隙，她并没有花太多的时间，却给他人送去了一份又一份快乐。

她对这一做法，饶有兴趣地解释说：“大家的节奏都那么快，大部分人都忘了一些最基本的问候，都认为这些是无足轻重的小细节。其实正是这些细小的方面使人与人之间的情感变得不那么紧张，所以我就想：为什么我不能做得更好些呢?”

她又说：“一份小小的问候就能体现出一个人的真挚和诚意，使他人感到温暖。人与人之间渴望沟通和交流，而这些细小的方面是最能体现出你的那一份心意的。这是对我个人形象、风度的一个最佳传播，当她们看到那张卡片的时候，就一定会想起我，而且在她们心中隐含着对我的那一份谢意，会使她们更认为我是一个完美无缺的人，她们总会想到我好的地方，不会注意我的缺陷。”

【感悟箴言】

显然，奥尔布赖特的这一番言论有许多值得我们借鉴的地方，人与人的关系不一定非要在大事中才能体现出来，在日常生活的琐碎之中更能体现你的友善，反映你的“情感智力”。

既懂得工作的重要，也深信生活的乐趣，随时把心中最真诚的愉悦带给大家，这正是处理人际关系的要诀。

要善于引导对方

俄国伟大的十月革命刚刚胜利的时候，象征沙皇反动统治的皇宫被革命军队攻占了。当时，俄国的农民们举着火把叫嚷，要点燃这座举世闻名的建筑，将皇宫付之一炬，以解他们心中对沙皇的仇恨。一些有知识的革命工作人员出来劝说，但都无济于事。

列宁得知此消息后，立即赶到现场。面对那些义愤填膺的农民，列宁很恳切地说：“农民兄弟们，皇宫是可以烧的。但在点燃它之前，我有几句话要说，你们看可不可以呢？”

农民们一听这话，便知列宁并不反对他们烧皇宫，于是答道：“完全可以。”

列宁问：“请问这座房子原来住的是谁？”

“是沙皇统治者！”农民们大声地回答。

列宁又问：“那它又是谁修建起来的？”

农民们坚定地说：“是我们人民群众！”

“那么，既然是我们人民修建的，现在就让我们的人民代表住，你们说，可不可以呀？”

农民们点点头。

列宁再问："那还要烧吗?"

"不烧了!"农民们齐声答道。

皇宫终于保住了。

【感悟箴言】

迁怒于物往往是思维简单化的表现之一，这时的关键在于疏导。面对激愤的群众，列宁五句循循善诱的问话，理清了群众思路，保住了这座举世闻名的建筑。他采取的步骤是，首先理解和赞同群众的观点，这样可以争取到引导群众的时间和机会；其次，正本清源，使农民们懂得，皇宫原来是沙皇统治者居住的，但修建者却是人民群众，如今从沙皇手中夺过来回归人民群众，就应该让人民代表住，这个道理是可以服人的，因此农民们点了点头。最后一问，是强化迂回诱导的结果，让群众明确表态"皇宫不烧了"，从而完全达到了目的。

有沟通才有效果

球王贝利，人称"黑珍珠"，是人类足球史上享有盛誉的天才。在很小的时候，他就显示出了足球的天赋，并且取得了不俗的成绩。

有一次，小贝利参加，一场激烈的足球比赛。赛后，伙伴们都精疲力竭，有几位小球员点上了香烟，说是能解除疲劳。小贝利见状，也要了一支。他得意地抽着烟，看着淡淡的烟雾从嘴里喷出来，觉得自己很潇洒、很前卫。不巧的是，这一幕被前来看望他的父亲撞见。

晚上，贝利的父亲坐在椅子上问她："你今天抽烟了?"

"抽了。"小贝利红着脸，低下了头，准备接受父亲的训斥。

但是，父亲并没有这样做。他从椅子上站起来，在屋子里来回地走了好半天，这才开口说话："孩子，你踢球有几分天赋，如果你勤学苦练，将来或许会有点儿出息。但是，你应该明白足球运动的前提是你具有良好的身体素质，可今天你抽烟了。也许你会说，我只是第一次，我只抽了一根，以后不再抽了。但你应该明白，有了第一次便会有第二次、第三次……每次你都会想：仅仅一根，不会有什么关系的。但天长日久，你会渐渐上瘾，你的身体就会不如从前，而你最喜欢的足球可能因此渐渐地离你远去。"

父亲顿了顿，接着说："作为父亲，我有责任教育你向好的方向努力，也有责任制止你的不良行为。但是，是向好的方向努力，还是向坏的方向滑去，主要还是取决于你自己。"

说到这里，父亲问贝利："你是愿意在烟雾中损坏身体，还是愿意做个有出息的足球运动员呢？你已经懂事了，自己做出选择吧！"

说着，父亲从口袋里掏出一叠钞票，递给贝利，并说道："如果不愿做个有出息的运动员，执意要抽烟的话，这些钱就作为你抽烟的费用吧！"说完，父亲走了出去。

小贝利望着父亲远去的背影，仔细回味着父亲那深沉而又恳切的话语，不由得掩面而泣。过了一会，他止住了哭，拿起钞票，来到父亲的面前。

"爸爸，我再也不抽烟了，我一定要做个有出息的运动员！"

从此，贝利训练更加刻苦。后来，他终于成为一代球王。他的成功跟父亲的一番教导是分不开的。至今，贝利仍旧不抽烟。

【感悟箴言】

大凡人们最关心的往往是与自己有关的利益，因为人们毕竟生活在一个很现实的社会里，虽不能说"人为财死，鸟为食亡"，但人要生存，就离不开各种与己有关的利益。所以，当你想要劝说某人时，应当告诉他这样做对他有什么好处，不这样做则会带来什么样的不利后果，相信他不会不为所动。

说服是一种艺术

有一次，挪威一家剧团准备上演著名戏剧家易卜生所创作的剧本《海达·高布尔》，这出剧中的女仆贝蒂，虽然是个小人物，但易卜生却打算请当时的著名演员渥尔芙夫人扮演。渥尔芙夫人得知后，很不高兴，认为自己是个名演员，在剧中扮演小角色，那真是大材小用，有失尊严。于是，她便通过另一位女演员向易卜生转达婉言谢绝的意见，建议让一位不出名的女演员扮演贝蒂。尽管渥尔芙夫人没有直截了当地表白自己的内心想法，但易卜生一下就明白了。

易卜生想来想去，没有采取粗暴、生硬、简单的办法，而是写了一封语气委婉、态度诚恳的信。在信中，他这样写道："在这个剧团里，除了你以外，其他的女演员都不能按我的要求扮演贝蒂这一角色。你是清楚的，在这出剧中的主人公泰斯曼以及他的老姑母和忠实的女仆贝蒂，共同构成了一幅完整统一的图画。重要的是，这出剧成败的关键就在于是否能表达出他们中间存在的和谐。毫无疑问，你是一位具有良好素质的优秀演员，凭借你的判断力，我真的不相信你会认为扮演女仆就会降低自己的尊严。我始终认为，你并不以扮演什么角色为骄傲，你所看重的是从艺术虚构的角色中创造出来的真正的人……"

渥尔芙夫人收到易卜生的信后，非常感动，觉得易卜生让自己扮演女仆贝蒂，正是基于对自己的信任。想到这些，她顿时感到十分羞愧，马上去找易卜生，爽快地答应了下来。

【感悟箴言】

说服是一种艺术，也是一种修养。善于说服的人，能够打动人并使人容易接受。一位优秀的沟通好手，绝对善于询问以及积极倾听他人的意见与感受。

在与人接触以及沟通时，如果能随时随地仔细观察并且重视对方情绪上的表现，慢慢就可以清楚了解对方的想法及感受，进而加以引导，使对方心悦诚服。

学会有效说服方法

为了庆贺自己的69岁诞辰，丘吉尔在英国驻德黑兰使馆举行宴会，出席德黑兰会议的罗斯福、斯大林应邀出席。

会议期间，丘吉尔和斯大林之间已经有过几次争论，但这次宴会丘吉尔却不打算和斯大林发生任何不快，因为斯大林是他邀请来的客人。

宴会的前半段相当热烈。尽管罗斯福向英国总长艾伦·布鲁克敬酒时，由于斯大林的一句话，差一点把布鲁克惹恼，出现了一点小小的不愉快，但总的来说气氛是热烈而友好的。

现在又轮到布鲁克将军敬酒了。布鲁克大概有点醉了，他站起身来，用手中的餐刀敲着他的酒杯，提醒在座的人注意倾听他的高论："战争中，英国作战的时间最长，仗打得多，所蒙受的损失也最大。所以，论起对战争的贡献，那没有谁能比得上英国了。"

人们明白，这话是说给苏联人听的。

丘吉尔顿时紧张起来，他注意地看着斯大林的脸。

斯大林从座位上站起来，脸色阴沉，目光严厉。人们以为他将以最严厉的言辞回敬这位不懂事的鲁莽将军了。出人意料的是，斯大林没有理会这位将军，他走到罗斯福跟前，说："人们开始谈到贡献，那说明我们胜利在望了。当胜利的那一天真的到来的时候，我们谁也不应该忘记，是美国的武器开辟了通向这一个目标的道路。"

罗斯福听罢频频点头。他接着高度评价苏军的战绩，并提议为苏联红军迫使纳粹军队一退再退的战功而干杯。

丘吉尔听了这话心中很不是滋味，但在这样的场合，他又能说些什么呢？他也站起身来，与斯大林、罗斯福干了一杯。

布鲁克的讲话有意无意地贬低和损害了苏联和美国，这在客观上刺激了斯大林和罗斯福的结盟。从主观方面看，斯大林考虑到若与布鲁克正面交锋，不仅有失身份，而且弄不好还会陷入僵局；而采取与罗斯福结盟的策略，既可争取主动，又可改变力量对比。

【感悟箴言】

对于不易说服的人，最好的办法就是要使对方认为你也与他是站在同一立场，千万别认为话中的“如果我是你”只是短短的单纯的一句话而已，殊不知它能发挥的效力是不可限量的。而这也就是由于人人都有认为“自己是最可爱”的心理所致。

进行有效说服的一个较好的策略是采取迂回战术，不从正面入手。直接说服容易让对方产生抵触心理，所以，不妨从侧面打开缺口。

沟通最重要的是真诚

1923 年，苏联国内急需大量食品，苏联驻挪威全权贸易代表柯伦泰奉命与挪威商人洽谈购买鲱鱼生意。挪威商人十分清楚苏联的情况，想趁机捞一笔，索价极为昂贵。柯伦泰竭力与其讨价还价，无奈双方距离较大，谈判陷入僵局。

柯伦泰心急如焚，怎样才能以较低的价格成交呢？她苦思冥想了半天，第二天与商人会晤时，她以和解的姿态，主动做出让步。她十分慷慨地说：“好吧，我同意你们提出的价格。如果我的政府不批准这个价格，我愿意用自己的薪水来支付差额。”

挪威商人被她的态度惊呆了。

柯伦泰继续说："不过，我的工资有限，这笔差额要分期支付，可能要支付一辈子。如果你们同意的话，就这么决定吧！"

挪威商人们从未听过这样的事，也没有见过如此全心全意为国效力的人。他们为她的言语所感动，经过一段时间的考虑后，商人们终于答应降低售价，签订协议。

柯伦泰的忠诚赢得了苏联人民的信任。第二年，她被任命为苏联驻挪威全权大使，成为世界上第一个女大使。

【感悟箴言】

柯伦泰真诚的心感动了挪威商人。这正应了一句富有哲理的话："有了巧笑和诚意，你就能够用一根头发牵来一头大象。"

彼此不相信对方所说的话，如何合作？所以先要建立话语信任链，不信口雌黄，也就不会浪费口舌；不诳语诡辩，也就不会担心受骗。所谓共识，是指双方对某件事物抱有相同的看法，并相互承认对方的想法正确。因此就必须寻找某件事物，让其成为共识的对象。

要说出别人的优点

海伦·慕斯勒在明尼苏达圣玛丽学校教三年级。在他眼里，全班 34 个学生无一不可爱，但马克·艾克路得却是个异数。他外表干净整洁，和那与生俱来的乐天本质，使得他那经常性的捣蛋也变得可爱起来。马克常喋喋不休地讲个不停。慕斯勒一再地提醒他，未经许可的交谈是不允许的。

而让慕斯勒印象深刻的是每次他纠正马克时那诚恳的回答："老师，谢谢您纠正我。"

刚开始慕斯勒还真不知该如何反应，但后来他逐渐习惯了一天要听好几次类似的话。

一天早上，马克又故态复萌。慕斯勒已渐失耐心。他犯了个一般人常犯的错误。他注视着马克说道："如果你再说一个字，我就把你的嘴巴封起来。"

不到10秒钟，查克突然说："马克又在说话了!"

其实，慕斯勒并未交代任何一个学生帮自己盯着马克，但既然已事先在全班同学面前宣布这项惩罚，那么他就必须执行。

慕斯勒清楚记得那一幕，仿佛今晨才刚发生。他走向桌子，非常慎重地打开抽屉，取出一卷胶带。然后不发一言，走向马克的座位，撕下两片胶带，在他嘴上粘了一个大X。然后走回讲桌。

慕斯勒忍不住偷看马克的反应，他竟然向自己眨眼睛！慕斯勒不禁笑了出来……

当慕斯勒走回马克的座位撕去胶带，无奈地耸耸肩时，全班欢声雷动。被撕去胶带后，马克的第一句话竟是："老师，谢谢您纠正我。"

那个学年结束后，学校要慕斯勒教中学数学。

时光飞逝，马克又出现在慕斯勒的班上。他比以前更英俊，而且像以往一样彬彬有礼。由于九年级的"新数学"并不容易，他必须专心听讲，所以不像从前那么多话。

整个一个星期学生们一直在为一个新的数学概念"奋战"，而且慕斯勒察觉到学生自身的挫折感愈来愈深，彼此间显得有些对立。慕斯勒知道自己必须在同学们争执加深前加以阻止。所以他给学生们留了一项作业，要他们在两张纸上列出班上其他同学的名字，每个名字间留点空隙。然后他要他们把每位同学最好的地方写下来。

这项作业用掉了剩余的课堂时间，每个学生离开教室时必须把作业交上来。马克微笑着走出教室，他说："老师，谢谢您的教导，周末愉快!"

那个星期六，慕斯勒把每位学生的名字分别写在一张张纸上，而且他把其他人对每个人的评语写上。

星期一，慕斯勒把每位学生的优点表发给他们。有些人足足用掉了两张纸。不久，每个人的脸上都露出微笑。慕斯勒听见有人小声说：“真的吗?”“我从来都不知道别人会这样觉得耶!”“我没想到别人竟然会这么喜欢我!”此后，没有人在课堂上提到那些字条。慕斯勒从来都没想过，学生会不会在课后或和他们的父母讨论那些字条，但事实上这已不重要。这个活动已达到预期的效果，学生又恢复了往日的欢笑。

【感悟箴言】

实验心理学研究表明，人在受到赞扬后的行为，要比受了训斥后的行为更为合理、更为有效，且赞扬能释放出人的某种能量来。领导者如果通过真诚的赞扬来激励下属，他们会自然地显示出友好和合作的态度来。赞扬之于人心，如阳光之于万物。员工经常听到真诚的赞美，感到自身的价值获得了领导的肯定，有助于增强自尊心、自信心。

要学会宽容待人

1863 年 7 月 1 日至 3 日，盖茨堡战役打响了，到了 7 月 4 日晚上，李将军开始向南方撤退。当时乌云密布，随即暴雨倾盆而下。李将军带着败兵逃到波多马克河边，只见前方是高涨的河水，后方是乘胜追击的政府军，李将军进退无据，陷入了绝境。

这时林肯认为这是天降的大好时机，只要打败李将军的军队，战争就可以结束了。于是，他满怀希望地下了一道命令给米地将军，要他立刻出击李将军，不用通知紧急军事会议。林肯不但用电报下令，并且另派专差传讯，要米地马上行动。

可是，米地将军完全违背林肯的命令，先行通知紧急军事会议。他迟疑不决，故意拖延时间，用尽了各种借口，拒绝攻打李将军。最后，水退了，李将军和军队越过波多马克河，顺利南逃。

林肯勃然大怒，“这是怎么一回事?”林肯对着儿子劳勃特咆哮，“老天，这究竟是怎么回事？他们就在伸手可及的地方，只要我们伸出手，他们必定跑不掉。难道我说的话不能让军队移动半步？在这种情况下，什么人都可以打败李将军，就是我也可以让李将军俯首就擒!”

极端失望之余，林肯坐下来给米地写了一封信，表达了内心的极端不满。

“亲爱的将军：我不相信你对李将军逃走一事会深感不幸。他就在我们伸手可及之处，而且，只要他一就擒，加上我们最近获得的胜利，战争即可结束。现在，战争势必延续下去，上星期一你不能顺利擒得李将军，如今他逃到波多马克河之南，你又如何保证成功呢？期盼你会成功是不明智的，而我也并不期盼你现在会做得更好。良机一去不复返，我实在深感遗憾。”

米地将军读了这封信之后，会有什么表示？令人意外的是，米地将军从没有读过这封信，因为林肯并没有把这封信寄出去。这封信是后来有人在一堆文件中发现的。

怎么回事？原来林肯在写完这封信之后，望着窗外，心里想：“我的猜测……这仅是我的猜测……慢着，也许我不该这么性急。坐在安静的白宫里发号施令很容易，如果我身在盖茨堡，像米地一样每天看见许多人流血，听见许多伤兵哀嚎，也许就不会急着要攻打敌人了，如果我个性像米地一样畏缩，大概也会做同样的决定吧！无论如何，现在木已成舟，把这封信寄出，除了让我一时觉得痛快以外，没有别的用处。米地会为自己辩解，会反过来攻击我，这只有使大家不痛快，甚至损及他的前途，或逼他离开军队而已。”

于是，林肯把信搁到一边，惨痛的经验告诉他：“尖锐的批评和攻击，所得的效果都等于零。”

【感悟箴言】

如果上司不问青红皂白，对下属臭骂一通，下属会服气吗？他或许会顶你几句，你也许会生闷气，问题完全出在自己身上，因为批评不当，导致关系紧张，下属工作热情下降。相反，如果你对下属宽容地一笑，说："没关系，这次失误可以原谅，但是不要有第二次。"或者首先肯定他在工作中的成绩，然后指出他的问题和责任，尽管态度严厉，想必他也会心甘情愿地接受，发誓今后努力工作，不再犯同样的错误，工作更加仔细勤勉。

主动打破僵局

从前，苏伯比亚小镇有两个叫乔治和吉姆的邻居，但他们确实不是什么好邻居。虽然谁也记不清到底是为什么，但就是彼此不和睦。他们只知道不喜欢对方，这个原因就足够了。

所以，他们时有口角发生。尽管夏天在后院开除草机除草时车轮常常碰在一起，但多数情况下双方连招呼也不打。

后来，夏天晚些时候，乔治和妻子外出两周去度假。开始吉姆和妻子并未注意到他们走了。也是，他们注意干什么？除了口角之外，他们相互间很少说话。

但是一天傍晚，吉姆在自家院子除过草后，注意到乔治家的草已很高了，自家草坪刚刚除过看上去特别显眼。

对开车过往的人来说，乔治和妻子很显然是不在家，而且已离开很久了。吉姆想这等于公开邀请夜盗入户，而后一个想法像闪电一样攫住了他。

"我又一次看看那高高的草坪，心里真不愿去帮我不喜欢的人。"吉姆说，"不管我多想从脑子里抹去这种想法，但去帮忙的想法却挥之不去。第二天早晨我就把那块长疯了的草坪除好了！"

"几天之后，乔治和多拉在一个周日的下午回来了。他们回来不久，我就看见乔治在街上走来走去。他在整个街区每所房子前都停留过。

"最后他敲了我的门，我开门时，他站在那儿正盯着我，脸上露出奇怪和不解的表情。

“过了很久，他才说话，‘吉姆，你帮我除草了?’他最后问。这是他很久以来第一次叫我吉姆。‘我问了所有的人，他们都没除。杰克说是你干的，是真的吗?是你除的吗?’他的语气几乎是在责备。

“‘是的，乔治，是我除的。’我说，几乎是挑战性地，因为我等着他为了我除他的草而大发雷霆。

“他犹豫了片刻，像是在考虑要说什么。最后他用低得几乎听不见的声音嘟囔说谢谢之后，急转身马上走开了。”

乔治和吉姆之间就这样打破了沉默。他们还没发展到在一起打高尔夫球或保龄球，他们的妻子也没有为了互相借点糖或是闲聊而频繁地走动。但他们的关系却在改善。至少除草机开过的时候他们相互间有了笑容，有时甚至说一声“你好”。

【感悟箴言】

假如你想化敌为友，就得迈出第一步。否则，不会有任何进展。当你和别人之间发生矛盾的时候，要主动示好，采取寻求和解的行动，这样才能赢得和谐的人际关系，享受幸福的人生。

敢于承认自己的错误

乔治·罗纳在维也纳当了很多年律师，但是在第二次世界大战期间，他逃到瑞典，一文不名，很需要找份工作。因为他能说并能写好几国语言，所以希望能够在一家进出口公司里，找到一份秘书的工作。绝大多数的公司都回信告诉他，因为正在打仗，他们不需要用这一类的人，不过他们会把他的名字存在档案里……

不过有一个人在给乔治·罗纳的信上说：“你对我生意的了解完全错误。

你既错又笨，我根本不需要任何替我写信的秘书。即使我需要，也不会请你，因为你甚至连瑞典文也写不好，信里全是错字。”

当乔治·罗纳看到这封信的时候，简直气得发疯。于是，乔治·罗纳也写了一封信，目的要想使那个人大发脾气。但接着他就停下来对自己说：“等一等。我怎么知道这个人说的是不是对的？我修过瑞典文，可是并不是我家乡的语言，也许我确实犯了很多我并不知道的错误。如果是这样的话，那么我想得到一份工作，就必须再努力学习。这个人可能帮了我一个大忙，虽然他本意并非如此。虽然他用这种难听的话来表达他的意见，但是对我是一个帮助，所以应该写封信给他，在信上感谢他一番。”

于是，乔治·罗纳撕掉了他刚刚已经写好的那封骂人的信，另外写了一封信说：“你这样不嫌麻烦地写信给我实在是太好了，尤其是你并不需要一个替你写信的秘书。对于我把贵公司的业务弄错的事我觉得非常抱歉，我之所以写信给你，是因为我向别人打听，而别人把你介绍给我，说你是这一行的领导人物。我并不知道我的信上有很多文法上的错误，我觉得很惭愧，也很难过。我现在打算更努力地去学习瑞典文，以改正我的错误，谢谢你帮助我走上改进之路。”

不到几天，乔治·罗纳就收到那个人的信，请罗纳去看他。罗纳去了，而且得到了一份工作。

【感悟箴言】

人们多半习惯为自己的错误辩护。正因为如此，能承认自己错误的人，就会获得他人的尊重。所以，如果自己错了，就应很快地承认。

那么，当你受到不公正的批评时该怎么办？卡耐基告诉人们一个办法：当你因为觉得自己受到不公正的批评而生气的时候，先停下来说“等一等……我离所谓完美的程序还差得远呢？也许我该受到这样的批评。如果确实是这样的话，我倒应该表示感谢，并想办法由这里得到益处。”

站在别人立场去考虑

卡耐基曾经长期租用纽约一家饭店的大舞厅，用来举办一系列的讲座。但是在某一季度开始的时候，他突然接到通知，饭店让他付比以前高出三倍的租金。卡耐基当然不想付这笔增加的租金，可是他知道跟饭店的人争论是没有用处的。几天之后，他亲自去见饭店的经理。

“收到你的通知，我有点吃惊。”卡耐基说，“但我根本不怪你。如果我是你，我也可能发出一封类似的通知。身为饭店的经理，你当然有责任尽可能地使自己收入增加。现在，我们拿出一张纸来。把你因此可能得到的利弊列出来。”

接着，卡耐基取出一张纸，在中间划了一条线，一边写着“利”，另一边写着“弊”。

他在“利”这边的下面写下“舞厅空下来”几个字，然后说：“你把舞厅租给别人开舞会是最划算的，因为像这类的活动，比租给我作讲课场所能增加不少收入。如果我把你的舞厅占用20个晚上来讲课，你的收入当然就要少一些。”

“但是，现在我们来考虑坏的方面。首先，如果你坚持增加租金，你不但不能从我这儿增加收入，反而会减少自己的收入。事实上，你将一点收入也没有，因为我无法支付你所要求的租金，我只好被迫到另外的地方去开这些课。

“另外，你还有一个损失。这些课程吸引了不少受过教育、修养高的人到你的饭店来，这对你是一个很好的宣传，不是吗？事实上，如果你花费5000美元在报上登广告，也无法像我的这些课程能吸引这么多的人来你的饭店。这对一家饭店来讲，不是价值很大吗？”

卡耐基一面说，一面把这两项坏处写在“弊”的下面，然后把纸递给饭店的经理，说："我希望您好好考虑您可能得到的利弊，然后告诉我您最后的决定。"

结果，第二天卡耐基收到一封信，通知他租金只涨50%，而不是300%。

【感悟箴言】

站在他人的角度考虑自己所面临的问题，把"麻烦"转嫁到对方身上，掌握主动权，以使对方自觉沿着自己的说服方向行事，远比被动接受结果高明得多。

有沟通才能有共识

《圣经·旧约》上说，人类的祖先最初讲的是同一种语言。他们在底格里斯河和幼发拉底河之间，发现了一块异常肥沃的土地，于是就在那里定居下来，修起城池，建造起了繁华的巴比伦城。后来，他们的日子越过越好，并为自己的业绩感到骄傲，他们决定在巴比伦修一座通天的高塔，来传颂自己的赫赫威名，并作为集合全天下弟兄的标记，以免分散。

因为大家语言相通，同心协力，阶梯式的通天塔修建得非常顺利，很快就高耸入云。上帝耶和华得知此事，立即从天国下凡视察。上帝一看，又惊又怒，因为上帝是不允许凡人达到自己的高度的。他看到人们这样统一强大，心想，人们讲同样的语言，就能建起这样的巨塔，日后还有什么办不成的事情呢？于是，上帝决定让人世间的语言发生混乱，使人们互相言语不通。

人们各自用起不同的语言，感情无法交流，思想很难统一，就难免互相猜疑，各执已见，争吵斗殴。这就是人类之间误解的开始。

修造工程因语言纷争而停止，人类的力量消失了，通天塔终于半途而废。

【感悟箴言】

人们没有默契，不能发挥团队绩效；而人们没有交流沟通，也不可能让团队达成共识。身为领导者，要能善用任何沟通的机会，甚至创造出更多的沟通途径，与成员充分交流。惟有领导者从自身做起，秉持对话的精神，有方法、有层次地激发员工发表意见与讨论，汇集经验与知识，才能凝聚团队共识。团队有共识，才能激发成员的力量，让成员心甘情愿地倾力打造企业的通天塔。

羊皮卷之十　善于互信合作

不管与谁合作都要以信任为基础，然后协调彼此的关系和能力。求同存异，量才适用，互谅互助，相信你一定可以把与合作者的关系处理好。

天堂和地狱的区别

有一天，有位教士找到上帝说："为什么有那么多的人心胸狭窄，宁愿自己受到损失，也不让他人得到好处？为什么不少人只看重自身的利益，为了一点小利彼此间斤斤计较，哪怕别人多得一点点好处也会耿耿于怀？为什么一些人单个是条龙，几个人到了一起时反倒变成了一条虫？"上帝听后点点头，不无感慨地说："这个吗？单凭说好像也没有多大的可信性，还是带你到天堂和地狱看看吧。"

上帝带着教士先来到地狱。教士发现地狱摆着一口煮食的大锅，锅里有各种美味，周围坐满了人，但个个面黄肌瘦，愁眉不展。教士纳闷，锅里有这么可口的美食，他们怎么还个个愁眉不展？教士又细心地察看了一番，他发现每个人手里握着一只长柄的勺子，无法将美食送到自己嘴里，大家只得苦着脸眼睁睁地挨饿。

看完了地狱，上帝又带着教士走进天堂。天堂里跟地狱里一样放着一口煮食的大锅，锅周围也坐满了人，但是这里的人却个个满脸红光，精神焕发，十分愉快。教士不解地问上帝：“为什么天堂里的人这么快乐，而地狱的人却愁眉不展啊？”上帝说：“你没看到呀，这里的人用长柄的勺子从锅里挖出饭来，不是先送到自己的嘴里，而是互相喂给别人吃，这样所有的人就都可以吃到食物了。同样的事情只是改变了一下思维和心态，不就很容易地解决了勺柄过长的问题吗？难题破解了，大家都能有饭吃，日子当然过得快乐。”

【感悟箴言】

天堂和地狱的最大区别就在于能不能、会不会、愿不愿与别人合作。今天，任何单独的一个人都不可能去完成所有的事，人和人之间必须紧密配合，团结一致，这样才能取得成功。因此，如果你在工作中只看到自己的利益，却忽视团队的利益而没有团队精神的话，这样的员工不仅很难在现代的公司里立足，在生活中也不会得到快乐。

要先学会付出

有一个人在沙漠行走了两天，途中遇到暴风沙，一阵狂沙吹过之后，他已认不得正确的方向。正当快撑不住时，突然，他发现了一幢废弃的小屋。他拖着疲惫的身子走进了屋内。这是一间不通风的小屋子，里面堆了一些枯朽的木材。他几近绝望地走到屋角，却意外地发现了一座抽水机。

他兴奋地上前汲水，却任凭他怎么抽水，也抽不出半滴来。他颓然坐地，却看见抽水机旁，有一个用软木塞堵住瓶口的小瓶子，瓶上贴了一张泛黄的纸条，纸条上写着：你必须用水灌入抽水机才能引水！不要忘了，在你离开前，请再将水装满！他拔开瓶塞，发现瓶子里，果然装满了水。

他的内心，此时开始交战着……如果自私点，只要将瓶子里的水喝掉，他就不会渴死，就能活着走出这间屋子！如果照纸条做，把瓶子里惟一的水，倒入抽水机内，万一水一去不回，他就会渴死在这地方了……到底要不要冒险？

最后，他决定把瓶子里惟一的水，全部灌入看起来破旧不堪的抽水机里，以颤抖的手汲水，水真的大量涌了出来！

他将水喝足后，把瓶子装满水，用软木塞封好，然后在原来那张纸条后面，再加他自己的话：相信我，真的有用。在取得之前，要先学会付出。

【感悟箴言】

生活时时处处在启迪着人们，一个人价值的实现，不能只顾及个人生命和利益的存在。并且，它也不由自己给自己的生存意义给予评判，个人不能离开他赖以生存的群体，不能离开由这么多群体所构成的社会；个人的生命价值是由他人、社会给予评判的。只有在一定的社会条件下，个人的人生价值才能得以体现出来。所以自私的人往往是做不成大事的。

一锅神奇的石头汤

有一个装扮奇特的人来到一个小村庄，他在路上走着，看到迎面走来的几个妇女，他就对这几个妇女说："我有一颗神奇的汤石，如果把它放到沸腾的锅里，就可以煮出一锅美味的汤来。如果你们不相信，我现在就可以煮给大家喝喝看。"

大家都感到很奇怪，她们有点儿不相信，一块石头怎么会煮出味道鲜美的汤呢？但又都想知道世界上是不是真有这么神奇的石头。

于是便有人找来一口大锅，有人提了一桶水，并且架上炉子和木柴，就在村子的广场上煮了起来。火势很快就上来了，锅里的水在熊熊的火焰中开始沸腾。

这个陌生人很小心地把汤石放到滚烫的水中，然后用汤匙尝了一口，兴奋地说："哇！太好喝了，这是我做过的汤里最鲜美的。如果再加点洋葱就好了。"

旁边的人兴冲冲地跑回家拿了一堆洋葱。陌生人让大家把洋葱剥好，放到了锅里，然后开始搅拌。做完这一切他又尝了一口说："太棒了，不过，我相信如果再放一些肉片，这锅汤就会成为你们喝过的最香的汤了。"

屠夫的妻子听后连忙赶回家端来一大盒切好的肉，倒在了锅里。陌生人又建议道："再有一些蔬菜就更完美了。"

在陌生人的指挥下，有人拿了盐，有人拿了酱油，还有人捧来了其他的调味品。当大家一人端着一个碗在那里享用时，他们发现这果真是一锅美味好喝的汤。

大家都不知道这是怎么一回事，世界上难道真的有这么神奇的石头吗？

【感悟箴言】

石头就是普通的石头，汤也不过是普通的洋葱肉汤，但是加入了超人的智慧和大家的努力，这锅汤怎么会不好喝呢？一个人可以聪明绝顶、能力过人，但若不懂得积极热情地培养和谐的合作关系，不论能力有多大都是难有特别成就的。不积极热心的人，在团体中只会做好被吩咐的工作。愿意付出的人就算能力有限，却能带动团队，集合众人的力量，使工作加倍顺利进行。

学会与人合作

良好的人际关系，对你的将来，对你的一生都有很大的影响，一定要慎重。"牵手"在这里指的是双方合作。青年人要想成大事，必须学会"牵手"，一方面可以弥补自己的不足，另一方面可以形成一股合力。团结才有力量，只有与人合作，才会众志成城，战胜一切困难，产生巨大的前进的动力，说合作是生存的保障实不为过。所以，养成良好的合作的习惯，就关系到青年人的前途大业。

一盘散沙，尽管它金黄发亮，也仍然没有太大的作用。但是如果建筑工人把它掺在水泥中，就能成为建造高楼大厦的水泥板和水泥墩柱。如果化工厂的工人把它烧结冷却，它就变成晶莹透明的玻璃。单个人犹如沙粒，只要与人合作，就会起到意想不到的变化，变成不可思议的有用之材。青年要学会与人合作，掌握这种才能，从而领导自己的事业向前。不是所有人都能有效地与人合作，善于团结人的人，天生就是一个领袖人物。他能引导其他人进行合作，或者引导他们团结在自己周围，完成一项共同的工作，他善于鼓舞他人，使他们变得活跃。通过他的协作，他完成了单靠自己无法完成的工作。在他的协作下，以他为核心的这些人给社会提供了更加有效的服务。

有些人天生是服从者，他们不知道一件事情牵涉的范围有多大，不知道该如何面对和处理棘手的问题。但他们也有与人协作的愿望。只是他们的协作是一种消极的协作。他们会说：“你看我适合干什么，只要你安排了，我就会尽心去做。”所以，通过是否善于合作，可以区分出一个青年人是不是一个可成大事的人。

成大事的人有极强的号召力，能鼓舞并指挥他属下所有的人员获得比在没有这种指挥影响力之下更大的成就。要想成功，必须拥有这种精神。为达到这一目的，可通过自愿的方式，也可通过纪律的强制，个人不断修正自己的想法，与他人达成谅解与合作。成大事者最赞赏的一种人际关系是和谐发展，为什么？人和，成事兴。人与人相处是一件很平常的事，人本来就是群居动物；人与人相处能够美好而又和谐，却又是一件很不容易的事。三教九流，人也各异。惟有和谐相处，生活才会美好，因为和谐是美的最高境界。而这种境界是需要用良好的合作来维持的。

“21 世纪是一个合作的时代，合作已成为人类生存的手段。因为科学知识向纵深方向发展，社会分工越来越精细，人们不可能再成为百科全书式的人物。每个人都要借助他人的智慧完成自己人生的超越，于是这个世界充满了竞争与挑战。合作不仅使科学王国不再壁垒森严，同时也改写了世界的经济疆界。我们正经历一场转变，这一转变将重组下一个世纪的政治和经济，将没有一国的产品或技术，没有一国的公司，没有一国的工业，至少将来不再有我们通常所知的一国的经济，留存在国家界限之内的一切，是组成国家的公民。”

在21世纪的今天，世界化的科学与技术的合作早已超越了国境线，许多大公司开始做出跨国性联姻，财力物力与人力的重新组合，导致了生产效率提高和社会物质财富总量的增加，必将使科学技术的成果在更广泛的范围内造福于人类。

青年人要懂得学会合作，与人共处有着深刻的内涵。学会共处，首先要了解自己，发现他人优点，尊重他人。教育的任务之一就是要使学生了解人类本身的多样性、共同性及相互之间的依赖性。学校开设的诸种科目，无论是社会学科还是人文学科，都是为了传递人类的思想文化遗产，增进对于本民族和其他民族的了解，认识各自的文化特性和共同价值。了解自己是认识他人的起点和基础，正所谓“设身处地”。同时，教育作为个体社会化的过程，也注重从了解他人、他国、他民族的过程中更深切地认识自己，认识本国、本民族。这种了解和认识，始自家庭，及于学校，延至社会，推而广之于国际社会和各国人民及其历史、社会、经济、政治、文化、价值观念、风俗习惯、生活方式等等，并从这种深入的了解之中，培养人类的尊严感、责任心、同情心和对于祖国、同胞和人类的爱。

学会共处，就要学会平等对话，互相交流。平等对话是互相尊重的体现，相互交流是彼此了解的前提，而这正是人际、国际和谐共处的基础。

学会共处就是要学会用和平的、对话的、协商的、非暴力的方法处理矛盾，解决冲突。作为年轻人学会共处，最有效的途径之一，就是参与目标一致的社会活动，学会在各种“磨合”之中找到新的认同，确立新的共识，并从中获得实际的体验。

青年人积极投身社会实践活动，不但能提高自己的工作能力，也能够提高社交能力和与人相处的能力。

良好的人际关系，对你的将来，对你的一生都会有很大的影响，一定要慎重。青年人要认识到这一点，养成良好的合作的习惯，从而获得良好的人际关系，为成功奠定基础。你要想拥有合作共进的习惯——学会借势发挥的第一条法则是：善于人和，才能万事兴。取人之长，补己之短成大事。世界上最大的悲剧、最大的浪费就是：大多数人从事不最为适合其个性的工作。只有充分发挥自身优势并能利用他人的优势来弥补自己不足的人，才能在今天的社会中取得成就。

如果能取人之长，补已之短，就会在自己身上有一股“合力”的作用，而这种合力更能推动你由弱而强、由小而大，这是成大事者的共同特征。

每个人的能力都是有限的。青年人精力旺盛，认为没有自己做不完的事。其实，精力再充沛，个人的能力还是有一个限度的。超过这个限度，就是人所不能及的，也就是你的短处了。所以合作就更显重要。同时也因为你的能力倾向与其他人不同，每个人有自己的长处外，同时也有自己的不足，这就要与人合作，用他人之长补自己之缺。养成合作习惯的青年人，才会更好地完善自己，发展自己。

人的性格和能力是有差别的，这些差别是长期养成的。不能说哪一种类型就一定好，哪一种就一定坏。正是这些不同，所从事的工作性质就不一样。要想有所作为，首先得明白自己的性格和能力，然后选定一个适合于你自己类型的工作目标。在与人合作时，也应注意分析别人的性格特点，尽可能使每个人都能找到适合于自己的工作，也就是他能弥补你的短处，你能补救他的不足。

青年人最好能从事与自己个性相契合的工作，这样就一定会全心全意做好这项工作。世界上最大的浪费就是：大多数人从事不最为适合其个性的工作。过去的社会体制限制着个人，使得他们没有选择的权力。现在的社会，选择余地越来越大。好多人却仍然只是选择或从事从金钱观点看来最为有利可图的事或工作，根本没有考虑自己的个性和能力。现在，社会为我们提供

了便利的条件和宽松的发展环境，青年人可以自由择业，这样的机会青年人一定要把握好，才不会在年老的时候回首往事时而感到遗憾

只有充分发挥自身优势并能利用他人的优势来弥补自己不足的人，才会在今天的社会中取得成就。你要想拥有合作共进的习惯——学会借势发挥的法则是：把别人的长处嫁接到自己身上。

【感悟箴言】

当今社会，竞争非常激烈，要想获得成功，必须能够卓有成效地与人合作。学会与人合作是我们生存的必修课之一。明智人考虑此事对双方有何益处，从而寻求长久的合作之道，自己成功，别人受益；糊涂人却受不了别人从中得到好处，所以难以得到别人的帮助，也不会对别人有太大的帮助。

记住，“双赢”是合作的前提，也是目的。

明确你的责任

1968 年，美国学者哈丁在其发表的《公地的悲剧》一文中，曾设置了这样一个场景：一群牧民一同在一块公共草场放牧。一个牧民想多养一只羊增加个人收益，虽然他明知草场上羊的数量已经太多了，再增加羊的数目，将使草场的质量下降。牧民将如何取舍？如果每人都从自己私利出发，肯定会选择多养羊获取收益，因为草场退化的代价由大家负担。每一位牧民都如此思考时，“公地悲剧”就上演了——草场持续退化，直至无法养羊，最终导致所有牧民破产……

【感悟箴言】

不难看出，悲剧的根源在于产权的不明确。如果草地为某人或某些人所有，他（他们）就会考虑如何长期有效地利用它，过度放牧就可以避免。

公地的悲剧是产权不明确造成资源无效使用的一个经典例子。类似的例子还有公海的过度捕鱼、道路拥挤等等。合作者谨防出现类似“公地的悲剧”，须要明确每个人的责任、权利和利益，用制度规范大家的行为。

没有人能够独自成功

15世纪中期，纽伦堡附近住着一户贫困的人家，家里的两个兄弟都学美术,但父亲付不起学费。两兄弟想学美术的愿望是如此之强烈，经过多次私下商议，他们决定用掷硬币来定输赢——输者就到附近的矿井打工，挣钱供兄弟到纽伦堡学习。结果弟弟赢了。

弟弟到纽伦堡开始了自己的学习，哥哥则下矿井为弟弟挣钱。

弟弟在学院勤奋地学习，他的艺术才能充分展现了出来，受到了人们的关注。几年后，从学院毕业的他已成了一位小有名气的画家了。

于是，弟弟高兴地回到了家中，在全家人的聚餐上，他真诚地感谢了他的哥哥，是哥哥的牺牲才使自己的愿望得到实现。“现在”，弟弟认真地宣布,“该我亲爱的哥哥到纽伦堡学习了，我则负责你的费用。”

谁知哥哥这时却显得那么悲伤，大颗的泪珠从眼眶中不停地滚下来，他低声地呜咽着：“不……不……”最后，哥哥终于控制了自己的情绪，他缓缓举起了自己的双手：“弟弟，我不能去学习了。看，4年的矿工生活已使我的手发生了太大变化，每根指头都遭到过骨折，关节炎已十分严重。现在，我的手连酒杯都握不好，怎么可能再握上画笔呢?”

弟弟惊呆了，他走过去紧紧抱住哥哥那双严重变形的手，失声痛哭起来。为了表达对哥哥的感谢，弟弟认真画下了那双充满了苦难的手，并给画取了个简单的名字“手”。

这幅画的作者就是丢勒，他的《手》被公认为是世界级的杰作，直到现在仍被许多人所熟知。因为它不仅体现了一个艺术家的艺术才能，更向人们展示了一个道理：没有人能够独自取得成功。

【感悟箴言】

一个人的成就并不完全是由自己一人创造出来的，即使你不正视这个问题，也无法否认一定有人曾经直接或间接帮助过你的事实。当你能公开地对自己及他人承认，你并非独立达成这些成就，所以不能独享荣耀时，一种完美和谐的感觉会在你的内心和你与人的合作关系中逐渐浮现。如果你身边都是正直又有能力的人，而这些人又和你有相同的观念及类似的价值观，你会发觉慷慨地将功劳归于他人并不是件困难的事。

合作才有力量

一家公司准备从基层员工中选拔一位主管。董事会出的题目是“寻宝”：大家要从各种各样的障碍中穿越过去，到达目的地，把事先藏在里面的宝物——一枚金戒指找出来，谁能找出来。金戒指就属于谁，而且他（她）还能得到提拔。

大家兴奋异常。他们开始行动了起来，但是事先设置的路太难走了，满地都是西瓜皮，大家每走几步都要滑倒，根本无法到达目的地。

他们艰难地行进着。在他们的寻宝队伍中，公司的一位清洁工落在了最后面。对于寻宝之事，他似乎并不在意，他只是把垃圾车拉过来，然后把西瓜皮一锹锹地装了上去，然后拉到垃圾站去。

几个小时过去了，西瓜皮也快清理完了。大家跳过西瓜皮，冲向了目的地，他们四处寻找，但是一无所获。只有那个清洁工却在清理最后一车西瓜皮的时候，发现了藏在下面的金戒指。

公司召开全体大会，正式提拔这位清洁工。

董事长问大家：“你们知道公司为什么提拔他吗？”

“因为他找到了金戒指。”好几个人举手答道。

董事长摇摇头。

“因为他能做好本职工作。”又有几个人举手发言。

董事长摆了一下手，总结道：“这还不是全部，他最可贵的地方在于他富有团队精神，在你们争先恐后寻宝的时候，他在默默地为你们清理障碍。团队精神，这是一个人、一个公司最珍贵的宝贝！”

【感悟箴言】

人类的合作精神是其他动物所不可比拟的，正是依靠这种团队精神，人类才走到了今天。竞争环境促使人们合作，合作才有力量，才有可分享的利益。合作者在一个群体中是一个关键因素，他们可以使那些动摇不定、首尾两端的人加入到合作的行列。可是现实中，也有“见风转舵者”以及“搭便车者”，这种人不懂合作、不会合作，在集体的事业当中只会起到消极作用。

能力的相乘效果

1951 年，松下电器公司创始人松下幸之助提议与飞利浦公司进行技术合作。飞利浦公司在全球设有 300 多家工厂，是当时世界上最大的电器制造公司。在此之前，它已和 48 个国家有过技术合作经验。

不久后，飞利浦公司提出，双方在日本合资建立一家股份公司，公司的总资本为 6.6 亿日元。飞利浦出资 30%。松下电器出资 70%。飞利浦公司应出资的 30%，由该公司的技术指导费作为资金投入。

这意味着，飞利浦公司不需投入一分钱，全部资金由松下电器一家承担。这样的条件未免太苛刻了。如果按营业额计算，飞利浦公司的技术指导费达到总营业额的 7%。而按国际惯例，技术指导费一般是 3%。经过反复交涉,技术指导费降到5%，但松下公司仍觉得有欠公平。

在接下来的谈判中，松下方面的谈判代表高桥没有再要求降低技术转让费，转而要求飞利浦公司支付经营指导费。高桥说："双方合作建设合资公司，在技术上接受贵公司的指导，而经营却靠松下电器公司……我们公司的经营技术水平是众所周知的，得到了高度评价。而且对于销售，我们也信心百倍，所以，我们也有向贵公司索取经营指导费的权利。"

高桥此言一出，令飞利浦公司的谈判代表深感震惊。直觉上，这是一个"非分"要求，可细细品味，这种要求又颇有合理性，因为松下公司已建立了健全的营销网络，一旦合作产品上市，根本不用为销售问题担心，最终能使双方大获其利。

飞利浦公司当然明白一个庞大的营销网络的价值，同意重新考虑合作事宜。最后商定，由松下电器向飞利浦交付4.3%的技术指导费，同时飞利浦向松下电器支付3%的经营指导费。这样一来，实际上松下电器所支付的技术使用费仅为1.3%。这样，双方的合作才真正走到了公平的轨道上。

不久后，松下与飞利浦合作成立了一家公司，其产品畅销世界各地。双方都在技术与经营的完美合作中大获其利。

【感悟箴言】

合作无疑是最有效率的借力之法，它使双方的优势互补，并使各自的能力产生相乘的效果，从而能创造更大的利益。只要把蛋糕做大，双方共享一块大蛋糕，也要比一方独享一块小蛋糕获益大多了。合作双方尽可能做到公平，因为公平合作体现的是尊重和诚意，操作起来也有利，容易形成合力。但是，完全的公平是不可能的，这就需要一方或双方做出必要的让步。

合作的互惠原则

彼特是一位会计师，一个满怀雄心壮志的企业新贵，他告诉自己，凡事一定要精打细算，绝对不能浪费任何资源，绝对不放弃任何机会。要让自己随时保持在优势状态，无论大小事情，决不让别人越雷池一步！他甚至还运用了一些神不知鬼不觉的手腕，把许多同业人士压在自己底下，以确保自己的地位。

果然，彼特获得了丰富的收入，占尽了所有的好处，成了一个高高在上的商场大亨。可是他并不快乐，总觉得生活里缺少了点什么，于是他越来越忧闷，越来越没笑容，最后他得了轻微的忧郁症。

一个朋友介绍他去看了一位心理治疗师，治疗师在了解了他的情况后，只在他的医嘱上写了一句话："每天放下身段，去帮助一个身旁的人。"然后，便要他拿回去，两个礼拜后再回来会诊。彼特觉得莫名其妙，但还是把处方单拿同家了。

两个礼拜以后，彼特又来到治疗师面前，但这次却是堆满笑容地推开了门。"情况怎么样?"治疗师问。彼特开心地回答："真是太奇妙了！当我肯牺牲自己的时间、精力，去替旁人服务后，反而会得到一种说不出口的欣喜感呢!"

【感悟箴言】

人与人之间的互动，就如坐跷跷板一样，不能永远固定某一端高、另一端低，而是要高低交替。这样，整个过程才会好玩，才会快乐！一个永远不吃亏、不愿让步的人，即便真讨到了不少好处，也不会快乐。因为，自私的人如同坐在一个静止的跷跷板顶端，虽然维持了高高在上的优势位置，但整个合作互动却失去应有的乐趣，对自己或对方都是一种遗憾。

舍弃合作就是舍弃成功

一个人的能力是有限的，只有善于与人合作的人，才能弥补自己能力的不足，达到自己原本达不到的目的。只要有心与人合作，善假于物，就能取人之长，补己之短。

真正的合作，是能够取得成功的最佳方法，因此凡是成大事者，都力图通过合作的方式完善自己。

青年人一定要注意，做事切不可独断专行，万事全包。因为一个人的能力是有限的，只有善于与人合作的人，才能够弥补自己能力的不足，达到自己原本达不到的目的。善于完善自己的青年人也一定是有着良好习惯的人。

清末名商胡雪岩，自己不甚读书识字，但他却从生活经验中总结出了一套哲学，归纳起来就是“花花轿子人抬人”。他善于观察人的心理，把士、农、工、商等阶层的人都聚拢起来，以自己的钱庄优势，与这些人协同作业。由于他长于交际，所以别的人也为他的行为所打动，对他产生了信任。他与漕帮协作，及时完成了粮食上交的任务。与王有龄合作，王有龄有了钱在官场上混，胡雪岩也有了机会在商场上发达。如此种种的互惠合作，使胡雪岩这样一个小学徒工变成了一个执江南半壁钱业之牛耳的巨商。

能力有限是我们每一个人的问题，但是只要有心与人合作，善假于物，那就可以取人之长，补已之短，而且能互惠互利，让合作的双方都能从中受益。

通过别人实现自己的愿望这是一种智慧，虽然我们不能每个人都达到这一点，但每个人都可以与人合作，携手做出更大的事业。

但是有些年轻人却信奉另外的一种哲学。他们认为，财富总是有一定的限度，你有了，我就没有了。

这是一种享受财富的哲学而不是一种创造财富的哲学。财富创造来固然是为了分享的，但是我们的注意力并不在这里，我们更关注的是财富的创造。

同样大的一块蛋糕，分的人越多，自然每个人分到口的就越少。如果斤斤计较这些，我们就会相信享受财富的哲学，我们就会去争抢食物。但是如果我们是在联手制作蛋糕，那么，只要蛋糕能不断地往大处做，我们就不会为眼下分到的蛋糕大小而倍感不平了。因为我们知道，蛋糕在不断做大，眼下少一块儿，随后随时可以再弥补过来。而且，只要联合起来，把蛋糕做大了，根本不用发愁能否分到蛋糕。

过去农村闭塞，获取财富极端困难。一生中难得有一桌一椅一床一盆儿一罐，所以那时农村分家是件很困难的事情。兄弟妯娌间为了一个小罐、一张小凳子，便会恶语相向，大打出手。这是一种典型的分财哲学。

后来人们走出来了，兄弟姊妹都往城里跑，财富积累越来越多。回过头来，发现各自留在家里的亲眷根本犯不着为一些鸡毛蒜皮儿的事生气。相反，嫂子留在家里，属于弟弟的田不妨代种一下，父母留在家里，小孙子小外孙也不妨照看一下，相互帮助，尽量解除出门在外的人的后顾之忧。反过来，出门人也会感谢老家亲戚的互相体谅和帮助。一种新的哲学也就诞生了，这种哲学就是：你好，我也好，协作起来更好。

青年人，首先要搞好人际关系，养成与人合作的良好习惯，才会在事业发展中获得他人的帮助，才能与他人携手共建未来。

朱光潜曾告诫年轻人，与人合作，品质是最主要的。朱光潜认为养成合作的习惯还不算成功，更重要的是要有好的品质来维系这一合作习惯，使之不断完善和提高的。

做人应以诚为本，合作中亦然。只有真诚才能赢得别人的信赖。

荀子说：“人，力不若牛，走不若马，而牛马为所用，何也？曰：人能群，彼不能群也。”

既然与人交往是人的一种本能，与人合作又是快乐的源泉，那应从把它融于生活之中，建立良好的社会关系，在合作中体味成功的快乐，展现良好的品格。你要想拥有合作共进的习惯——学会借势发挥的另一法则是：善假于物，那就要取人之长，补己之短。

【感悟箴言】

善于互信合作

一个善于与人合作的人才会得到他人的支持，得到他人的启发，并进而与他人共创良好的组织氛围，这种氛围将有利于组织和个人的成长。

合作中的原则

人们思考和处理问题往往习惯于从自我出发，平时疏于同别人沟通，因而出现矛盾后，总认为真理在自己手中，别人都是错的。发生这样那样的冲突应该说对双方都是不利的，会对各自产生消极的影响。宽容别人的过错，明白世上没有十全十美的人包括自己在内，谁都有缺点。对别人不要求全责备，要小事糊涂，因为水至清则无鱼。

成大事如何培养自己的合作原则呢?

做什么事情都要有个原则，合作也一样。与人相处，要坦诚相见。以平和的心态去对待周围的矛盾，无须在一些无所谓的问题上争个你死我活，过于“精明”，就会落得“人至察则无徒”的结果。青年人在养成与人合作的习惯的同时，更要注意合作也是有原则的。青年人还要知道社会是复杂的，它不像学校里那么简单。一个人即使为协调人际关系做出了很多努力，事实上仍然不能完全免除同别人的冲突。人与人之间发生交往，产生矛盾，这是由人的天性所决定的。

也许由于观点、趣味的不同，也许因为感情、个性的抵触，从而误会，产生纠纷。我们要正确认识这一切。

产生矛盾的原因有很多，但是归根结底还是由于诸如狭隘自私、敏感多疑、刚愎自用等人性的弱点造成的。

发生这样那样的冲突应该说对双方都是不利的，必然会对各自产生消极的影响。一个想成就一番大事业的人，必须想方设法避免不必要的冲突，千方百计地消除各种矛盾，使自己有一个宽松和谐的工作和生活环境。

我国著名美学家朱光潜先生在谈到与人相处时曾指出：我从前研究美学

上的欣赏与创造问题，得到一个和常识不相同的结论，就是：欣赏与创造根本难分，每人所欣赏的世界就是每人所创造的世界，就是他自己的情趣和性格的返照；你在世界中能“取”多少，就看你在你的性灵中能提出多少“与”它，物我之中有一种生命的交流，深人所见于物者深，浅人所见于物者浅。现在我思索这比较实际的交友问题，觉得它与欣赏艺术自然的道理颇可暗合默契。你自己是什么样的人，就会得到什么样的朋友。人类心灵常交感迥流。你拿一分真心待人，人也就会拿一分真心待你，你所“取”如何，就看你所“与”如何。“爱人者人恒爱之，敬人者人恒敬之”。人不爱你敬你，就显得你自己亏缺，你不必责人，先须返求诸己。不但在情感方面如此，在性格方面也都是如此，友心同心，所谓“同心”是指性灵同在一个水准上。如果你我在性灵上有高低，我高就须感化你，把你提高到同样水准；你高也是如此，否则友谊就难成立。朋友往往是测量自己的一种最精确的尺度，你自己如果不是一个好朋友，就绝不能希望得到一个好朋友。要是好朋友，自己须先是一个好人。我很相信柏拉图的“恶人不能有朋友”的那一句话。恶人可以做好朋友时，他在其他方面尽管是坏，在能为好朋友一点上就可证明他还有人性，还不是一个绝对的恶人。说来说去，“同声相应，同气相投”那句老话还是真的，何以交友的道理在此，如何交友的方法也在此。交友和一般行为一样，我们应该常牢记在心的是“责己宜严，责人宜宽”。

名家如此说，也如此做。我们也许达不到这个境界，那就看看青年们应该怎样对待这个问题去吧。一个想成就一番大事业的人，要尽力防止同别人产生冲突。

要胸怀宽广、高瞻远瞩，凡事讲大局、讲风格、讲团结，调动一切积极因素，为一个共同的目标而努力。

要注意调查研究，及时掌握员工的思想动态，努力化解各种矛盾，防患于未然，减少或完全消除人们之间的隔阂。

以理解的眼光看别人，懂得大千世界是五彩缤纷的，人也是各种各样的。别人不可能有完全同我们一样的志趣，我们不能像要求自己那样要求别人，每个人都有自己的个性和特点，有不同的长处和短处。

宽容别人的过错，明白世上没有十全十美的人，包括自己在内谁都有缺点，谁都有可能犯错误，给别人改正错误的机会，就像希望别人也原谅自己的过失一样。

对别人不要求全责备，要小事糊涂、大事明白，记住水至清则无鱼。对别人要求过高就会曲高和寡，对别人太苛刻就会被拒之于千里之外，对别人横挑鼻子竖挑眼，就没有人同我们共事。

除非是涉及到原则性的问题要搞清楚是非曲直之外，一些无关紧要的事，不能抓住小事不放，要大事化小、小事化了，甚至有意装糊涂。绝不应简单问题复杂化，本来没有多大的事，却非要弄个水落石出，论出个我是你非。那只能是天下本无事，庸人自扰之。

冤家宜解不宜结。即使有了矛盾，也应开诚布公，想方设法寻求理解和沟通，就事论事，不要把矛盾扩大。要勇于作自我批评，以自己的真诚换取别人的理解。

总之，化解矛盾要首先从自己做起，记住你如何对待别人，别人也会如何对待你。要走进别人的心灵，自己就要首先敞开胸怀。人不可能孤立地生活、发展，只有在人的群体中才能发挥自己，做自己想做的事，而这就需要交际。一个成功的人，他的交际也应该是优秀的，这才完满，而交际也是有原则的。青年人在与人合作，处理人际关系时，还要注意以下几条原则：

1. 切忌在背后议论他人

不要对他人背后议论或发表不负责任的评论，那样不仅失去了交往的目的，而且会伤害同事亲友间融洽的感情。特别是在大庭广众之下，尽可能避免说别人的短处。有时言者无意，听者有心，话语不胫而走，会挫伤他人自尊心。

2. 说话要有分寸、有条理

不要在与朋友、与同事的相处中抢话头，会让人讨厌，时间一长大家会离你远远的。

3. 勿显露有恩于别人，没完没了

同事、朋友之间总会有互相帮助的地方，你可能对别人帮助比较大，但是，切不可显示出一种有恩于他人的姿态，这样会使对方难堪。

4. 不忘别人的恩德

要学会牢记别人对自己的恩情，而遗忘自己对别人的帮助，无论谁的帮助不论得益大小，都应适度地向对方表示感谢，这样，不但增进友情，而且也表示了“受恩不忘”的可贵品格。

5. 做不到宁可不说

要记住不要对朋友说谎，因为那将是你最大的损失。所以，不论新老朋友相交，都要诚实，避免说大话。要说到做到，不放空炮，做不到的宁可不说。

6. 不说穿别人的秘密

不说穿别人的秘密特别重要。每个人都有一些隐私，知道的不要说，不知道的不要问，因为这是于你无益对他人有损的事。

7. 要注意谦虚待人

要学会谦虚，不要时常在同事、朋友面前炫耀自己的成绩或长处，如果一有机会就说自己的长处，就无形贬低了别人抬高了自己，结果被人看不起。

8. 不要憨言直语

要融合各方面的意见，不要只凭自己的主观愿望，说出不近人情的话。否则是得不到别人的好感与赞同的。只有言词委婉，才能融洽感情，办成事情。

9. 要有助人为乐的道德感

正确的道德观是塑造好自己的形象和取得交际成功的重要环节。我们应当有正义感，并在区别真善美、假丑恶的过程中坚持原则，弃恶扬善。当别人需要的时候，应该毫不犹豫地伸出热情之手，去关心、支持和帮助别人。

既是互相交往，就应当相互尊重，特别要尊重他人的人格、权利，不去侵夺他人幸福，尊重他人的事业、生活方式、兴趣爱好。不随意支配他人，不伤害别人的自尊心、自信心。这样才受到别人的尊重。

10. 要有理解宽容的待人态度

同人打交道，交朋友，就需要设身处地理解别人，理解别人的痛苦和需要。要与人为善宽容大度。要配合默契，热情有度，要真诚待人，以此来赢得大家的信任、尊重和友谊，获得更多的朋友。

以上十条是人际交往最基本的原则，只有遵循这些原则，再养成良好的习惯，你就能在人际交往中成为一个成功者，最终成就一番大事。这也是成大事者给我们的启示和忠告。青年人要牢记这些忠告，在与人合作中获取自己的理想和未来。

【感悟箴言】

一个人的能力是有限的，只有善于与人合作的人，才能够弥补自己能力的不足，达到自己原本达不到的目的。

只要有心与人合作，善假于物，那就是取人之长，补己之短。

合作的原则是追求双赢，合作的结果是双方都得到了自己想得到的东西。

学会借助别人的力量

理查德·西尔斯原先是一个代客运送货物的小商人。后来他开起一家杂货店来，专做邮购业务，即顾客通过邮件订货，他通过邮寄的方式发货。由于资本太少，只能提供有限的几种商品，他做了5年，生意仍无起色，每年只能做三四万美元的业务。他想，必须与人合作，借助他人的力量，才能把生意做大。

说来凑巧，当他萌发出合作的念头后，过了不久就遇到了一个理想的合伙人。那是一个月色皎洁的晚上，西尔斯到郊外散步，突然远处传来了马蹄声。不一会儿，一个骑马赶夜路的人来到西尔斯跟前，向他问路。此人名叫罗拜克，想到圣保罗去买东西，不料途中迷了路，此时已是人困马乏。

西尔斯将罗拜克请到他的小店中住宿。当晚，两人谈得很投机，遂决定合伙做生意，并成立一家以他们两人的名字命名的公司，即西尔斯·罗拜克公司。西尔斯有5年经验，罗拜克实力雄厚。两人联手，可谓相得益彰。合作第一年，公司的营业额达到40万美元，比西尔斯单干时增长了10倍。

西尔斯和罗拜克都不懂经营管理，做点小生意还能凑合，生意大了就招架不住，两人都有了力不从心的感觉。于是他们决定寻找一个总经理，代替他们进行管理。

他们费心搜寻人才，终于找到了一个合格的总经理人选。此人名叫陆华德，在经营管理方面很有一套。他们把公司大权全部授予陆华德，自己则退居幕后。

陆华德接受任命后，果然不负重托，兢兢业业地为公司效劳。他发现，做邮购业务与传统生意不同，一旦顾客对购买的商品不满意，调换很困难。如果不解决这个问题，很多顾客就会放弃邮购这种方式，公司的发展将受到很大阻碍。为此，陆华德严把进货质量关，决不让劣质品混进公司的仓库，以保证卖给顾客的每一件商品都“货真价实”。

那些厂商认为陆华德对质量的要求过于苛刻，竟联合起来，拒绝向西尔斯·罗拜克公司供货。

这是一件决定公司前途的大事，陆华德拿不定主意，赶紧去找两位老板商量。西尔斯从内心深处赞赏陆华德的做法，给他打气说：“你这些日子太辛苦了，如果能少卖几样东西，不是可以轻松一下吗?”

陆华德受到鼓舞，更加坚定了严把质量关的决心。那些厂商见抵制无效，担心生意被别的供货商抢走，最终不得不接受陆华德的质量标准。

陆华德刻意追求质量的经营策略，使西尔斯·罗拜克公司因此声誉日隆，10年之中，它的营业额增长了600多倍，高达数亿美元。

西尔斯作为一个外行，能够在短短十几年间，从一个微不足道的小商人，变成一个全美国知名的大富豪，得益于他与人合作的成功。他的成功之法其实很简单：找到一个值得信赖的人，然后授予全权。

【感悟箴言】

搞好人际关系，是借别人力量的关键。只要双方投缘，哪怕非亲非故，也能走得很亲近，对方也乐意帮忙。撇开西尔斯的故事，来看北洋政府时期前后有7个总统及执政首脑，他们中有6个是行伍出身，惟有徐世昌是无一兵一卒的文人。徐世昌以翰林起家，攀附袁世凯，投其所好，因缘际会，扶摇直上，最终跻身总统宝座。他凭什么出人头地呢？应该说他不是个傻瓜，真才实学是有的，但他发迹的主要原因还是处处寻找伙伴，从而借人力量，达到自己的目的。

不要务虚名

有一年，钢铁大王卡耐基结识了一位名叫佛里克的青年。此人经营煤炭业，号称“焦炭大王”。卡耐基的钢铁公司需要煤炭，而且他对佛里克的胆识与才干非常赏识，如果跟佛里克合作的话，对自己的事业无疑是有好处的。

卡耐基知道佛里克为人十分自负，如果不把他的面子照顾到很周全，即使他明知对自己有利，也不会合作的。于是，他将佛里克请到自己家里，热情接待。其时，卡耐基已年近50，比佛里克差不多大一倍，他的财富则比佛里克多无数倍，但他仍然在佛里克面前保持着礼貌和谦逊。尽管佛里克是个骄傲自负的人，也不禁对卡耐基产生了好感。这时，卡耐基才提出合作成立一家煤炭公司的建议。他还大度地表示，新公司的总价值是200万美元，佛里克的焦炭公司约值32.5万美元，其余160多万美元都由他支付，股份双方各得一半。

只出四分之一多一点的资金，却能得一半股份，这是打着灯笼都难找的好事，佛里克却还在犹豫，如果公司以卡耐基的名义运作的话，他是不乐意的，因为他是一个“宁为鸡首，不为牛后”的人。

卡耐基看出他的心事，补充道：“新公司的名称是‘佛里克焦炭公司’。”

佛里克再无疑问，当即爽快地同意了。此后，佛里克成为卡耐基的合作者，日后更成为卡耐基钢铁公司的高层领导之一。

【感悟箴言】

钢铁大王卡耐基始终认为，作为商人，当以求利为本。利来而名自至，根本用不着考虑一时的虚名。卡耐基不务虚名，但他把事业做大了，把做人做到了极高的水准，人们都乐意传诵他的名，于是他名扬全球。这比那种争虚名想露脸的做法无疑高明多了。他不摆架子，主动去求人合作，以高姿态赢得别人的欣赏和尊重。

处理人际关系的策略

和谐的人际关系，不但有利于事业的发展，还有利于个人的健康。机智使人摆脱困境，勇敢使人得到意想不到的收益。幽默是最好的中和剂，能够营造良好的人际关系。在成大事者的眼中，合作就是一门精深的人际关系学，因为合作，归根到底就是要与人打交道，这就要求在人际关系的处理上要得当，也就是说合作需要良好的人际关系。没有良好的人际关系就不会给合作的习惯打下良好的基础。

范仲淹，宋朝的才子，官至宰相，他的才识智慧在当时是无与伦比的。

他雄心勃勃，想成就一番伟大的事业，结果处处受阻。看到当时社会普遍存在的腐败之风，自己无可奈何，只好发出了“微斯人，吾孰与归?”的千古悲吟，来表达自己的心情。人类社会经过千百年的发展，人际关系更被打上了独特的烙印。在社会发展中出类拔萃，就必须建立良好的人际关系，使它在你的事业成功路上助你一臂之力。这是青年人不得不面对的问题。要解决这个问题，首先要认识人与社会的关系。人际关系在生活和工作中充当着重要角色，起着独特的作用。

现代的心理学家和社会学家已经研究证实，人际关系具有四个方面的作用力。

1. 产生亲和力

在现代社会中，经济迅速发展，各行业各部门之间的竞争非常残酷，单靠一个人的能力是很难取得事业的成功的。必须依靠大家的力量，同心协力、顽强拼搏，才能取得事业上的成就和创造灿烂的人生。

可见亲和力对于事业的成功是多么重要。

2. 相互补充

一个人，纵然是天才，也不是全能的。尼采鼓吹自己万能，结果发疯而死。所以一个人要想完成自己的事业，就必须要利用自己的才智，借助他人的能力和才干。这就要求在事业的征途中，恰当地选择人才。

3. 可以使感情融洽

人是一种不同于其他动物的高级动物，而感情是人类之间交往的基础，人与人之间需要时刻传递友谊、交流感情。在迈向成功的道路上，一个人孤军奋战，是不行的，他必须联系志同道合的朋友，在成功时，相互交流经验和分享快乐；失败时，相互倾诉和鼓励，从而取得更加辉煌的事业成就。青年人要做“有情的领导”，才能够在事业的奋斗中得到更多的收益。

4. 更好地掌握信息交流

现代社会已经进入了信息时代，掌握了信息，就等于掌握了市场，掌握了成功。信息的闭塞，就可能使人贻误战机，遗憾终生。

广泛地结交朋友，妥善地处理人与人之间的关系，就会使你获得不同的信息，你就可能在这些信息的协助下，处于领先地位，取得事业的成功。

良好的人际关系，不仅具有以上几种作用，它更能使人摆脱孤独的窘境，使你左右逢源，从而更好地与他人合作共创你的事业，走向成功。

因为人都是有感情的，感情的凝聚力是巨大的，人类毕竟是高级于其他动物的，善于用“情”来联络会助你一臂之力。

李亚丽是某工厂的一名下岗职工，丈夫所在的工厂也不景气，每月只能发300元，加上她的下岗补贴，不足400元，可家里还有两个孩子上学，日子过得非常艰难。

政府为了解决下岗职工再就业的问题，在城区建了一个菜市场，鼓励下岗职工进行自食其力的劳动。亚丽和丈夫一商量，借了400元，再加上家里仅有的100元，租了一个菜摊，准备卖菜。夫妻俩说干就干，第二天就把摊支开了，亚丽跑上跑下，抱着批来的蔬菜，就像抱着自己的第一个儿子一样，心里喜滋滋的。一天下来，算一算账，赚了12块多，亚丽心里甭提有多高兴。然而好景不长，这个位置太偏，人们购菜都不愿跑那么远，于是菜市场就慢慢地冷落了，有时候，一天连一斤菜也卖不出去，亚丽决定第二天就收摊，不再卖菜了。

第二天，快下班的时候，有一个黑黑的中年人，偶尔跑到这里，买了五斤西红柿让亚丽包装好，待会儿再来拿。于是亚丽守着摊什么也没卖，一连等了五天，这个人终于来了，亚丽赶忙喊住他，给他西红柿，可一看，西红柿全坏了。于是亚丽拿出口袋里仅有的五元钱，去外边买了五斤西红柿，交给了中年人。

中年人怔怔地看着亚丽和空空的菜摊，好像明白了什么，轻轻地问;“这几天你一直在等我?”亚丽慢慢地点了点头。中年人略略思索，麻利地掏出笔，刷刷地在纸片上写着，然后递给亚丽说：“我是附近工厂的伙食长，每天都到城里买菜，往后你就照这个单子每天给我厂送菜吧。”亚丽惊喜地接过纸片。从此，亚丽每天就按时给工厂送菜，从而摆脱了家中的困境，生活慢慢好起来。在这个小故事中，亚丽可以说是因祸得福，而她得福的主要原因，还是归功于她的真诚，正是这样才赢得他人的感情，从而使自己走出窘境。

青年人在生活和工作中要注意不断地培养与他人之间的感情，这样才更利于自身的发展。同事关系就是其中最典型的一种，融洽的同事关系，是成功的要素之一。

人际关系的成长是人生中的一件大事。和谐的人际关系，不但有利于事业的发展，还有利于个人的健康。要搞好人际关系，就要具备一定的素质。

1. **机智**

勇敢机智能使人摆脱尴尬，从而融洽人与人之间的关系，获得广泛的群众基础，是事业成功的一种重要因素。机智是后天培养出来的，青年人只要爱学、善学，一样可以获得。一家英国电视台的记者采访我国著名作家梁晓声时，提了一个十分刁钻的问题："没有文化大革命，可能就不会产生你们这一代作家。那么，文化大革命在你看来是好还是坏?"

这个问题确实很难回答，文化大革命不是容易说清的问题，英国记者的用意就想让梁晓声出丑。怎么办?

梁晓声镇定自如，他机智地反问道："没有第二次世界大战，就没有以反映第二次世界大战而著名的作家。那么，你认为第二次世界大战是好还是坏呢?"英国记者哈哈大笑，与梁晓声握手言和，二人还成了很好的朋友。

机智使人摆脱困境，勇敢使人得到意想不到的收益。

2. **幽默**

人们都喜欢幽默的人，因为幽默而产生的成功有千千万。幽默是一种使人更具魅力的魅力。幽默首先是一种艺术，是人在生活、交往和斗争中的一种工具，对幽默这一工具的恰当运用，会使你的生活充满活力，使你的交往和谐、自然，更会使你在斗争中智胜一筹，并能够获得友谊。青年人要学会幽默，从而增强个人的吸引力，使更多的人接近你、理解你，在你遇到困难的时候，他们会毫不犹豫地帮助你，助你成功。

美国的罗斯福总统和英国的丘吉尔首相是二战时两个叱咤风云的人物，在研究如何对付法西斯时，两个伟人会面了。在会面中，两个详细地谈论了对付日本、德国和意大利的计划，但在某些利益分配上，各自为自己的利益着想，不能尽快达成一致协议，二人很是伤脑筋。

一天晚上晚饭后，丘吉尔去拜访罗斯福，丘吉尔没有让工作人员禀告，直接进入了罗斯福的住处，而罗斯福刚刚洗完澡出来，正好一丝不挂地面对丘吉尔，两个人都很尴尬。

罗斯福先反应过来，哈哈大笑着说："丘吉尔首相，我罗斯福真是毫无保留地向大英帝国全面开放啊!"

二人都哈哈大笑起来，一场尴尬的场面就这样过去了，二人间由此还结成了深厚的友谊。在此后的日子里，二人各自让步，从双方的利益出发，很快达成了协议，从而为法西斯的灭亡和世界反法西斯斗争的胜利奠定了基础。在这种尴尬的时候，幽默是最好的中和剂，通过幽默最能建立二人之间的那种亲密无间的友谊。

幽默不仅能让人笑，同时也增加了魅力和风度，也会使你在针锋相对的斗争中，用轻松的心情战胜对手。青年人应该是活泼开朗的，学会用幽默来武装自己，在事业上更会有一种意想不到的收获。

3. 理解

幽默可谓是在紧张中战胜对手的一剂良药，但这些都需要别人理解了其中的含义之后，才能达到目的。在交际中，人一定要学会理解，这样可以减少许多冲突发生。

理解是一种沟通人与人之间差距的桥梁。要想成就一番事业，就必须学会理解，在理解别人的同时，也获得别人的理解，这样就能有效地防止人与人之间尖锐的对立，建立一种相互合作的人际关系，从而找到事业上的好伙伴、好帮手。

"当今，成千上万的推销员拖着沉重的脚步在人行道上蹒跚、疲乏、沮丧、收人不高。为什么呢？因为他们只考虑自己的愿望……如果推销员能够向我们说明他的服务或他的商品能够帮助我们解决问题，那么他用不着宣传，也用不着卖，我们就会向他买。”卡耐基的这段话向成千上万的推销员说明了一个道理，也给了我们一个哲理，自己不理解别人，别人如何来理解你呢？

能理解别人的人，必然在行动上宽宏大量，体贴别人，会赢得更多人的好评，从而树立一个良好的形象。青年人要成就一番事业，没有支持和帮助是不行的。只有正确认识到这一点，正确认识自己，从自身出发，乐于助人，能与人同甘共苦，这样才有机会赢得别人的帮助与合作，从而来成就事业。要想获得别人的帮助，必须要率先做到主动去关心别人、帮助别人。

青年人应该向别人学习，学习他们的优秀品质，使自己养成良好的习惯，通过自身努力，营造良好的人际关系，更成功地与他人合作，来完成自己的事业。

【感悟箴言】

有人总结过改善人际关系的十招：保留意见；认识自己；决不夸张；适应环境；取长补短；言简意赅；决不自高自大；决不抱怨；不要说谎、失信；目光远大。

如果谁能做到这十招，那他就是一个调和人际关系的高手。

合作也要讲究技巧

如果把注意力放在别人和自己的共同点上，与人相处就会融洽一些。惟有先站在同一立场上，两人才有合作的可能。只有你愿意了解别人，别人才愿意了解你。知道别人准确意思前，不要急于提出自己的看法。

合作的技巧问题很重要。美国著名人际关系专家彭特斯在《合作的六大习惯》一书中说：“合作的可能性只有一条：站在同一立场上。”怎么讲呢？

现实社会中，有的人“人缘”好，人们都愿意与他合作；而有的人正好相反。其实这不是“人缘”的问题，而是合作中对合作技巧的掌握是否熟练所造成的，也是青年人是否拥有良好的习惯的体现。

合作也有技巧，技巧首先是从自身开始的。举个例子：

阿丽是一位立志成事的青年人。她在获知这项真理之前，损失了不少赚钱机会。她是精装图书行销商，主要从事美术设计图书的推销。每个礼拜，她都要去拜访京城几位著名的美术家。这些人从来不拒绝见她，但也从来不买她的书籍。他们总是很仔细地翻看阿丽带去的图书，然后告诉她：“很遗憾，我不能买这些图书。”

经过多次失败，阿丽感到有些奇怪。于是她就去和一位学习心理学与人际关系学的朋友聊天。这位朋友仔细问了她推销的经过后对她说：“你把他们给镇住了，所以他们不敢买。”

阿丽应该是个很敬业的姑娘，她原来就有较为不错的美术功底，但她说话缺少技巧。每次推销时，她都是很热情地告诉对方：“这一部画册你一定没有见过，它是现代……图书。”朋友告诉阿丽：“你不妨把书送上门，让他们自己去品评。”

阿丽自己也悟到过去的方法有些不妥。于是她又带着几本画册经朋友介绍，去了一位新客户家中。到了那里后，她并不忙着推销书籍，而是左顾右盼，用心欣赏这位美术家朋友的美术作品。对一些模糊的地方，她总是及时提出来请教这位美术家。

这位美术家来了兴致，不知不觉中，两人已经聊了两个多小时。最后，阿丽请教这位美术家道：“以您这么多年的美术设计经验，你能否帮我看一下这几本书，看看它们中到底哪一本儿更实用、更权威。”

因为时间不多了，两人约定第二天再见面。第二天，阿丽再去取书时，这位美术家已经认认真真地打好一份评价意见。字数不多，但是很中肯。阿丽谢过了这位美术家，这位美术家主动告诉阿丽：“我自己想订购几本这种画册。另外，我和我几个朋友都联系了一下，他们也愿意看一看。”

阿丽听了表示感谢，并在这位美术家的引荐下，一下子又推销出了好几套大型画册。

阿丽后来说："以前我只忙着介绍图书，总认为他们没见过的就一定是他们需要的。现在我才明白，如果虚心请教他们，他们会觉得你是把他们当专家来看待。他们觉得这些图书是通过他们自己的眼光鉴别出来的，用不着我向他们推销，他们自己会买。"合作的技巧其实很简单，就看你是否愿意掌握它，如果总觉得自己如何了不起，而不去考虑别人的感受，是不会受到别人欢迎和喜欢的，当然就不会有"人缘"。

所以，掌握基本的沟通与合作技巧是青年人应该学习的一种本领。

如果你稍注意一些交流技巧的话，你就可以创造一个好的合作氛围。

求同存异，是我国外交政策中的基本原则，也适用于我们每个人。

和人相处，如果总是在强调差异，你们就不会相处融洽。强调差异会使人与人之间距离越来越远，甚至最终走向冲突。

如果把注意力放在别人和自己的共同点上，与人相处就会容易一些。要减少差异就要设身处地为别人着想，以达成共识。为别人着想，就会产生同化，彼此间的关系就会更加融洽。把自己融进对方，让两人变为一人。这个时候，无需恳求、命令，两人自然就会合作做某件事情。

惟有站在同一立场上的两人才有合作的可能。就算是对手，你也得先和他有共同的利益关系，方可走到一起来。

你付出什么，就收获什么。如果同合作者合作愉快的话那么他们之间就有着某种默契，或者说有一种感应。要是人们相处得非常好，那么他们彼此的动作、表情和神韵自然都会很相似。如果你把自己和沟通良好的人的交谈情形录下来，再倒过来看看，你会发现这种交谈很像是在演表演课。一人摆出了某种动作，另一个自然地就跟了上来。

通常只有当你和别人相处融洽时，才会产生这种默契。通过这种体态语言的一致，你和你的交谈对象完全进入了合作状态。

能够聆听他人是一种美德。青年人应该有这种美德。

人人都希望有一个倾诉对象，也希望别人了解自己。但是如果两个人都希望倾诉和被了解，却没有一个人愿意去听对方的话，那么两人就要么争吵，要么互相不愿碰面。因此，如果你想被别人了解，你先得学会听别人倾诉。只有愿意了解别人的人，别人才愿意了解你。倾听是一种艺术，只有懂得这门艺术，掌握这门艺术，才易于沟通、交流与合作。

而且，倾听时要保持注意力，随时注意对方谈话的重点，在对方需要的时候加以眼、手势或简短语言表示你的关注，尤其是要表达出你关注的内容正是对方谈话的要害所在。

能够以听为主，少说、少插话打断别人。还有要专心，不要妄下结论。如果别人讲到一半，发现你已经在想其他的事情了，别人会感到非常尴尬。知道别人准确意思前，不要急于提出自己的看法。等别人讲完，他把意思讲清了，自己再做自己的评价。同时还要学会鼓励别人多说。许多人说话是很含蓄的，这就要在倾听时，注意弦外之音，别人嘴上没说，但会通过语言、语速、语调流露。

【感悟箴言】

我们在与别人合作时，善于运用技巧，能帮助我们更快、更有把握地达到最终目的。

有合作才能有机会

不善于与人相处的人，到了哪里，都会认为别人难以相处。能够与人融洽相处的人一定是一个快乐的人、一个大度的人、一个与人为善的人。不要只想着和“我们的同类”打交道，你也要学会和你“另类”的人打交道。成大事者善于培养合作精神，即发挥合力的作用。勇于合作，需要有一种主动、积极的态度，不仅仅是与我们所喜欢的人，也包括我们不喜欢的人，因为每个人身上都有我们值得学习的东西。青年人不但要有良好的与他人合作的习惯，更要培养与他人开展良好合作的精神。

一位老人坐在一个小镇郊外的马路边上。有一位陌生人开车来到老人面前。陌生人下车问老人："请问先生，住在这个小镇上的人怎么样？我正打算搬来。"老人看了一下陌生人，反问道："你要离开的那个地方的人怎么样？"

陌生人回答："不好，都是些不三不四的人。我住在那里没快乐可言，因此我打算到这儿来住。"

老人叹口气，说："先生，恐怕你要失望了，因为这个镇上的人，也和你那儿差不多。"

这位陌生人走了，继续去寻找他理想的居住地。过了一会儿，另一位陌生人来到老人面前，询问同样的问题。老人也同样反问他。

这位陌生人说："哦！住在那里的都是非常好的人。我在那里度过了一段美好的时光，但我正在寻找一个更有利于我的工作发展的小镇。我舍不得离开那个地方，但是我不得不寻找更好的发展前途。"

老人面露笑容，说："你很幸运。居住在这里的人都是跟你原来住的地方一样好的人，你将会喜欢他们，他们也会喜欢你的。"

这个故事告诉我们，你想寻找敌人，你就会找到敌人：你想寻找朋友，你也就会找到朋友。不善于与人相处的人，到了哪里，都会认为别人难以相处。善于与人相处的人，见到任何人，都会相处融洽。

我们都愿意和自己喜欢的人交往，而不愿意和自己不喜欢的人来往。但现实生活却不可能满足我们这一愿望。我们的邻居可能正是我们不喜欢的，我们愿意安静，邻居则可能成天把音响开得震耳欲聋；我们喜欢清洁，邻居则总是把破破烂烂的东西堆满了过道；我们不愿被人打扰，但邻居却经常喜欢到我们家里来借根葱要头蒜的。在单位，也有我们不喜欢的同事，我们虽然尽量回避他们，但由于工作关系，我们不得不与他们打交道。我们为此而烦恼。

居家不一定非要没有坏邻居的地方不可，聚会也不一定要避开不好的朋友（就是孔子所说的“损友”）。关键是自持，能够从恶邻和“损友”中汲取有益的东西。为人处世的一个重要原则，就是“自持”——自我控制欲望和情绪。能自持，就不怕“近朱者赤，近墨者黑”，即便生活在污浊的环境里，也能保持自己清白的人品。如果有一个恶邻或品德不好的朋友与同事，正可以锻炼自己的修养和定力。再说，恶邻和“损友”毕竟不是敌人，我们可以设法感化他们，他们身上也许有一些东西还值得我们借鉴。

那么，该如何和自己不喜欢的人打交道呢？

一是“忍让”，宁可自己受些委屈或吃点亏。不要与对方争个脸红脖子粗，甚至打个头破血流。二是“大度”，你可以先伸出友好之手，你可以主动和对方打招呼。对方原来可能怀有的对你的戒备心或敌意就可能化解。你很客气地提出的一些问题，他们就可能会加以注意和改进。三是把你想象成对方。站在对方的角度考虑问题，你就可能体会他们的想法，从而修正自己的一些不正确的做法。这有助于双方关系的改善。四是接受他人的独特个性。人人都有其特点，不要试图改变这个事实。接受他的本来面目，他也会尊重你的本来面目。不要强迫别人接受你的观念。五是去想对方做对了的事。对方也不是总是那么招你烦的，他们也有好的一面，试着去发现这一点。六是以自己的言行去感化对方，影响对方。某先生的母亲70岁了，一年中有几个月要到儿子这儿住，其余时间在老家住。每次来，早晨都要扫地，从屋里一直扫到楼道。隔壁住的小夫妇从来不扫楼道的，见此情形也赶快跑出来用墩布擦一擦地。儿子平时很少扫楼道，但看到母亲这样做，也就坐不住了。

能够与人融洽相处的人是一个快乐的人、一个大度的人、一个与人为善的人。即使赚钱不多，也很满足，因为他能从融洽的合作关系中获得快乐。

一位学者在他的一书中写道：“我们要容忍、谅解以及去爱别人，而不是等待他们来服侍我们，更不是给他们机会去表现他们的缺点，而是要我们自己积极主动地容忍别人和讨人喜欢……以一项对别人友善及有益的计划来发展我们自已、我们的能力以及个性，会使我们的友谊更高贵。”如果我们这样去做了，恶邻和“损友”也有可能改变为善邻和好友，谁说不存在这种可能性呢?

不要只想着和“我们的同类”打交道，你也要学会和“另类”的人打交道,也许他们是你不喜欢的“恶邻”和“损友”，但他们也是活生生的独具特点的人，不过是有些毛病罢了。你要学会主动地去与这些人相处，打开你的心灵，引导出他们内心的善良。只要你坚持，只要你勇于合作，你就会有所收获，感受到一种新的人生体验和乐趣。

【感悟箴言】

在风云变化的市场大潮中，蕴藏着巨大的商业机会，能把握住机会的人，更有机会实现飞跃，反之，则可能错失良机。想获得竞争优势的最佳捷径就是进行有效的合作和联盟，把各自具有战略价值的资源进行整合，充分发挥合力的作用，以实现双赢的目的。